HISTOIRE
NATURELLE
DEUXIÈME ANNÉE

AVEC 385 REPRODUCTIONS PHOTOGRAPHIQUES
OU DESSINS ET 2 PLANCHES EN COULEURS: PAR

F. FAIDEAU,	AUG. ROBIN,
PROFESSEUR DE SCIENCES	CORRESPONDANT DU
NATURELLES A L'ÉCOLE	MUSÉUM NATIONAL
JEAN-BAPTISTE SAY	D'HISTOIRE NATURELLE

LIBRAIRIE LAROUSSE. — PARIS

13-17, RUE MONTPARNASSE. — SUCCⁱᵉ, 58, RUE DES ÉCOLES

ENSEIGNEMENT PRIMAIRE SUPÉRIEUR
DES JEUNES FILLES
CONFORME AUX PROGRAMMES OFFICIELS
DU 26 JUILLET 1909

PREMIÈRE ANNÉE

> NOTIONS DE ZOOLOGIE
> NOTIONS DE BOTANIQUE
> NOTIONS DE GÉOLOGIE

DEUXIÈME ANNÉE

> ANATOMIE COMPARÉE
> LES PLANTES
> LES TERRAINS

TROISIÈME ANNÉE (Sous presse)

> HISTOIRE NATURELLE
> NOTIONS D'HYGIÈNE

HISTOIRE NATURELLE

DEUXIÈME ANNÉE

AVEC 385 REPRODUCTIONS PHOTOGRAPHIQUES
OU DESSINS ET 2 PLANCHES EN COULEURS; PAR

<table>
<tr><td>F. FAIDEAU,
PROFESSEUR DE SCIENCES
NATURELLES A L'ÉCOLE
JEAN-BAPTISTE SAY</td><td>AUG. ROBIN,
CORRESPONDANT DU
MUSÉUM NATIONAL
D'HISTOIRE NATURELLE</td></tr>
</table>

LIBRAIRIE LAROUSSE. — PARIS

13-17, RUE MONTPARNASSE. — SUCC⁾ᵉ, 58, RUE DES ÉCOLES

ENSEIGNEMENT PRIMAIRE SUPÉRIEUR
DES JEUNES FILLES
CONFORME AUX PROGRAMMES OFFICIELS
DU 26 JUILLET 1909

____

PREMIÈRE ANNÉE

> NOTIONS DE ZOOLOGIE
> NOTIONS DE BOTANIQUE
> NOTIONS DE GÉOLOGIE

DEUXIÈME ANNÉE

> ANATOMIE COMPARÉE
> LES PLANTES
> LES TERRAINS

TROISIÈME ANNÉE (Sous presse)

> HISTOIRE NATURELLE
> NOTIONS D'HYGIÈNE

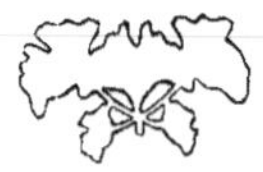

PRÉFACE

C E volume est consacré à l'étude des sciences les plus captivantes : celles qui constituent l'*Histoire naturelle*. Il est divisé en trois parties. La première, consacrée à l'*Anatomie comparée*, envisage les fonctions et les organes de l'homme et des animaux. La seconde, qui a pour titre *Les Plantes*, étudie la structure et la fonction des organes des végétaux. La troisième enfin comprend l'étude des *Terrains*, précédée d'indications sur la structure du globe terrestre.

En présentant à l'élève l'étude des sciences de la Nature, nous avons voulu lui offrir à la fois la clarté, l'exactitude et le plaisir des yeux. Dans ce but, notre illustration, abondante et soignée, a eu recours, d'une part, à des représentations réellement artistiques et, d'autre part, à la photographie non retouchée. En feuilletant ce livre, l'élève trouvera ainsi à chaque page les *formes vraies* des êtres et des choses : au lieu de pervertir sa vision avec des images incorrectes, nous lui montrons les formes toujours admirables de la Nature. En faisant ainsi, nous nous sommes rigoureusement associés à l'esprit des programmes nouvellement conçus pour l'enseignement du dessin. En effet, il ne faut pas attendre pour développer le goût chez l'enfant, il faut le saisir en sa jeunesse, car ses premières impressions sont les plus durables, et elles influent d'une manière très nette sur la mentalité future de l'individu. Ainsi se trouve réalisé un véritable enseignement par les yeux.

Une illustration aussi importante exigeait pour rester lisible un grand format ; mais nous n'avons pas voulu innover sur ce point et créer un nouveau « format scolaire » : nous avons simplement adopté celui des cahiers cartonnés en usage dans les classes. D'autre part, il est évident qu'une illustration exclusivement artistique et photographique serait insuffisante dans un ouvrage destiné à l'enseignement ; nous y avons joint, partout où ils étaient nécessaires, tous les schémas que semblait exiger la compréhension du texte.

Les *résumés* nous ont paru indispensables pour mettre en évidence ce que le texte qui les précède comporte *d'essentiel*. Mais au lieu de les composer en petits caractères et de les réunir à la fin de chaque chapitre, où ils ne sont pas lus, nous les avons multipliés en les plaçant à la fin de chaque paragraphe. Nous leur avons d'ailleurs réservé le caractère *italique*, qui les différencie très nettement du texte courant. Ayant suivi le cours du professeur, il suffira donc à l'élève de *lire* nos chapitres avec attention, de vouloir les *comprendre*, puis de bien *retenir* le mot à mot des résumés. Après avoir fragmenté pour apprendre, il faut réunir pour comparer : 14 *Tableaux-résumés*, dont plusieurs sont illustrés, donnent les vues d'ensemble nécessaires.

L'*Index alphabétique* placé à la fin de ce volume a été établi avec un très grand soin ; il comporte de nombreux renvois aux paragraphes. Nous y avons consigné toutes les *étymologies* utiles.

SCIENCES NATURELLES

PROGRAMMES OFFICIELS DU 26 JUILLET 1909

(UNE HEURE PAR SEMAINE)

ZOOLOGIE

Les organes seront décrits en prenant comme exemples ceux du corps humain.

FONCTIONS DE NUTRITION. — Subdivision de ces fonctions (1 à 5).

Digestion. — Appareil digestif (6, 7, 17 à 25). — Dentition (7 à 9). — Notions très sommaires sur les modifications de l'appareil digestif dans les groupes les plus importants (26 à 29).

Circulation. — Appareil circulatoire (30 à 42). — Cœur (31). — Artères et veines (32 à 34). — Mécanisme de la circulation (37 à 39). — Notions très sommaires sur les modifications de l'appareil circulatoire dans les groupes les plus importants (42 à 45).

Respiration. — Appareil respiratoire (46 à 50). — Combustion respiratoire (51 à 54). — Notions très sommaires sur les modifications de l'appareil respiratoire dans les groupes les plus importants (57 à 59).

Chaleur animale. Animaux dits à sang chaud et à sang froid (60 à 62).

Sécrétions. — Glandes simples; glandes composées; principales sécrétions (63 : sucs servant à la digestion : salive, sucs gastrique, pancréatique et intestinal, bile (68), lait (67), sueur (66), urine (64, 65).

Coup d'œil sur l'ensemble des phénomènes de nutrition: pertes et gains de l'organisme (69).

FONCTIONS DE RELATION. — Leur rôle (70).

Système osseux. — Composition, forme et mode d'articulation des os (71 à 73, 77). — Description sommaire du squelette (74 à 76).

Système musculaire. — Action des muscles (78 à 80). — Locomotion (81). — Modifications de l'appareil locomoteur pour servir à la marche, la course, la reptation, la natation et le vol (82 à 86).

Système nerveux. — Encéphale; moelle épinière (87 à 91, 96 à 100). — Nerfs (92 à 95). — Peau (toucher (102 à 104). — Description rapide des organes des sens spéciaux (105 à 114). — Appareil vocal (55, 56).

BOTANIQUE

On étudiera la structure et les fonctions des organes des végétaux.

Notions préliminaires. — Toute plante est formée de cellules. — Étude sommaire de la cellule et de ses modifications (115 à 118). — Les tissus végétaux (119, 120).

Organes végétatifs. — Forme et structure de la tige (132 à 148), de la racine (122 à 131) et de la feuille (149 à 166). — Mécanisme de l'accroissement (145).

Fonctions de nutrition. — Respiration, assimilation du carbone, transpiration (159 à 164).

L'aliment tiré du sol : nature, absorption et circulation (167 à 174).

La nutrition chez les plantes sans chlorophylle. — Saprophytisme et parasitisme (172).

Réserves nutritives (173).

La fleur. — Forme, structure et rôle des différentes parties de la fleur (175 à 187). — Fécondation (188, 189). — La graine (196 à 198) et le fruit (192 à 195). — Emploi des fleurs (191), des graines (201) et des fruits (200) dans l'industrie ou l'alimentation.

La germination des graines (203 à 205). — Développement d'une plante depuis la germination jusqu'à la mort (206).

Multiplication végétative : bouturage, marcottage (207), greffage (208). — Leur emploi et leurs avantages (209).

Notions sur les modifications produites par la culture sur les plantes d'ornement et les plantes de grande culture comme le blé, la betterave, etc. (210).

GÉOLOGIE

Mode d'arrangement des matériaux du globe (213 à 224) : stratification (217, 218), plissements, failles (280). Les fossiles (219, 220), renseignements qu'ils donnent sur l'apparition successive des êtres organisés (221).

La *Chaîne Alpine* : Le Mont-Blanc (4 810 m.), point culminant de la France.

L'HOMME ET LE SOL

Tout vient du sol et tout y retourne : homme, animaux, plantes. La vie est un échange continuel entre les organismes et le milieu extérieur; elle s'entretient par un concours d'actions chimiques incessantes; les aliments empruntés au sol deviennent des tissus, des organes, dont la complication et la perfection atteignent leur maximum chez les Mammifères et, en particulier, chez l'Homme.

« Connais-toi toi-même », disaient les anciens. La connaissance de nos organes et de leur fonctionnement forme, à juste titre, la base de l'étude des sciences naturelles; elle est d'un puissant intérêt, qui s'accroît encore par la comparaison de nos organes avec ceux des animaux. L'*Anatomie comparée* nous fait gravir peu à peu les échelons qui conduisent à la perfection organique; elle nous montre, de plus, combien sont variés les moyens employés par la Nature pour atteindre un même but. Le Phoque, la Baleine, la Carpe et nombre d'animaux appartenant aux groupes les plus divers, ont une existence aquatique, mais leur adaptation au milieu est plus ou moins parfaite; la Chauve-souris, l'Hirondelle, l'Abeille sont organisées pour la vie aérienne, mais les organes qui leur permettent de réaliser le vol diffèrent profondément. « Un bon ouvrier, a dit Franklin, doit pouvoir limer avec une scie et scier avec une lime. » La Nature est ce bon ouvrier; suivant les nécessités, des organes différents servent au même usage ou, au contraire, un même organe acquiert des usages différents dans la série animale.

Par les phénomènes qui s'accomplissent dans leur corps, les plantes méritent aussi d'être observées. Buffon a dit de la plante : « C'est un animal qui dort. » Son apparente inertie vient de son mode d'existence. Trouvant dans le sol et dans l'air une nourriture toujours prête et constamment renouvelée que puisent ses racines et qu'élaborent ses feuilles, qu'a-t-elle besoin de déplacement ? Elle vit cependant d'une vie intense : des liquides circulent, des réactions chimiques s'accomplissent dans ses cellules comme dans les nôtres : ses organes se meuvent, se déplacent au mieux de ses intérêts : elle dépend, comme nous, du milieu et des autres êtres.

Sans la plante, l'animal ne peut vivre : c'est à elle qu'il emprunte sa nourriture, directement, s'il est herbivore ; indirectement, s'il est carnivore. La plante dépend de la terre et du soleil, l'animal dépend de la plante.

Dans la nature, les plantes ont un rôle primordial. Elles rendent peu à peu à l'air, sous forme de vapeur, l'eau infiltrée : la forêt conserve la montagne, entretient les sources, maintient l'égalité du climat.

En restant fixée au sol, la végétation le protège de l'*érosion*, car, en divisant les eaux de pluie, elle empêche le ruissellement ; malgré cela la surface du sol se modifie sans cesse, sous la végétation même, par la *corrosion* ; les eaux s'infiltrent et dissolvent les terrains calcaires, dissocient les éléments des masses granitiques, provoquent l'altération de toutes les roches superficielles. Mais cela n'est rien auprès de la vie intense qui caractérise la masse entière de l'écorce terrestre : il ne s'agit plus ici d'une vie *organique*, mais d'une vie *chimique* s'exerçant d'une manière continue : la structure et la composition des roches se modifient lentement ; les dépôts sédimentaires, qui débutent par l'état de vases desséchées, solidifiées, aboutissent aux schistes plus ou moins cristallins, en passant par tous les intermédiaires. Les conditions des profondeurs, les grandes compressions, le voisinage des manifestations éruptives, les dislocations, provoquent dans la masse des terrains des changements de texture et des échanges moléculaires ; c'est pourquoi les roches les plus anciennes ressemblent si peu aux plus récentes ; c'est pourquoi les terrains secondaires nous offriront des assises déjà très modifiées et que les couches primaires nous montreront des roches qui, sans les fossiles qu'elles contiennent, ne sembleraient plus être des sédiments.

En poursuivant l'étude de l'Histoire naturelle, nous ne devons pas oublier un seul instant que la vie organique ou chimique est partout, que rien ne dort, que l'Univers entier travaille : c'est la grande et justifiable loi de la Nature.

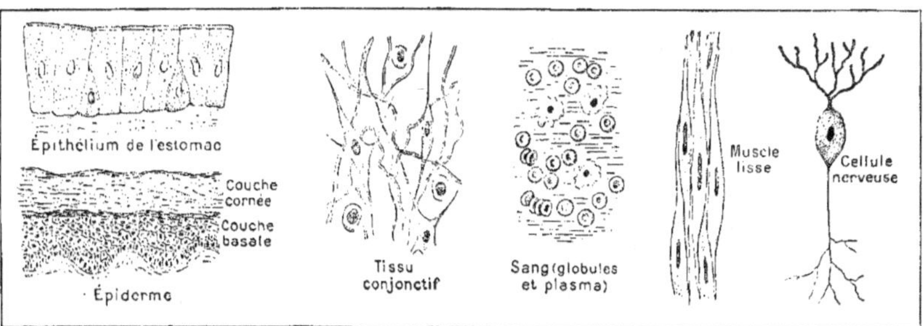

Fig. 1. — Les principaux *tissus* du corps humain.

ANATOMIE COMPARÉE

I. CELLULES ET TISSUS

1. La cellule. — Si l'on examine, à l'aide d'un microscope, un très mince fragment quelconque du corps d'un être vivant, animal ou plante, on voit qu'il est formé par de petites masses, ou *cellules*, séparées par des cloisons. Leurs formes et leurs dimensions sont très variables avec la nature de l'organe choisi ; la plupart n'ont que quelques millièmes de millimètre, mais certaines ont jusqu'à un millimètre et sont, par suite, visibles à l'œil nu. Les plus grosses cellules sont les œufs, en particulier ceux des oiseaux, à cause de l'énorme quantité de matières nutritives qui entoure leur partie jaune sphérique.

Une jeune *cellule animale* (*fig.* 2) est une petite masse vivante, formée par une substance, le *protoplasme*, analogue par l'aspect et la composition chimique à l'albumine ou blanc d'œuf ; elle est limitée par une mince *membrane* de protoplasme condensé, et dans son intérieur est une partie plus sombre, nommée *noyau*, et formée également de protoplasme condensé. Si, sur le fragment d'organe que l'on étudie, on dépose une goutte de certaines matières colorantes, le noyau se colore toujours beaucoup plus fortement que le protoplasme qui l'entoure. A un très fort grossissement, on voit que le protoplasme n'est pas homogène, mais présente une structure en réseau, et que le noyau est composé surtout d'un filament très replié.

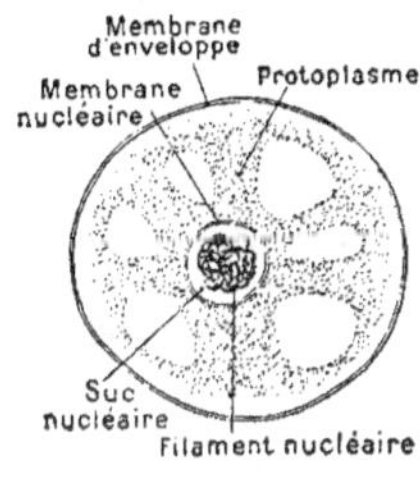

Fig. 2. — *Cellule* animale.

❀ *Le corps de tout être vivant est formé de parties microscopiques nommées* cellules. *La cellule animale est une petite masse de protoplasme, dont une partie est condensée en un noyau à l'intérieur et en une très mince membrane enveloppante au pourtour.*

2. Origine des cellules. — Il y a certains animaux inférieurs, comme les Amibes

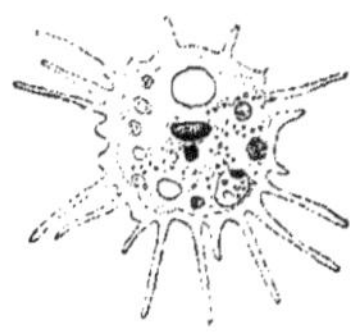

Fig. 3. — *Amibe.*

(*fig.* 3), les Infusoires, qui ne sont formés que d'une seule cellule pendant toute la durée de leur existence, et cependant cette petite masse de protoplasme possède les propriétés essentielles des animaux supérieurs : elle se *nourrit*, c'est-à-dire saisit et englobe des proies qu'elle transforme en sa propre substance ; elle se *meut* ; elle est *sensible* aux divers agents chimiques, chaleur, lumière, etc. ; enfin elle se *reproduit* : lorsqu'elle a atteint une certaine taille, un étranglement apparaît en un de ses points, s'accentue et amène la séparation en deux cellules indépendantes.

Tous les animaux sont, à l'origine, formés d'une cellule unique appelée *œuf* (*fig.* 4), qui,

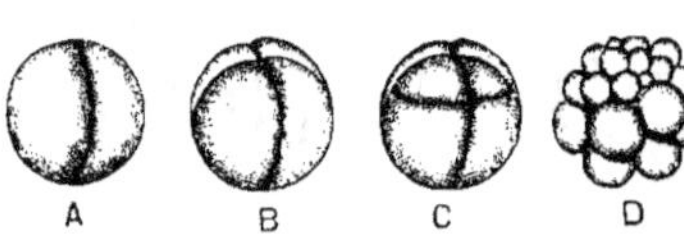

Fig. 4. — Segmentation de l'œuf.

à un certain moment, se divise en deux cellules, puis en quatre, huit, seize, etc., elles restent unies entre elles : le nombre, bientôt, en est immense. Toutes sont d'abord semblables, mais il ne tarde pas à s'y produire une *division* du travail : certaines cellules transforment les aliments, d'autres protègent le corps ou le font mouvoir, etc. ; la diversité des fonctions amène la variété des formes : les cellules se *différencient* les unes des autres ; elles prennent la forme qui convient le mieux au travail qu'elles sont chargées d'accomplir. Cette diversité des formes et des fonctions cellulaires est le signe de la supériorité d'un organisme ; elle a pour conséquence une solidarité, une dépendance mutuelle des diverses cellules entre elles et des organes qu'elles contribuent à former.

Certains animaux inférieurs sont unicellulaires ; mais la plupart des animaux sont formés d'un nombre immense de cellules accolées, provenant par division d'une cellule initiale ; elles se différencient les unes des autres, à cause de la division du travail qu'elles accomplissent.

3. Les tissus. — Un *tissu* est un ensemble de cellules différenciées de la même manière pour accomplir un même travail. Nous distinguerons chez l'homme cinq groupes de tissus : 1° Les tissus *épithéliaux* (*fig.* 1) qui recouvrent la surface du corps ou en tapissent les tubes et cavités ; des cellules juxtaposées de formes variables les constituent ; tantôt il n'y en a qu'une couche, tantôt plusieurs. On nomme *épiderme* le tissu épithélial qui revêt la paroi extérieure du corps ; *épithélium* proprement dit, celui qui revêt la paroi d'un tube ouvert, comme le tube digestif ; *endothélium*, celui qui tapisse intérieurement la paroi d'un tube fermé, comme une artère. 2° Les tissus de *soutien*, composés de cellules qu'une matière interstitielle sépare les unes des autres. Les principaux tissus de soutien sont les tissus conjonctifs, cartilagineux et osseux. Dans le tissu *conjonctif*, qui relie entre eux tous les organes, auxquels il sert en quelque sorte de tissu d'emballage, les cellules sont séparées par de longs filaments ou fibres conjonctives ; dans le tissu *cartilagineux* elles sont séparées par une matière assez dure, mais un peu flexible ; dans le tissu *osseux*, par des sels calcaires. 3° Les tissus *mobiles*, formés de cellules plongées dans un liquide ; ils servent d'intermédiaires entre les autres tissus ; tel est le sang. 4° Les tissus *musculaires*, formés de cellules très allongées ou *fibres*, dont la propriété essentielle est la contraction. On distingue les muscles blancs ou à fibres *lisses*, que l'on rencontre surtout dans les organes internes et dont la contraction est indépendante de la volonté, et les muscles rouges ou à fibres *striées*, qui sont surtout les muscles du squelette, et dont la contraction est volontaire. 5° Le tissu *nerveux* possède une structure spéciale très différente de celle des autres tissus et qui sera étudiée plus loin (**88**).

Les tissus sont des groupements de cellules semblables. On distingue les tissus épithéliaux, formés de cellules juxtaposées ; les tissus de soutien, chez lesquels une matière interstitielle sépare les cellules ; les tissus mobiles, servant d'intermédiaires entre tous

*les autres; les tissus musculaires, essentielle-
ment contractiles, et enfin le tissu nerveux.*

4. Organes, appareils. — Les tissus, en se
groupant, forment les *organes*, dont chacun
est chargé de l'accomplissement d'un certain
travail. Dans la composition d'un organe
entrent ordinairement des muscles, des
glandes, des vaisseaux sanguins, des membranes, etc. Une *membrane* est un ensemble
d'assises de cellules disposées en feuillets
plus ou moins minces. Les membranes *muqueuses*, très répandues, comprennent une
lame de tissu épithélial, recouvrant une couche
de tissu conjonctif ou *derme;* l'épithélium y
forme des replis ou *glandes*, dont le produit
mouille constamment la muqueuse : telles
sont les muqueuses de la bouche, des fosses
nasales, de l'estomac, etc.

Des groupements d'organes concourant à
une même fonction forment un *appareil;*
ainsi les dents, l'estomac, le foie, l'intestin, etc., font partie de l'appareil digestif, dont
la fonction est la digestion. On peut répartir
les divers appareils servant à entretenir la
vie chez les animaux en deux groupes : 1° les
appareils de *nutrition* ou de la vie végétative,
ainsi appelés parce qu'on retrouve chez les
végétaux des fonctions analogues à celles qu'ils
accomplissent : ce sont la *digestion*, l'*absorption*, la *circulation*, la *respiration*, l'*excrétion;*
2° les appareils de *relation* ou de la vie animale,
qu'on ne retrouve pas chez les plantes : ils
mettent l'animal en rapport avec le monde extérieur : ce sont l'*innervation* et la *locomotion*.

On nomme *anatomie* la science qui décrit
les organes, et *physiologie* celle qui étudie
leur fonctionnement.

*❀ Les tissus, en se groupant, forment des
organes. Un appareil est un ensemble d'organes concourant à une même fonction. Il
existe deux groupes principaux d'appareils,
ceux de nutrition et ceux de relation. L'anatomie décrit les organes, et la physiologie
leur fonctionnement.*

5. Rapports entre les appareils. — Pour
la facilité de l'étude, nous avons établi entre

les appareils des sé-
parations très nettes;
mais, en réalité, ils
ont entre eux de nom-
breux rapports. Exa-
minons, en particu-
lier, les appareils de
la nutrition. Les
substances, ou *ali-
ments*, empruntés au
milieu extérieur pour
entretenir la vie, sont
solides, liquides ou
gazeux. Les deux
premières catégories
sont transformées

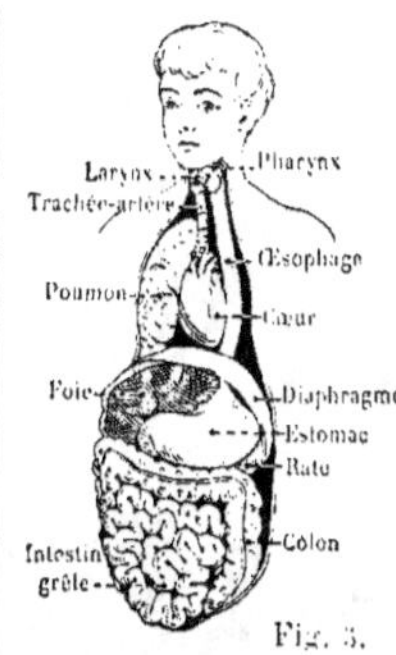

Fig. 3.
Anatomie du *tronc*.

dans le tube digestif par la fonction de *digestion;* l'aliment gazeux, c'est-à-dire l'air, entre
dans les poumons par la *respiration;* tous
les aliments pénètrent ensuite dans le sang
par l'*absorption*. Par la *circulation* le sang
porte les aliments absorbés à tous les éléments du corps; il reçoit de ceux-ci des principes nuisibles formés sous l'action de la vie
et il s'en débarrasse dans les organes spéciaux
par l'*excrétion*.

Avant d'étudier les différents appareils et
leurs fonctions, il est utile de rappeler que le
corps de l'homme comprend trois régions
parfaitement distinctes, qui sont : la tête, le
tronc et les membres. Le *tronc* (*fig.* 3) est
divisé en deux cavités, qui sont séparées par
une cloison musculaire nommée *diaphragme*,
fortement bombée, et à convexité tournée vers
le haut; au-dessus de cette cloison est la poitrine ou *thorax*, renfermant le cœur et les
poumons; au-dessous est le ventre ou *abdomen*, qui contient la plupart des organes de
la digestion, c'est-à-dire l'estomac, l'intestin
et le foie, puis la rate, les reins, etc. On désigne sous le nom de *viscères* tous les organes
contenus dans le tronc.

*❀ Les divers appareils de l'organisme ont
entre eux de nombreux rapports. Le corps de
l'homme est divisé en trois régions : la tête, le
tronc et les membres; le diaphragme est une
cloison musculaire partageant le tronc en deux
cavités superposées, le thorax et l'abdomen.*

Fig. 6. — Festin d'Assurbanipal (bas-relief assyrien).

II. DIGESTION

6. Division du sujet. — L'appareil digestif se compose essentiellement d'un long tube ouvert aux deux extrémités (*fig. 7*) : c'est un simple prolongement du milieu *extérieur*. Tant que les aliments restent dans ce tube ils ne sont pas plus utiles à l'organisme que lorsqu'ils étaient sur la table; ils doivent subir des transformations qui leur permettront de traverser la paroi du tube digestif, pour aller dans le sang, milieu *intérieur* du corps. L'appareil digestif peut donc se définir ainsi : c'est l'ensemble des organes chargés de transformer les aliments pour leur permettre de passer dans le sang. Il se compose de deux parties bien distinctes : 1° le *tube digestif*, qui comprend successivement la bouche, le pharynx, l'œsophage, l'estomac et l'intestin; 2° les *glandes annexes* qui, disposées en dehors du tube digestif, y versent les liquides qu'elles sécrètent; ce sont les glandes salivaires, le pancréas et le foie.

Après avoir décrit l'*anatomie* de l'appareil digestif, nous étudierons les propriétés essentielles des *aliments* qui y sont introduits, les transformations qu'ils y subissent, c'est-à-dire la *physiologie* de la digestion, puis l'*absorption* des aliments transformés à travers la paroi de l'intestin. Nous terminerons le chapitre par quelques notions d'anatomie comparée, c'est-à-dire par l'étude des *modifications* de l'appareil digestif dans les principaux groupes zoologiques.

✳ *L'appareil digestif se compose du tube digestif et des glandes annexes qui y versent leurs sécrétions; il est chargé de transformer les aliments (digestion), pour leur permettre de passer dans le sang (absorption).*

Fig. 7. — Ensemble schématique de l'appareil *digestif*.

APPAREIL DIGESTIF

7. Bouche. — La bouche (*fig.* 8 et 14) est une cavité limitée sur les côtés par les *joues*, en haut par le *palais*, prolongé par le *voile du palais* et la *luette*, en bas par le plancher buccal, sur lequel se meut la *langue*; elle communique en avant avec l'extérieur quand les *lèvres* s'écartent; en arrière avec les fosses nasales et le pharynx. Dans la bouche se trouvent les *mâchoires* armées de *dents*; la mâchoire supérieure est fixe; elle est reliée au

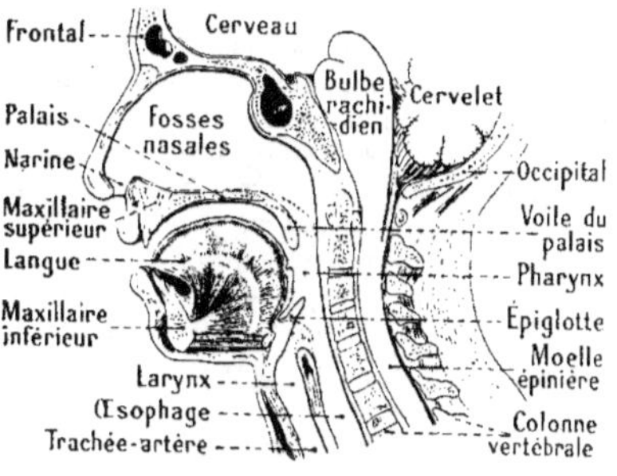

Fig. 8. — Coupe des différents organes de la tête.
Le *tube digestif* y est représenté par la *bouche*, le *pharynx* et l'*œsophage*.

crâne par les os de la face. L'intérieur de la bouche, comme tout le reste du tube digestif, est tapissé par une muqueuse rouge: la partie de cette muqueuse qui recouvre les mâchoires se nomme *gencive*.

La mâchoire inférieure est un os en forme de fer à cheval, prolongé de chaque côté par une branche montante articulée avec le crâne; elle est actionnée par des muscles dits *masticateurs* (*fig.* 9 : les uns l'élèvent, d'autres l'abaissent, certains lui donnent de légers mouvements de droite à gauche et d'avant en arrière ou inversement. Les muscles élévateurs sont le *masséter* et le *temporal*; le principal muscle abaisseur a reçu le nom de *digastrique*.

✿ *La bouche est limitée par les lèvres, les joues, le palais et le plancher buccal: elle est tapissée par une muqueuse et abrite les mâchoires. La mâchoire inférieure, articulée avec le crâne, est seule mobile.*

8. Dents, dentitions. — Les dents (*fig.* 10) sont de petits organes durs, implantés dans les cavités des mâchoires, ou

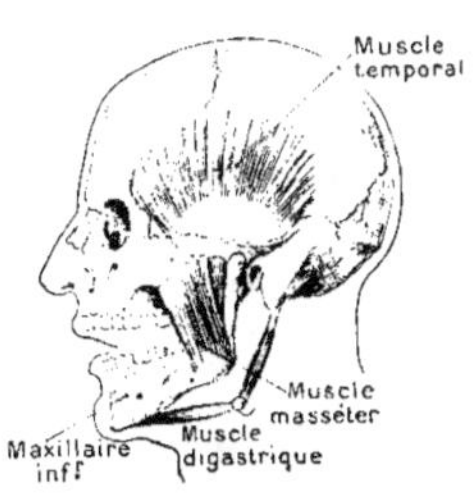

Fig. 9. — Muscles de la *mâchoire* inférieure.

alvéoles, par leur base nommée *racine*; on nomme *couronne* leur partie visible, et *collet* la région intermédiaire, plus étroite. On distingue trois sortes de dents : les *incisives*, situées sur le devant de la bouche, sont coupantes et n'ont qu'une racine (*fig.* 10 et 11); les *canines* ou *œillères*, implantées au-dessous de l'œil, ont la couronne plus ou moins pointue et une racine; les *molaires* ont une couronne large et mamelonnée; elles sont de deux sortes : les petites molaires ou *prémolaires*,

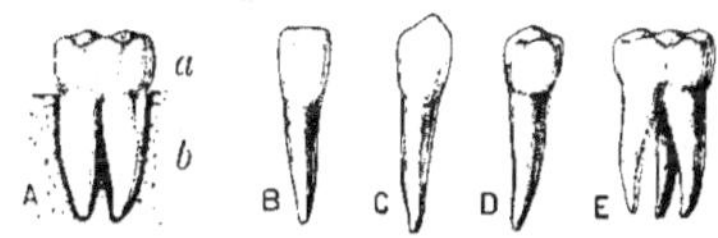

Fig. 10. — *Dents* :

A, dent placée dans son alvéole : *a*, couronne; *b*, racine; B, incisive; C, canine; D, petite molaire; E, grosse molaire.

qui n'ont ordinairement qu'une racine, et les grosses molaires ou *mâchelières*, rangées au fond de la bouche et ayant de deux à trois racines.

L'homme a deux dentitions successives: 1° la *dentition de lait* (*fig.* 12, A), qui commence vers l'âge de six mois, est complète à trois ans et dure jusqu'à sept ans; elle comprend

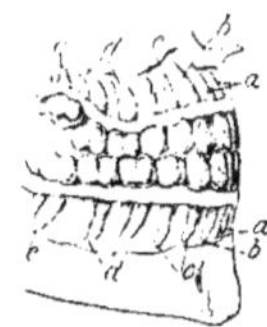

Fig. 11. Position des *dents*.
aa, incisives; *bb*, canines; *cc*, petites molaires; *dd*, grosses molaires; *ee*, dents de sagesse.

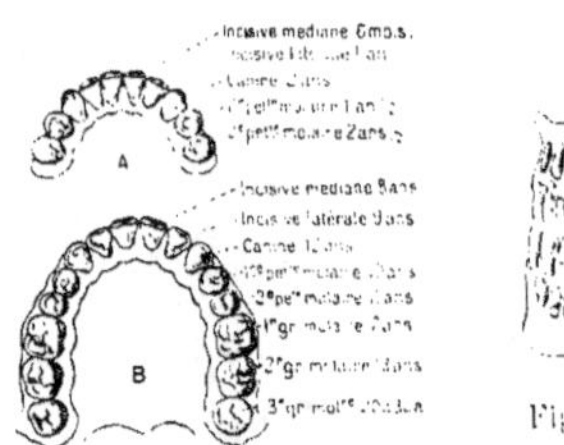

Fig. 12.

Dentitions successives :

A, de lait ; B, permanente ; C, position des dents
dans les mâchoires.

20 dents et ne comporte pas de grosses molaires ; 2° la *dentition permanente* (*fig.* 12, B),
qui débute par l'apparition de la première
grosse molaire ; puis les dents de lait tombent,
chassées par les dents permanentes, dont les
germes (*fig.* 12, C), formés dans les mâchoires
presque en même temps que ceux des dents
de lait, ont subi une large période d'attente
avant de se développer ; vers treize ans pousse
la deuxième grosse molaire ; enfin, de vingt
à trente ans, se développe la troisième grosse
molaire ou *dent de sagesse* ; parfois même elle
n'apparaît jamais et son germe reste dans la
mâchoire, faute de place pour se développer.

L'adulte a donc 32 dents, qui sont pour
chaque moitié des mâchoires : 2 incisives, 1 canine, 2 petites molaires et 3 grosses molaires.

On exprime simplement le nombre et la
disposition des dents chez les mammifères par
une série de fractions dite *formule dentaire* ;
celle de l'homme adulte est :

$$\frac{2}{2}\,i + \frac{1}{1}\,c + \frac{2}{2}\,pm + \frac{3}{3}\,gm\,;$$

les numérateurs s'appliquent aux dents de la
demi-mâchoire supérieure ; les dénominateurs
à celles de la demi-mâchoire inférieure.

❖ *Les dents ont leurs racines enfoncées
dans les alvéoles des mâchoires ; elles sont de
trois formes : incisives, canines et molaires.
La dentition de lait, complète à trois ans,
comprend 20 dents ; la dentition permanente
se développe vers sept ans et comporte
32 dents chez l'adulte.*

9. Structure des dents.

— Les dents
ne sont pas de petits
os, mais des organes
analogues aux poils et
aux ongles, dont il sera
parlé plus loin (**103**) ;
elles se forment aux
dépens de la gencive.
Elles sont composées
presque entièrement
d'une substance dure,

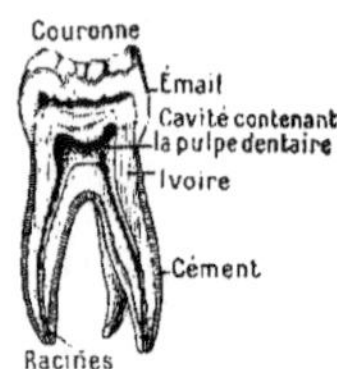

Fig. 13.
Coupe d'une *molaire*.

d'un blanc jaunâtre, l'*ivoire* (*fig.* 13), formée
de phosphate et de carbonate de chaux et
aussi de matière organique. L'ivoire est protégé dans la couronne par une mince couche
d'*émail*, matière très dure, blanche et bril-
lante, presque exclusivement minérale, et
dans la racine par le *cément*, jaunâtre et très
analogue à de l'os. Au centre de la dent est
une matière molle, la *pulpe dentaire*, formée
de tissu conjonctif dans lequel se ramifient
veines, artères et filets nerveux.

❖ *L'ivoire, qui forme presque entièrement
la dent, est recouvert dans la couronne par
l'émail, dans la racine par le cément ; en son
centre est la pulpe dentaire.*

10. Pharynx, œsophage, estomac.

— Le
pharynx, nommé aussi *arrière-bouche* ou
gosier, est une sorte de carrefour placé au
croisement des voies digestives et respiratoires ; il communique en haut avec les fosses
nasales, en bas avec l'œsophage et avec la trachée-artère, tube conduisant au poumon ; en
avant avec la bouche (*fig.* 14).

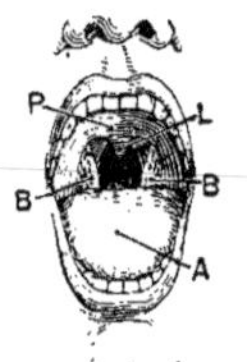

Fig. 14. *Bouche* :
A, langue ;
BB, amygdales ;
P, palais ;
L, luette.

L'œsophage est un tube vertical (*fig.* 15), placé entre la
trachée-artère et la colonne
vertébrale ; il traverse le diaphragme et aboutit à l'estomac. Ce dernier est une sorte
de sac situé dans la partie
supérieure de l'abdomen et
un peu à gauche ; l'orifice
d'entrée est le *cardia*, situé
au-dessous de la pointe du
cœur ; l'orifice de sortie est

le *pylore*, s'ouvrant sur l'intestin.

❋ *Le pharynx ou arrière-bouche est placé au croisement des voies digestives et respiratoires; il se continue par l'œsophage, qui aboutit à l'estomac; ce dernier a deux orifices : le cardia et le pylore.*

11. Intestin. —

L'intestin *fig.* 7 est un long tube replié, comprenant deux parties : 1° *l'intestin grêle*, long de 6 à 8 mètres, avec un diamètre d'environ

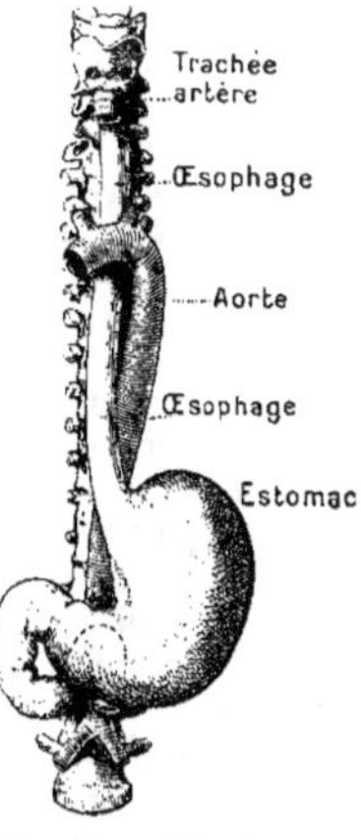

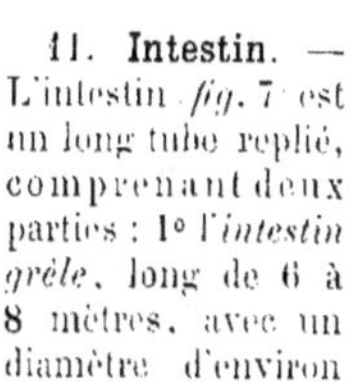

Fig. 15. — *Œsophage.*

3 centimètres; sa surface est unie; 2° le *gros intestin*, long d'environ 2 mètres et très large, présentant une surface bosselée.

L'intestin grêle a été divisé en trois parties, d'ailleurs peu distinctes : *duodénum*, *jéjunum* et *iléon*. Ce dernier se jette à angle droit dans le gros intestin; il en refoule la paroi pour former la *valvule iléo-cæcale* *fig.* 16, sorte de soupape qui laisse passer les résidus alimentaires allant dans le gros intestin, mais s'oppose à leur retour.

Le gros intestin comprend, lui aussi, trois parties : le *cæcum*, très court, situé au-dessous de l'iléon et terminé par un petit tube étroit, *l'appendice vermiforme*, situé à droite et en bas dans l'abdomen; il est souvent le siège d'une inflammation grave, l'appendicite; le *côlon*, qui surmonte le cæcum, est replié de manière à former les trois côtés d'un cadre entourant la masse de l'intestin grêle; enfin le *rectum*, partie droite et courte, vient se terminer par *l'anus*.

❋ *L'intestin comprend deux parties : l'intestin grêle, long de 6 à 8 mètres, et le gros intestin, beaucoup plus court, mais plus large; ce dernier se divise en cæcum, côlon et rectum s'ouvrant par l'anus.*

12. Structure du tube digestif. —

La paroi du tube digestif comprend trois tuniques ou enveloppes : une *externe fibreuse*, de nature conjonctive; une moyenne *musculaire*, qui est la plus épaisse de toutes; la plus interne est une membrane *muqueuse*.

Les muscles du tube digestif sont striés au commencement de l'œsophage et autour de l'anus, où ils forment un *sphincter anal* qui peut fermer cet orifice, mais tous les autres sont à fibres lisses, c'est-à-dire involontaires. Il y a toujours des fibres *longitudinales*, qui sont externes, et des fibres *circulaires*, plus profondes. Les couches musculaires de l'estomac sont puissantes; les fibres circulaires forment autour du pylore un anneau épais, ou *valvule pylorique*, destiné à son occlusion.

L'épithélium de la tunique muqueuse présente une multitude de dépressions qui sont autant de glandes microscopiques; dans l'œsophage, ces glandes sécrètent un mucus, liquide gluant destiné simplement à faciliter le glissement des aliments; dans l'estomac, elles ont la forme de tubes simples ou ramifiés *fig.* 17 et sécrètent le *suc gastrique*; dans l'intestin grêle, des glandes analogues donnent naissance au *suc intestinal*. Mais l'épithélium intestinal *fig.* 18) ne présente pas que des dépressions; il offre aussi des replis saillants ou *valvules conniventes*, qui augmentent sa surface interne et, dans l'intestin grêle, des millions de petites papilles n'attei-

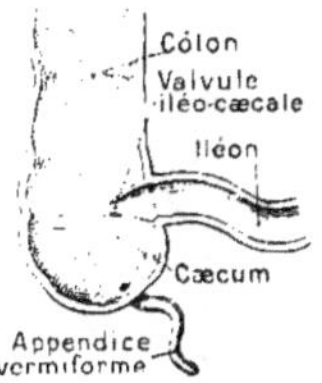

Fig. 16. — *Jonction de l'intestin grêle et du gros intestin.*

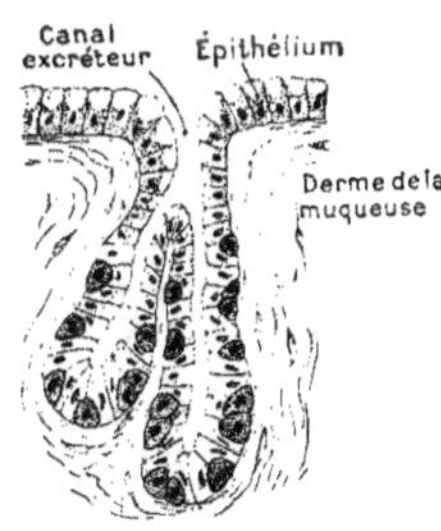

Fig. 17. — Coupe de la *muqueuse* de l'estomac.

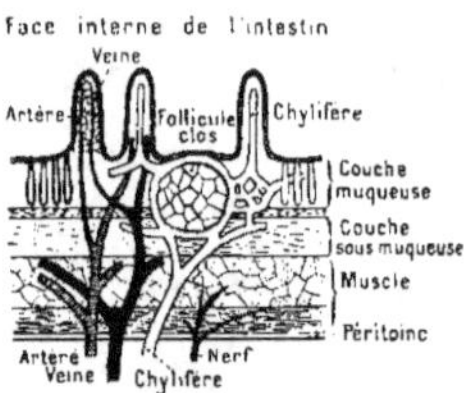

Fig. 18. — Coupe, très grossie, de la *membrane intestinale*.

Fig. 19.
Villosités intestinales (Grossies).

les ; elles donnent à la paroi interne de l'intestin un aspect velouté (*fig.* 19). La muqueuse intestinale renferme de nombreux vaisseaux sanguins et des nerfs.

❀ *La paroi du tube digestif comprend, de dehors en dedans, trois tuniques :* fibreuse, *puis* musculaire *et* muqueuse. *La muqueuse forme partout des dépressions* (glandes) *et, dans l'intestin grêle seulement, des saillies* (villosités intestinales).

13. Péritoine.

— L'estomac, l'intestin et la plupart des autres viscères abdominaux sont entourés par une membrane, le *péritoine*, repliée d'une façon très compliquée (*fig.* 20). Elle est formée de deux feuillets, entre lesquels est un liquide sécrété par la membrane elle-même, qu'on nomme *séreuse*. Nous rencontrerons encore des séreuses en étudiant les autres appareils ; ces membranes soutiennent, sans les immobiliser, les organes qu'elles entourent et les empêchent de se comprimer les uns les autres ; de plus, le liquide, ou *sérosité*, interposé entre leurs deux feuillets, facilite les mouvements de l'organe entouré.

L'un des feuillets du péritoine est soudé à la paroi de l'estomac : c'est le feuillet *viscéral* ou interne ; le feuillet

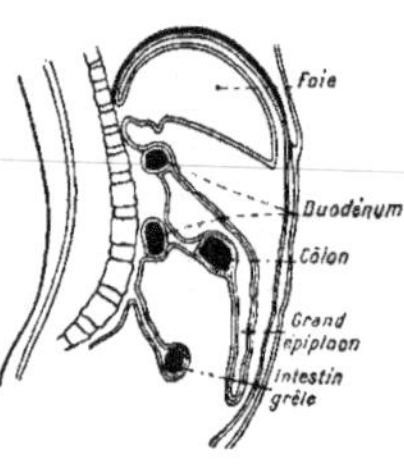

Fig. 20. — Coupe, très grossie, du *péritoine*.

externe ou *pariétal* est en contact avec la paroi de l'abdomen. On nomme *mésentère* la partie du péritoine qui entoure l'intestin.

❀ *Les viscères abdominaux sont entourés par une membrane séreuse, le péritoine; elle est formée de deux feuillets entre lesquels est un liquide.*

14. Glandes salivaires, pancréas.

— En plus des petites glandes renfermées dans les parois du tube digestif, il en existe d'autres, beaucoup plus grosses, dites *glandes annexes*, qui, situées en dehors du tube, y versent leurs sécrétions par des canaux. Les glandes *salivaires* sécrètent la salive qu'elles versent dans la bouche ; il y en a trois paires. Les glandes *parotides* sont les plus volumineuses ; elles sont situées au-dessus et en avant de l'oreille (*fig.* 24) et versent leur salive près de la première grosse molaire supérieure. Les glandes *sous-maxillaires* et les glandes *sublinguales*, beaucoup plus petites, sont situées dans l'épaisseur du plancher buccal ; les canaux de ces deux dernières paires s'ouvrent au-dessous de la langue.

Le *pancréas* (*fig.* 22) est une glande allongée, d'un gris rosé, située derrière l'estomac et y touchant ; elle verse dans le duodénum sa sécrétion, le *suc pancréatique*.

Les glandes salivaires et le pancréas sont des glandes en grappe. Chacune d'elles comprend une partie sécrétante, reliée à un canal qui emporte son produit ; les milliers de petits éléments qui la composent (*fig.* 21) sont disposés par rapport au canal excréteur comme les grains d'une grappe de raisin par rapport au pédoncule principal qui les supporte.

❀ *Il y a trois paires de glandes salivaires :* parotides, sous-maxillaires *et* sublinguales, *s'ouvrant dans la bouche ; le* pancréas, *situé derrière l'estomac, s'ouvre dans le duodénum ; toutes ces glandes sont en grappe.*

15. Foie.

— Le foie (*fig.* 22) est la plus grosse glande du corps : il pèse près de 2 kilogrammes ; sa couleur est rouge brun ; il est situé dans la partie droite de l'abdomen. Sa face supérieure qui touche au diaphragme est

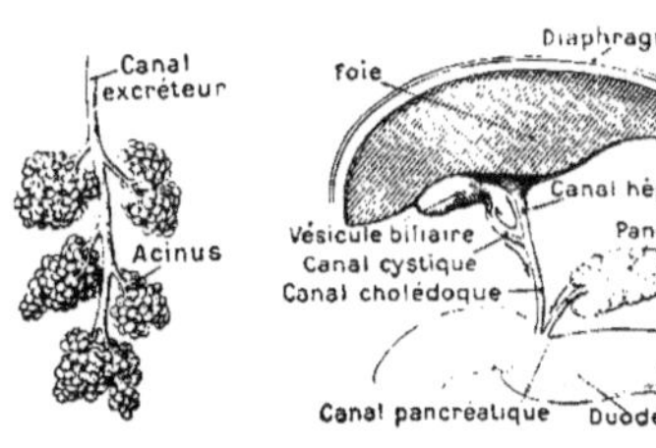

Fig. 21. Structure d'une *glande en grappe*.

Fig. 22. Schéma du *foie* et des canaux biliaires.

lisse et convexe ; sa face inférieure, concave, recouvre en partie l'estomac ; elle présente trois sillons figurant grossièrement la lettre H.

En plus de l'artère qui le nourrit, le foie reçoit un gros vaisseau, la *veine porte*, qui lui conduit le sang chargé des aliments digérés ayant traversé l'intestin grêle : il purifie ce sang, et le résultat de cette épuration est la *bile* ou *fiel* qui sort du foie par le *canal hépatique ;* de là elle se rend soit, momentanément, à la *vésicule biliaire* ou *poche du fiel,* soit directement dans le duodénum par le *canal cholédoque* qui vient déboucher à côté du canal du pancréas. Le foie est entouré, sous le péritoine, par une membrane conjonctive qui envoie dans sa masse des cloisons la partageant en petites chambres ou *lobules* (*fig.* 23) de la grosseur d'un grain de millet ; elles donnent au foie un aspect grenu : chacun de ces lobules renferme des cellules qui purifient le sang ; elles ont en outre un autre rôle que nous étudierons plus tard (**68**).

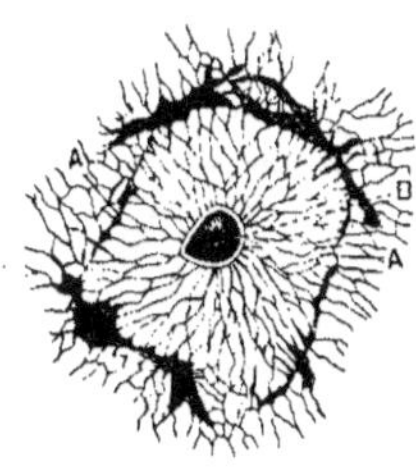

Fig. 23. — Un *lobule* du foie. A et B, veines.

✿ *Le foie est situé dans la partie supérieure de l'abdomen et à droite ; il retire du sang de la veine porte la bile ou fiel, qui va s'accumuler dans la vésicule biliaire ou descend directement dans le duodénum par le canal cholédoque.*

16. Définition ; rôles. — On nomme *aliments* toutes les substances empruntées au milieu extérieur et qui sont susceptibles, après avoir été transformées dans le tube digestif, d'en traverser la paroi pour aller dans le sang nourrir les éléments du corps. Les aliments ont un double rôle : 1° ils sont *réparateurs* des tissus de l'organisme qui s'usent un peu chaque jour et ils en assurent la croissance ; 2° ils sont *producteurs d'énergie,* car c'est leur combustion dans les tissus, sous l'action de l'oxygène de l'air introduit par la respiration, qui produit la chaleur nécessaire au travail.

Le besoin d'aliments solides ou liquides se manifeste par des sensations spéciales, la *faim* et la *soif.* L'*inanition* ou privation complète d'aliments ne peut durer que quelques jours chez les animaux à vie très active ; elle peut persister pendant des mois sans amener la mort chez les animaux, comme la Marmotte, qui s'engourdissent durant l'hiver, chez les Crapauds, les Poissons, les Insectes, etc.

✿ *Les aliments sont les substances qui, transformées dans le tube digestif, peuvent aller dans le sang et nourrir les cellules ; ils sont à la fois réparateurs des tissus et producteurs d'énergie.*

17. Aliments simples. — Les substances qui peuvent servir à l'alimentation sont en nombre considérable (pain, lait, viande, etc.), mais ce sont, en réalité, des aliments *composés,* formés d'un petit nombre d'aliments *simples* que nous diviserons en trois groupes :

1° L'*eau* et les *sels minéraux,* comme le sel marin, les sels calcaires, qui se rencontrent à la surface de la terre ou dans son écorce, mais qui se retrouvent aussi dans presque toutes les substances alimentaires.

2° Les aliments *ternaires,* d'origine exclusivement organique, c'est-à-dire formés par les animaux ou les plantes ; ils se composent de trois éléments : carbone, hydrogène et oxygène, et sont de trois sortes : féculents, sucres et corps gras. L'*amidon* ou *fécule* ($C^6H^{10}O^5$), type des matières féculentes, abonde surtout dans les cellules des graines et des tubercules. Les *sucres* sont de deux types principaux: le *glucose* $C^6H^{12}O^6$, qui existe dans tous les fruits mûrs, et peut se dissoudre dans l'eau et dans l'alcool : le *sucre ordinaire* ou saccharose $C^{12}H^{22}O^{11}$, extrait de la racine de betterave ou de la tige de canne à sucre : il est soluble dans l'eau, insoluble dans l'alcool. L'examen des formules chimiques de l'amidon et du sucre montre qu'ils sont formés de charbon et d'eau : ce sont des hydrates de carbone. Les matières *grasses* sont les graisses, les beurres et les huiles : ce sont des combinaisons de la glycérine avec les acides gras.

3° Les aliments *quaternaires* ou *azotés* sont aussi d'origine organique : ils ont pour type l'albumine ou blanc d'œuf, d'où le nom d'aliments *albuminoïdes* qui leur est souvent donné. Très complexes, ils sont formés de quatre éléments : carbone, hydrogène, oxygène et azote, auxquels s'ajoutent ordinairement un peu de soufre et de phosphore. Les principaux sont, outre l'albumine, la *musculine* de la viande, la *caséine* du lait, le *gluten* des céréales, la *légumine* des graines de pois, de haricots, etc. Les aliments albuminoïdes sont surtout réparateurs et les aliments ternaires, surtout producteurs d'énergie.

✻ *Les substances alimentaires sont formées d'aliments simples en petit nombre : 1° eau et sels minéraux ; 2° aliments ternaires, comme les féculents, sucres et corps gras ; 3° aliments quaternaires, azotés, ou albuminoïdes, comme la caséine, le gluten.*

18. Aliments composés. —

Un seul aliment *simple* ne peut entretenir longtemps la vie, car il ne fournit à l'organisme qu'une partie des matériaux dont il a besoin : un chien nourri exclusivement avec du sucre meurt en un mois : avec du blanc d'œuf, en trois mois. Les aliments *usuels* ou composés, qui sont des mélanges d'aliments simples, ont des valeurs nutritives très diverses. Un seul, le *lait*, est véritablement un aliment *complet*, car il renferme les divers types d'aliments simples : eau, sel marin, phosphate et carbonate de calcium nécessaires pour la for-mation des os, un sucre nommé *lactose*, un corps gras ou *beurre*, une matière albuminoïde ou *caséine*. Le pain de froment, les graines de légumineuses, les œufs, sont aussi des substances composées fort riches, dans lesquelles les aliments simples réparateurs et producteurs d'énergie sont en bonne proportion. La viande qui, à elle seule, suffit à l'alimentation des animaux carnivores, est, pour l'homme, trop riche en albuminoïdes et pas assez en substances hydrocarbonées ; la pomme de terre et le riz présentent l'inconvénient inverse. Une alimentation variée est nécessaire pour l'homme : elle diminue le poids de la masse alimentaire ingérée et assure le bon fonctionnement de l'appareil digestif.

✻ *Un seul aliment simple ne peut entretenir la vie. De tous les aliments composés, le lait est le plus complet ; ensuite viennent le pain, les graines des légumineuses, les œufs.*

PHYSIOLOGIE DE LA DIGESTION

19. Phénomènes digestifs ; diastases. —

Les actions que subissent les aliments dans le tube digestif sont de deux sortes : les unes sont *mécaniques*, les autres sont *chimiques*. L'eau, les sels et le glucose sont, en effet, les seuls aliments utilisables tels quels par l'organisme ; tous les autres doivent, s'ils ne le sont déjà, être rendus *solubles*, puis *absorbables*, c'est-à-dire acquérir la propriété de traverser la muqueuse intestinale ; enfin, ils doivent être *assimilables*, c'est-à-dire utilisables par l'organisme.

Ces transformations se produisent sous l'action de substances nommées *diastases*, qui sont les principes actifs des liquides digestifs ; elles appartiennent au groupe des *ferments*. Ce sont des corps azotés dont une petite masse peut transformer une grande quantité d'aliments : ils agissent à douce température, même en dehors de l'organisme ; avec leur aide on effectue des digestions *artificielles* d'aliments dans des vases chauffés à 40°.

Les actes successifs de la digestion sont : mastication, insalivation, déglutition, digestion stomacale, digestion intestinale.

❉ *La digestion comprend des phénomènes mécaniques et chimiques : c'est l'ensemble des transformations subies par les aliments dans le tube digestif et qui ont pour but de les rendre solubles, absorbables et assimilables ; elles ont lieu surtout sous l'action de ferments nommés diastases.*

20. Mastication. — La mastication est exécutée par les dents : les incisives coupent ; les canines, qui déchirent chez les animaux carnivores, ne jouent chez l'homme qu'un rôle peu important ; enfin les molaires broient. La langue et les joues ramènent constamment les aliments sous les dents. Beaucoup de maux d'estomac proviennent d'une mastication insuffisante. L'émail, bien que très dur, se brise par les chocs, mettant à nu l'ivoire ; celui-ci s'altère rapidement sous l'action des microbes qui pullulent dans une cavité buccale mal nettoyée : c'est la *carie dentaire*, qui parvient bientôt jusqu'à la pulpe et s'accompagne alors de douloureux maux de dents et de la chute prématurée de ces organes.

❉ *La mastication est effectuée par les dents, avec l'aide de la langue et des joues. On doit brosser les dents chaque jour, sans quoi la carie dentaire amène leur chute.*

21. Insalivation. — L'insalivation se produit en même temps que la mastication. La salive, qui arrive par jets dans la bouche, est un liquide un peu visqueux, faiblement alcalin, formé d'eau, de sels de soude et d'une diastase (**19**), la *ptyaline* ; elle transforme les aliments en une pâte, elle dissout certains d'entre eux ; enfin sa ptyaline fixe une molécule d'eau sur l'amidon insoluble des aliments féculents et le transforme en un sucre soluble, le glucose : elle digère les féculents.

La salive dont nous venons d'étudier l'action est la salive mixte, c'est-à-dire celle qui résulte du mélange des liquides provenant respectivement des trois paires de glandes salivaires *fig.* 24 : chacun de ces liquides a des caractères spéciaux. La salive des glandes parotides est fluide : son rôle est de mouiller les aliments pour les transformer en pâte :

c'est la salive de la *mastication*. La salive des sous-maxillaires est plus épaisse ; elle se précipite par jets dans la cavité buccale quand on y introduit un mets à saveur prononcée : c'est la salive nécessaire pour le *goût*. Enfin la salive des sublinguales, très visqueuse, a pour rôle essentiel de faciliter la descente des aliments dans l'œsophage : c'est la salive de la *déglutition*.

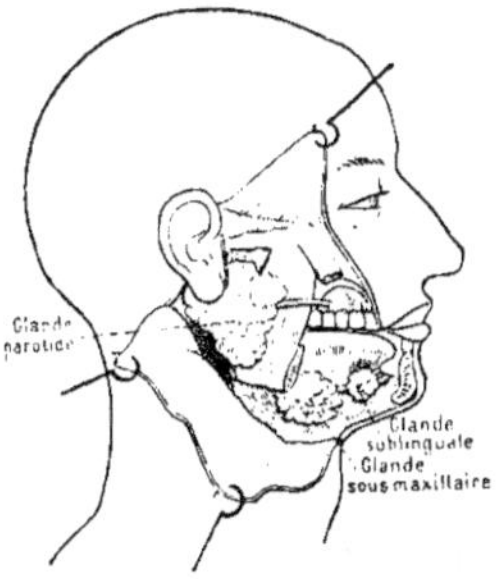

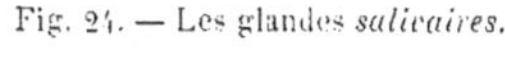

Fig. 24. — Les glandes *salivaires*.

❉ *La salive réduit en pâte les aliments et dissout certains d'entre eux, comme le sucre ; par sa ptyaline, elle digère les féculents qu'elle transforme en glucose.*

22. Déglutition. — La déglutition est l'action d'avaler ; c'est un ensemble de mouvements ayant pour but d'obstruer momentanément les voies respiratoires pour empêcher les aliments d'y pénétrer. Les aliments mâchés et insalivés sont réunis en une petite boule ou *bol alimentaire* qui est placée sur la pointe de la langue ; celle-ci vient toucher la voûte du palais ; le voile du palais s'étend horizontalement et ferme l'orifice postérieur des fosses nasales ; la partie supérieure de la trachée-artère, ou *larynx*, se soulève et la petite languette, ou *épiglotte*, qui la surmonte bute contre la base de la langue et ferme le larynx ; le bol alimentaire franchit le pharynx et passe dans l'œsophage, qu'il trouve seul ouvert.

On constate le soulèvement du larynx en mettant le doigt sur sa partie saillante ou *pomme d'Adam* et en avalant de la salive. Lorsqu'on rit, tousse ou parle au moment d'avaler, l'épiglotte reste soulevée par l'air sortant des poumons, et des parcelles d'aliments peuvent pénétrer dans la trachée ; il en résulte une toux violente qui les chasse.

Le bol alimentaire chemine dans l'œsophage par son propre poids et aussi grâce à une série de contractions et d'élargissements successifs de la paroi de ce tube qui ont lieu de haut en bas : ce sont les mouvements *péristaltiques*; quand ces mouvements ont lieu de bas en haut, comme dans le vomissement, ils sont *antipéristaltiques*.

❋ *La déglutition ou action d'avaler le bol alimentaire exige l'occlusion momentanée des voies respiratoires; le voile du palais ferme les fosses nasales et l'épiglotte ferme le larynx : l'aliment chemine dans l'œsophage par les mouvements* péristaltiques.

23. Digestion stomacale. — Dès que les aliments arrivent dans l'estomac (*fig. 25*), le suc gastrique est sécrété : c'est un liquide clair à réaction fortement acide; il est formé d'eau, de sels de soude, d'un peu d'acide chlorhydrique et d'une diastase, la *pepsine*, qui transforme les aliments azotés non absorbables, comme la viande, l'albumine, en *peptones* absorbables par l'intestin et assimilables par les tissus; la pepsine n'agit qu'en milieu acide. Notons encore la présence, dans le suc gastrique, d'un ferment, la *présure*, qui coagule la caséine du lait. Le suc gastrique n'a aucune action sur les féculents ni sur les corps gras. Quand l'aliment introduit dans l'estomac ne contient pas de principes albuminoïdes, le suc gastrique sécrété ne renferme pas de pepsine.

Le suc gastrique est mélangé avec les aliments, grâce aux contractions lentes, mais énergiques de la paroi de l'estomac, qui déterminent un brassage continu; le pylore ne s'ouvre que lorsque les aliments sont suffisamment préparés et, en peu de temps, toute la masse alimentaire

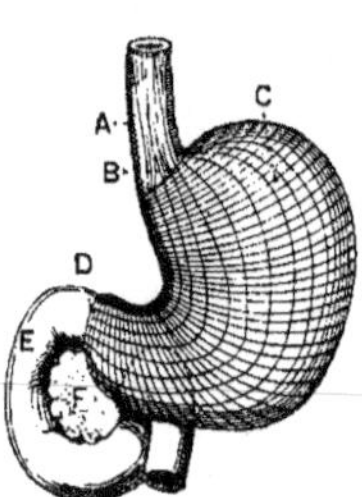

Fig. 25. — *Estomac :* A, œsophage : B, cardia : C, estomac : D, pylore : E, intestin grêle : F, pancréas. (Les hachures indiquent la direction suivie par les fibres musculaires.)

modifiée, et nommée alors *chyme*, passe dans l'intestin grêle. Les liquides ne séjournent que peu de temps dans l'estomac.

Sous l'action de causes diverses, comme le mal de mer, le dégoût, etc., ou encore à la suite de l'ingestion de poisons ou de certaines substances, comme l'émétique, l'ipécacuanha, il peut se produire des contractions du diaphragme et de la paroi de l'abdomen qui compriment énergiquement l'estomac et amènent l'expulsion par l'œsophage et la bouche des matières qu'il renferme; c'est le *vomissement*.

❋ *La pepsine, diastase du suc gastrique, transforme, en milieu acide, les aliments azotés non absorbables en peptones absorbables. Des contractions de la paroi stomacale brassent les aliments, qui deviennent du chyme. Le pylore ne s'ouvre qu'à la fin de la digestion stomacale.*

24. Digestion intestinale. — Le chyme se déplace dans l'intestin, grâce aux mouvements péristaltiques de ce tube : quand ces mouvements deviennent trop brusques, ils provoquent des douleurs nommées *coliques*.

L'intestin grêle reçoit trois liquides : ce sont le suc pancréatique, le suc intestinal et la bile, dont la présence *simultanée* est indispensable.

1° Le *suc pancréatique* a une réaction alcaline; il est formé d'eau, de sels de soude et de trois diastases : l'une continue la transformation des féculents en glucose, ébauchée par la salive; la seconde transforme, comme la pepsine, les aliments azotés en peptones, mais n'agit qu'en milieu alcalin; la troisième digère les corps gras : elle en *émulsionne* une partie, c'est-à-dire la réduit en fines gouttelettes absorbables; l'autre partie est *saponifiée*, c'est-à-dire transformée en savon et en glycérine, l'un et l'autre absorbables.

2° Le *suc intestinal* contient une diastase, l'*invertine*, qui dédouble le sucre ordinaire non assimilable en glucoses assimilables. Il renferme, de plus, des ferments spéciaux, sans lesquels les diastases pancréatiques seraient absolument inactives.

3° La *bile*, à la fois excrément et suc digestif, est un liquide complexe, très alcalin, riche en eau et en sels de soude, mais ne renfermant pas de diastase digestive : elle contient des matières colorantes rouges et vertes provenant de la destruction par le foie des globules rouges usés. Certains des déchets qu'elle renferme peuvent se déposer dans les canalicules biliaires en fines granulations ou *calculs* dont l'expulsion provoque les *coliques hépatiques* ; ces granulations peuvent aussi empêcher l'arrivée de la bile dans l'intestin : elle se mélange alors au sang qu'elle colore : c'est la *jaunisse*. Comme le suc intestinal, la bile est nécessaire aux fonctions des diastases pancréatiques ; elle est indispensable à la digestion des corps gras : elle active les contractions de l'intestin et facilite l'absorption.

On nomme *chyle* la masse des substances nutritives liquéfiées et prêtes pour l'absorption. Les résidus inutilisables, mélangés à la bile qui les colore et retarde leur putréfaction, s'accumulent dans le gros intestin en attendant d'être expulsés par l'anus. Ce dernier acte constitue la défécation.

✿ *Le chyme, mû par les contractions de l'intestin, subit l'action de trois liquides : le suc pancréatique, qui digère les aliments féculents, azotés et gras ; le suc intestinal, qui digère le sucre ordinaire, et la bile, indispensable à la digestion des corps gras : le chyle est le résultat assimilable de la digestion intestinale.*

ABSORPTION

25. Absorption intestinale. — Il y a absorption chaque fois qu'une substance passe du milieu extérieur dans le sang : nous absorbons les gaz par les poumons et par la peau, les aliments digérés par l'intestin. L'absorption intestinale ne se produit que d'une façon très faible à travers la paroi de l'estomac ; elle a lieu surtout dans l'intestin grêle, à travers la paroi des villosités intestinales 12 . L'eau, les glucoses, les peptones, les sels provenant de la digestion se rendent dans les petites veines que renferme chaque villosité et de là dans la veine porte *fig. 26* : les corps gras se rendent dans

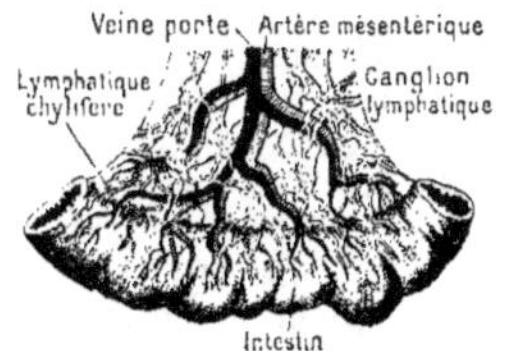

Fig. 26. — Portion de l'*intestin* avec ses vaisseaux.

un petit vaisseau *chylifère* placé au centre de la villosité *fig. 18* ; finalement tous les aliments digérés parviennent dans le sang.

L'absorption résulte de l'activité propre des cellules épithéliales : quand celles-ci tombent, elle ne se produit plus. Ces cellules choisissent dans la masse alimentaire, à leur contact, les aliments assimilables et s'en nourrissent : l'excès d'aliment est ensuite transmis par *osmose* aux cellules sous-jacentes et, de proche en proche, aux vaisseaux. L'osmose se produit lorsque deux liquides de composition différente sont séparés par une membrane : ils se mélangent à travers celle-ci.

✿ *L'absorption intestinale est le passage des aliments digérés à travers l'épithélium des villosités pour aller dans le sang : les corps gras vont dans les vaisseaux chylifères et les autres aliments directement dans les veines.*

MODIFICATIONS
DE L'APPAREIL DIGESTIF

26. Dentition chez les Mammifères. — Chez les Mammifères, le nombre et la forme des dents varient avec le régime alimentaire. A ce point de vue, on peut distinguer quatre groupes principaux : les Carnivores, les Rongeurs, les Ruminants et les Omnivores. Chez les *Carnivores*, comme le Chat *fig. 27, A*, les incisives sont petites ; les canines, ou *crocs*,

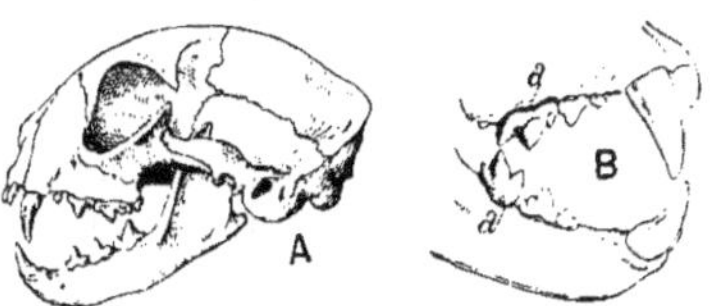

Fig. 27. — *Carnivores :*
A, crâne de Chat ; B, dents carnassières. a, a.

longues et pointues comme des poignards; les molaires, peu nombreuses, sont tranchantes et, guidées par les mouvements de la mâchoire inférieure, agissent comme les lames d'une paire de *ciseaux*; l'une des molaires, plus grosse que les autres, se nomme dent *carnassière* *fig.* 27. B . Les mâchoires sont courtes; des muscles puissants actionnent la mâchoire inférieure. Les *Insectivores*, comme le Hérisson, ont une dentition semblable, mais leurs molaires sont hérissées de tubercules pointus, destinés à broyer la dure carapace des insectes.

taux. Les Ruminants sans cornes, comme le Chameau, et beaucoup d'*Herbivores* non ruminants, comme le Cheval (*fig.* 30), ont la dentition complète, mais la prédominance appartient toujours aux molaires, qui sont très larges et nombreuses.

Enfin, les *Omnivores*, comme l'Homme, présentent des caractères intermédiaires; ils ont la denti-

Fig. 28. — Crâne de *Rongeur* : Lapin.

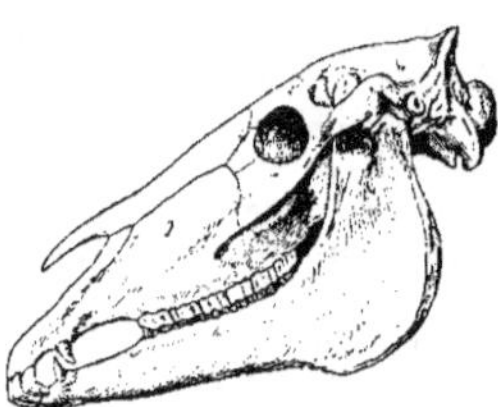

Fig. 29. — Crâne de *Ruminant* : Bœuf.

Fig. 30. — Crâne d'herbivore *non ruminant* : Cheval.

La dentition des *Rongeurs* est très forte: elle leur permet de ronger le bois et tous les corps durs d'origine végétale *fig.* 28 . C'est une dentition incomplète, privée de canines; les deux incisives de chaque mâchoire, légèrement recourbées et taillées en biseau, sont très longues et les molaires en sont séparées par un grand vide ou *barre*. Les incisives possèdent la propriété de grandir d'une manière continue: elles croissent ainsi à mesure qu'elles s'usent à leur extrémité libre. Les molaires sont plates, serrées, munies de replis transversaux; la disposition de l'articulation permet à la mâchoire inférieure des mouvements étendus d'avant en arrière; elle agit à la façon d'une *râpe*.

Les *Ruminants*, comme le Bœuf *fig.* 29 , ont la dentition incomplète: elle ne comporte pas du tout de canines et pas d'incisives à la mâchoire supérieure. Les molaires constituent donc, presque à elles seules, toute la dentition; elles sont nombreuses, grosses et aplaties avec des replis d'émail. L'articulation de la mâchoire est disposée pour lui permettre des mouvements latéraux, mouvements de *meule*, nécessaires à la trituration des végé-

tion complète (*fig.* 11), avec incisives coupantes, canines plus ou moins pointues, et molaires plates, sans qu'aucune dent prédomine; la mâchoire inférieure se meut en tous sens.

⁂ *Les* Carnivores *ont la dentition complète, avec des* canines *pointues et des molaires tranchantes fonctionnant comme des ciseaux: chez les* Rongeurs *les canines manquent, les* incisives *sont fortes et les molaires plates, animées d'un mouvement de* râpe: *chez les* Ruminants *les molaires, nombreuses et plates, ont un mouvement de* meule. *La dentition des* Omnivores *est à caractères intermédiaires.*

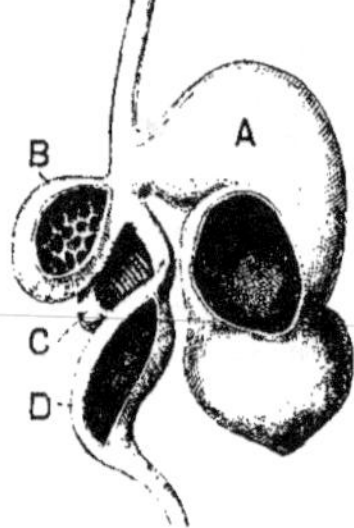

Fig. 31. — Estomac de *Ruminant* : A. panse; B. bonnet; C. feuillet; D. caillette.

27. Tube digestif des Mammifères. —

Les herbes sont moins nutritives que la viande et se digèrent plus lentement; l'animal herbivore est forcé d'ingérer chaque jour un poids considérable d'aliments : aussi son tube digestif est-il beaucoup plus long que celui des carnassiers, proportionnellement à la longueur du corps. L'intestin du Chat atteint 2 mètres, soit environ 4 fois la longueur de son corps : l'intestin du Bœuf a environ 40 mètres, soit 20 fois la longueur de l'animal.

Le tube digestif de tous les Mammifères comprend les mêmes parties fondamentales que chez l'Homme ; l'estomac seul présente, chez les Ruminants, une modification importante : il est composé de quatre poches (fig. 31) : la *panse*, grand réservoir qui reçoit les aliments à peine mâchés ; le *bonnet*, dans lequel les aliments remontent peu à peu avant de revenir dans la bouche ; puis le *feuillet*, et enfin la *caillette*, où est sécrété le suc gastrique, et qui correspond à notre estomac.

❧ *Le tube digestif des herbivores est beaucoup plus long que celui des carnassiers, proportionnellement à la longueur du corps. L'estomac des Ruminants est composé de 4 poches : panse, bonnet, feuillet, caillette.*

28. Autres Vertébrés. — Les *Oiseaux* actuels n'ont pas de dents, mais sont pourvus d'un étui corné, le *bec*, dont les deux pièces ou *mandibules* sont de forme extrêmement variable et répondent ainsi au besoin de chaque genre (fig. 32). Chez les *granivores*,

Fig. 32. — *Becs :*
A, de Perroquet ; B, de Rossignol ; C, d'Aigle ; D, de Canard souchet ; E, d'Oiseau-Mouche ; F, de Corbeau.

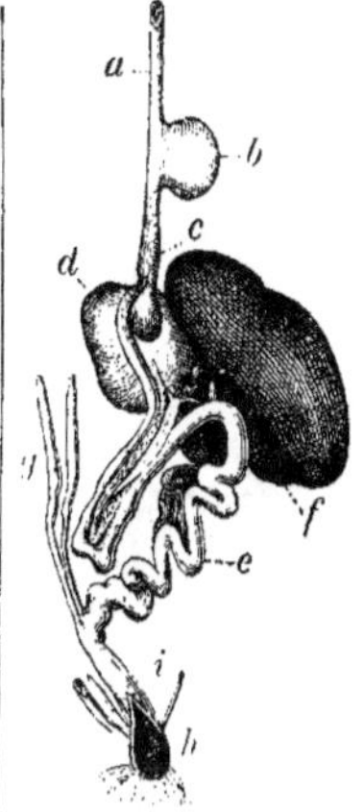

Fig. 33. — *Tube digestif d'un Oiseau :*
a, œsophage ; b, jabot ; c, ventricule succenturié ; d, gésier ; e, intestin grêle ; f, foie ; g, cæcums ; h, cloaque ; i, gros intestin.

l'œsophage présente un renflement ou *jabot* (fig. 33), dans lequel les aliments rapidement avalés s'amollissent. L'estomac comprend deux parties : le *ventricule succenturié*, où est sécrété le suc gastrique, et le *gésier*, poche dure, résistante, agissant par contraction de ses parois musculeuses sur les aliments : il les broie, travail qui se trouve facilité par la présence de petits cailloux avalés par l'oiseau. Le gros intestin présente deux longs prolongements ou *cæcums* et se termine dans une poche, nommée *cloaque*, qui reçoit aussi l'urine et les œufs.

Chez les *Reptiles*, les dents sont soudées aux mâchoires, sauf chez les Crocodiles, où elles sont implantées dans les alvéoles ; les Tortues ont un bec corné, analogue à celui des Oiseaux. Les *Batraciens* n'offrent aucune particularité intéressante. La plupart des *Poissons* ont de nombreuses petites dents sur toutes les parties de la bouche ; le tube digestif est court, avec un estomac peu distinct, recevant à sa terminaison la sécrétion de plusieurs *appendices pyloriques* (fig. 34).

❧ *Les Oiseaux ont un bec corné et un jabot qui est un réservoir d'attente ; le ventricule succenturié fournit le suc gastrique et le gésier réalise la digestion stomacale ; l'intestin présente deux cæcums et se termine dans un cloaque. L'estomac des Poissons reçoit la sécrétion des appendices pyloriques.*

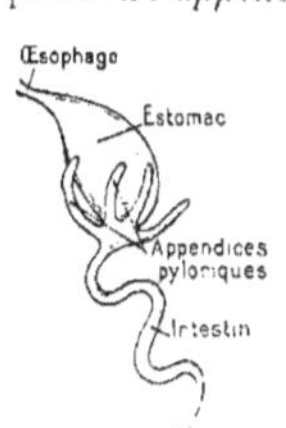

Fig. 34. — *Appendices pyloriques d'un Poisson.*

29. **Invertébrés.** — Aux régimes alimentaires variés des *Insectes* correspondent de profondes modifications des pièces de la bouche et du tube digestif. Ce dernier est peu contourné; des glandes salivaires se déversent dans la bouche (*fig.* 35); l'œsophage se complique d'un jabot, et l'intestin est parfois divisé en deux poches : le *gésier*, destiné à broyer, et le *ventricule chylifique*, qui reçoit le produit des glandes gastriques. A l'entrée de l'intestin débouchent les tubes de Malpighi, qui sont les organes urinaires. Le rectum est court et renflé.

Chez les *Crustacés* le tube digestif est rectiligne; il y a des pièces broyeuses non seulement autour de la bouche, mais dans l'estomac; le foie est très volumineux, et son rôle, comme chez presque tous les Invertébrés, est celui d'une glande digestive par excellence.

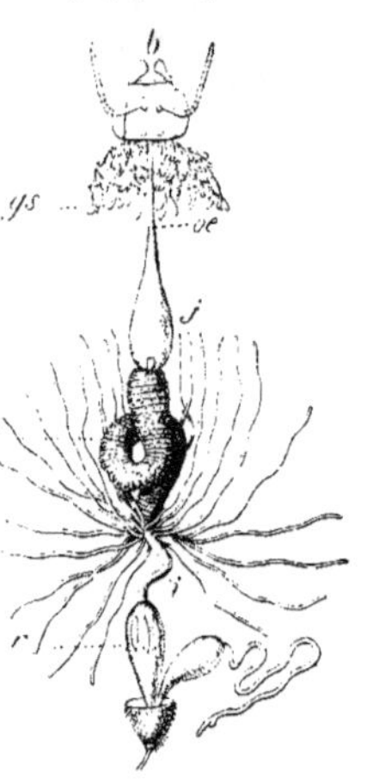

Fig. 35. — *Tube digestif* d'un Insecte.

b, bouche; *gs,* glandes salivaires; *œ,* œsophage; *j,* jabot; *e,* estomac; *i,* intestin; *r,* rectum.

Le tube digestif des *Vers* est rectiligne et peu compliqué : certaines espèces parasites, comme le *Ténia*, en sont dépourvues. Chez les *Mollusques*, il est souvent en forme d'U; l'anus est rapproché de la bouche et le foie est volumineux. Certains *Zoophytes*, comme les Oursins, ont un tube digestif distinct (*fig.* 36), mais les Actinies, l'Hydre d'eau douce n'ont qu'une simple cavité gastrique, avec un seul orifice, à la fois bouche et anus; des tentacules l'entourent (*fig.* 37), et servent à capturer les proies. Les *Protozoaires* (*fig.* 3) englobent les particules alimentaires par une portion quelconque de leur protoplasme qui sécrète des diastases.

❀ *Le tube digestif des* Insectes *comprend un œsophage avec jabot, un estomac divisé en deux parties, et un intestin court. Chez la plupart des Invertébrés le foie est essentiellement une glande digestive.*

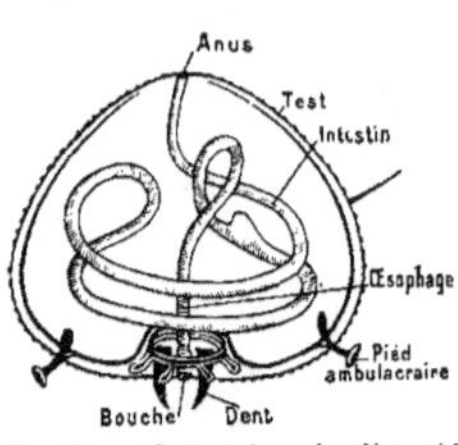

Fig. 36. — *Coupe du tube digestif* d'un Oursin.

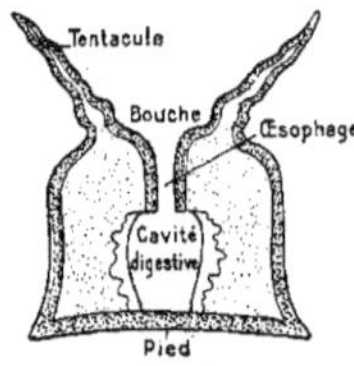

Fig. 37.
Cavité gastrique d'une Actinie (coupe).

I. — TABLEAU-RÉSUMÉ DES PHÉNOMÈNES CHIMIQUES DE LA DIGESTION.

ORGANES.	SUCS DIGESTIFS.	FERMENTS.	ALIMENTS.				PRODUITS DE LA DIGESTION.
			Féculents.	Albuminoïdes.	Corps gras.	Sucre ordinaire.	
Bouche	Salive	*Ptyaline*	❀				Glucose.
Estomac	Suc gastrique	*Pepsine*		❀			Peptones.
	Suc pancréatique	1ʳ *diastase*	❀				Glucose.
		2ᵉ *diastase*		❀			Peptones.
		3ᵉ *diastase*			❀		Émulsion et savon.
Intestin grêle	Suc intestinal	*Invertine*				❀	Glucoses.
	Bile		Indispensable pour la digestion des corps gras.				

III. CIRCULATION

30. Division du sujet. — Un tissu liquide sert d'intermédiaire entre l'air atmosphérique et les cellules du corps ; il se présente sous deux aspects : le *sang*, rouge, et la *lymphe*, incolore. Durant toute la vie, sans arrêt, il accomplit son trajet ; sa composition se modifie constamment par l'arrivée des aliments digérés ou de l'oxygène emprunté au dehors, par celle des produits résultant du fonctionnement des organes, par les sécrétions des diverses glandes, par son passage à travers les organes d'excrétion, comme les reins, les glandes sudoripares, qui le débarrassent de ses produits nuisibles.

Nous étudierons successivement l'appareil *circulatoire*, qui contient le sang, puis le *sang* lui-même et la *physiologie* de la circulation, ensuite la lymphe et la circulation lymphatique : nous terminerons enfin par l'étude des *modifications* de l'appareil circulatoire dans les principaux groupes zoologiques.

❈ *Le sang et la lymphe sont les deux aspects du tissu mobile qui sert d'intermédiaire entre l'air atmosphérique et toutes les cellules du corps.*

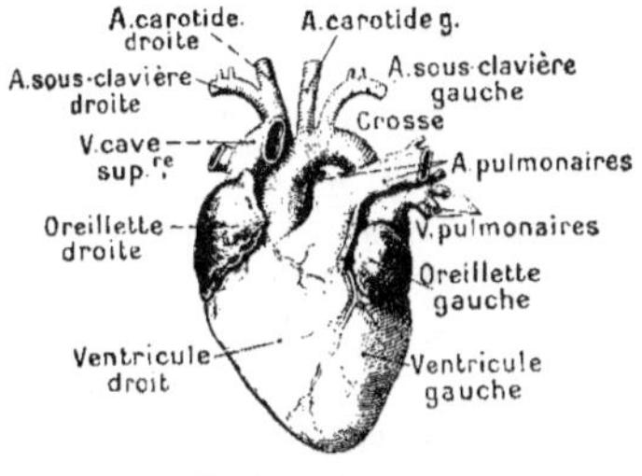

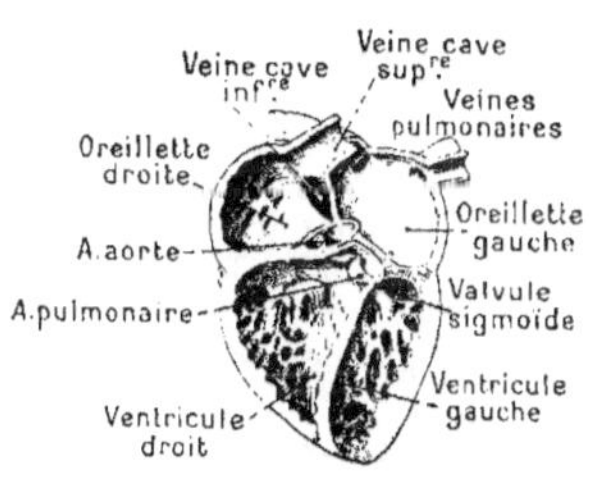

Fig. 38. — *Cœur*.

Fig. 39. — Coupe du *cœur*.

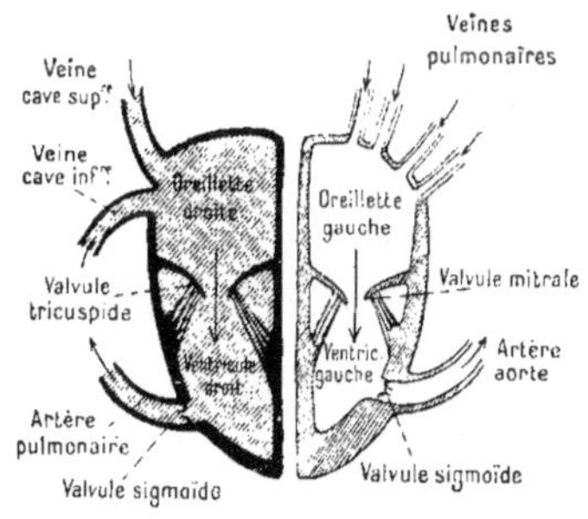

Fig. 40. — Coupe schématique du *cœur*.

31. Cœur. — L'appareil circulatoire sanguin est l'ensemble des organes, formant un système clos, chargé de contenir le sang et d'assurer sa marche dans le corps entier. Il comprend : 1° le *cœur*, organe propulseur ; 2° les *artères*, vaisseaux conduisant le sang du cœur aux organes ; 3° les *veines*, qui le ramènent des organes au cœur ; 4° enfin les *capillaires*, vaisseaux extrêmement fins qui relient les artères aux veines.

Le cœur (*fig. 38*) est un muscle creux, très résistant, un peu plus gros que le poing et situé au milieu de la poitrine, entre les poumons : il a la forme d'un cône à pointe inférieure touchant au diaphragme et dont l'axe est fortement incliné à gauche. Une membrane séreuse, le *péricarde*, l'entoure et le rattache aux parois du corps. Le cœur est divisé en deux parties principales, complètement séparées par une cloison verticale (*fig. 39 et 40*) : ce sont le cœur droit et le cœur gauche ; le premier contient le sang *veineux*, rouge foncé ; le second renferme le sang *artériel*, rouge vif. Chacune de ces deux parties est subdivisée en deux cavités disposées l'une au-dessus de l'autre : l'*oreillette* en haut, le *ventricule* en bas. Chaque oreillette communique avec le ventricule du même côté par un oriflée que peut fermer une valvule ; à droite est la valvule *tricuspide*, formée de trois feuillets, et à gauche la valvule *mitrale*, qui n'en comprend que deux : le bord libre de ces feuillets est relié par des filaments à la paroi du cœur. Celle-ci, formée de muscles rouges non soumis à la volonté, est plus épaisse aux ventricules qu'aux oreillettes et plus à gauche qu'à droite ; à l'intérieur est un *endothélium* [3], formé de cellules plates.

❀ *L'appareil circulatoire comprend : cœur, artères, veines et capillaires. Le cœur est un muscle entouré par le péricarde et comportant quatre cavités, qui sont : en haut, les deux oreillettes et, en bas, les deux ventricules. Le cœur droit contient du sang veineux ; le cœur gauche du sang artériel.*

32. Vaisseaux en rapport avec le cœur.

— Les artères sortent des ventricules, les veines aboutissent aux oreillettes. L'oreillette droite *fig.* 39 et 40 reçoit les *veines caves* ramenant le sang veineux de tout le corps ; il passe dans le ventricule droit, et l'*artère pulmonaire* l'emporte dans les poumons ; après avoir subi l'hématose [51], il se rend à l'oreillette gauche par les quatre *veines pulmonaires*, et passe dans le ventricule gauche où l'*artère aorte* le prend pour le distribuer aux organes. A la base des artères aorte et pulmonaire sont les *valvules sigmoïdes*, formées de trois lames courbées qui, en s'appliquant les unes contre les autres, empêchent le sang de refluer vers le cœur.

Le cœur est le centre de deux circulations distinctes *fig.* 41) : l'ensemble formé par l'artère pulmonaire et les veines pulmonaires, avec les capillaires interposés, constitue la *circulation pulmonaire* ou petite circulation, dans laquelle l'artère

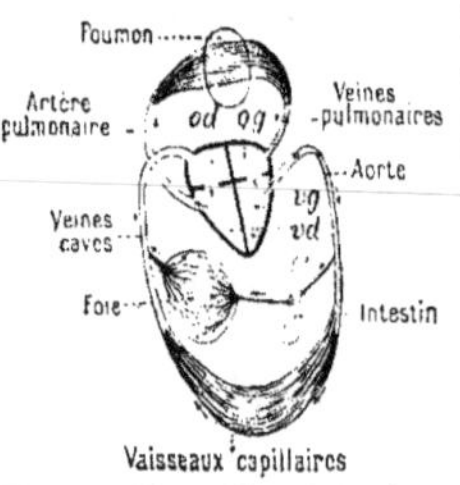

Fig. 41. — Ensemble schématique de l'*appareil circulatoire*.

contient le sang veineux, et les veines le sang artériel ; au contraire, l'artère aorte et les veines caves, avec tous leurs rameaux et les capillaires interposés, sont les vaisseaux de la *circulation nourricière* ou générale ; les artères y contiennent le sang artériel, et les veines le sang veineux.

❀ *Les vaisseaux en rapport avec le cœur sont, à droite : les veines caves et l'artère pulmonaire ; à gauche, les veines pulmonaires et l'artère aorte. On distingue la circulation pulmonaire et la circulation générale.*

33. Artères.

— L'artère pulmonaire, très courte, se bifurque pour conduire à chaque poumon le sang veineux. L'artère aorte, après s'être recourbée au-dessus du cœur et à gauche, en formant une *crosse* (*fig.* 44), descend le long de la colonne vertébrale jusqu'au bassin, où elle se divise en deux artères *iliaques*, dont chacune suit un membre inférieur. A droite de la crosse, l'artère aorte donne le *tronc brachio-céphalique*, bifurqué bientôt en artère *carotide* droite qui va nourrir la moitié droite de la tête, et en artère *sous-clavière* droite pour le membre supérieur droit ; de même à gauche, mais la carotide et la sous-clavière y partent isolément de la crosse. Au-dessous du diaphragme, l'artère aorte forme le *tronc cœliaque* qui alimente l'estomac, la rate et le foie, les deux artères *mésentériques* pour l'intestin, puis une artère *rénale* pour chaque rein.

Les artères ont des parois très résistantes, formées de trois tuniques (*fig.* 42) : une externe, de nature conjonctive ; une moyenne, très résistante, musculaire et élastique, et une interne, mince, suite de l'endothélium du cœur ; les grosses artères sont surtout élastiques ; les petites sont surtout musculaires. Quand on coupe une artère, elle reste béante, grâce à son élasticité, et le sang en sort par jets. Après la mort, les artères sont vides de sang, qui se réfugie dans les veines.

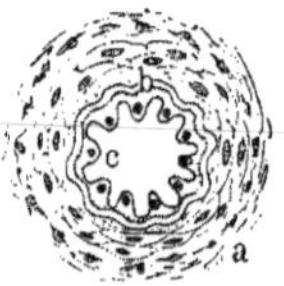

Fig. 42. — Coupe d'une *artère* revenue sur elle-même et montrant les trois tuniques a, b, c.

❀ *L'artère aorte forme une crosse au-dessus du cœur; elle suit la colonne vertébrale jusqu'aux membres inférieurs, en fournissant des rameaux nourriciers à tous les organes. Les artères ont des parois résistantes; les grosses sont élastiques; les petites sont musculaires.*

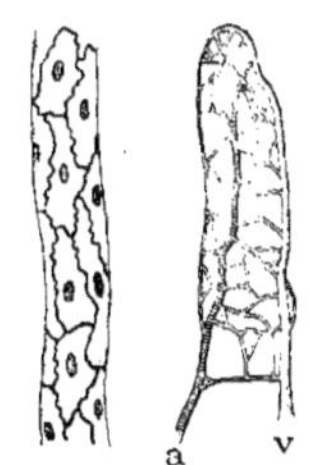

Fig. 43.
Capillaires :
a. artère; v, veine.

34. Capillaires; veines.

— Les artères se ramifient de plus en plus en s'éloignant du cœur; elles deviennent des *artérioles*, puis aboutissent aux *vaisseaux capillaires* (*fig.* 43). Ce sont des tubes si fins que certains d'entre eux livrent à peine passage à un globule rouge du sang, et leur paroi, très mince, est formée d'une seule rangée de cellules. Ils pénètrent dans tous les organes, et en nombre si considérable qu'une piqûre d'aiguille faite en un point quelconque du corps en perce un grand nombre et provoque l'effusion du sang.

Le sang veineux provenant des organes situés au-dessus du diaphragme est conduit à l'oreillette droite (*fig.* 45) par la *veine cave supérieure*, formée par la réunion des veines *jugulaires* venant de la tête et des deux veines *sous-clavières*. La *veine cave inférieure* résulte de la jonction des deux veines *iliaques*, venant des membres inférieurs; elle suit l'aorte et reçoit les deux veines *rénales* et la veine *hépatique*. Cette dernière ramène tout le sang veineux qui a traversé le foie et qui est chargé d'aliments, car il provient de la veine porte **15**. La *veine porte* présente cette particularité de commencer par des capillaires dans l'intestin, l'estomac, le pan-

créas et de finir par des capillaires dans le foie.

Les veines ont trois tuniques comme les artères, mais elles sont flasques et moins résistantes; celle du milieu est musculaire et non élastique. En plus des veines *profondes* qui accompagnent les artères, il existe un abondant réseau de veines *superficielles* visibles sous la peau et qui se jettent dans le système profond. Quand on coupe une veine, ses parois s'affaissent et le sang en sort par gouttes.

❀ *Les capillaires relient les artères aux veines et pénètrent dans tous les organes. Le sang veineux est ramené à l'oreillette droite par les deux veines caves. Les parois des veines sont flasques, non élastiques.*

SANG

35. Composition du sang; globules. — Le

sang comprend, à peu près par moitiés, deux parties : l'une liquide et incolore, le *plasma*; l'autre solide, les *globules*, dont les uns sont rouges, les autres blancs. Un adulte possède 5 à 6 litres de sang.

Les globules rouges ou *hématies* (*fig.* 46, A) sont des cellules sans noyau, entourées par une membrane; ils ont la forme de disques circulaires et biconcaves, c'est-à-dire qu'ils res-

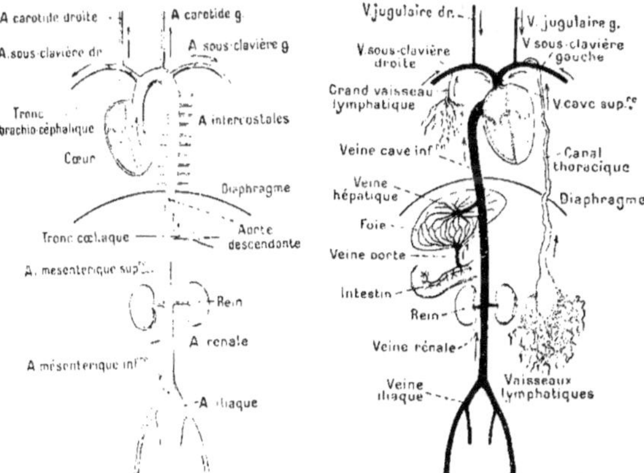

Fig. 44. — Schéma de la circulation *artérielle*.

Fig. 45. — Schéma de la circulation *veineuse*.

semblent à de minuscules pièces de monnaie plus minces au centre qu'au bord. Ils ont environ 0ᵐᵐ,007 de diamètre et 0ᵐᵐ,002 d'épaisseur et leur nombre est prodigieux : ce sont eux qui colorent le sang ; il y en a environ 5 millions dans un millimètre cube de sang ; ce nombre varie rapidement chez une

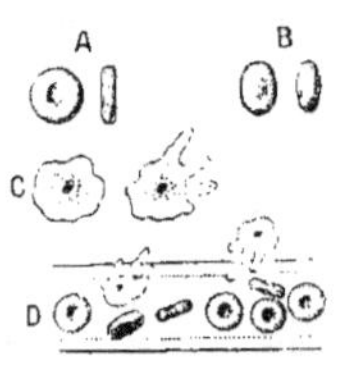

Fig. 46. — Globules du sang :

A, rouges de l'homme ;
B, rouges d'un oiseau ;
C, blancs de l'homme ;
D, blancs traversant un capillaire.

même personne ; il peut descendre à 3 millions dans les formes graves d'*anémie*. Les globules rouges sont colorés par l'*hémoglobine*, matière albuminoïde renfermant des traces de fer. L'hémoglobine est *rouge sombre*, mais elle forme avec l'oxygène de l'air un composé *rouge vif*, très instable **51**, que les cellules du corps décomposent pour s'emparer de son oxygène ; le rôle essentiel du globule rouge est donc de porter l'oxygène aux cellules. Les changements de teinte des globules rouges expliquent les couleurs du sang veineux et du sang artériel. Les globules rouges prennent naissance très rapidement, probablement dans la rate et dans la moelle des os ; ceux qui sont hors d'usage sont détruits par le foie.

Les globules blancs ou *leucocytes* (*fig*. 46, C) sont des cellules à noyau et sans membrane : chez les gens bien portants ils sont mille fois moins nombreux que les globules rouges ; leur diamètre varie de 0ᵐᵐ,006 à 0ᵐᵐ,009. Les globules blancs ont des mouvements propres : ils émettent des prolongements ; ils peuvent traverser la paroi des capillaires (*fig*. 46, D) : on les rencontre dans tous les tissus ; ils défendent l'organisme contre les microbes.

✻ *Le sang se compose du* plasma, *liquide incolore, et des* globules *rouges et blancs. Les* globules *rouges sont des disques circulaires et* biconcaves ; *grâce à l'hémoglobine, ils portent aux cellules l'oxygène des poumons. Les globules blancs, beaucoup moins nombreux, ont des mouvements propres.*

36. Plasma ; coagulation ; gaz du sang. — Le plasma est une dissolution de principes albuminoïdes et de sels, notamment les chlorure, phosphate et carbonate de sodium. Il renferme de plus les aliments digérés, les déchets de désassimilation rejetés par les cellules, des gaz et les produits des glandes.

Quand on abandonne du sang à l'air, il se *coagule* (*fig*. 47) : l'une des matières albuminoïdes dissoutes dans le plasma se transforme en fins filaments de *fibrine*, dont le réseau serré emprisonne les globules et forme une masse rouge, le *caillot* ; le liquide clair, jaunâtre, surnageant, est le *sérum*. Le caillot qui se forme à l'air sur les coupures bouche la plaie et arrête le sang ; on retarde la coagulation avec de l'eau salée ; on l'active avec du perchlorure de fer.

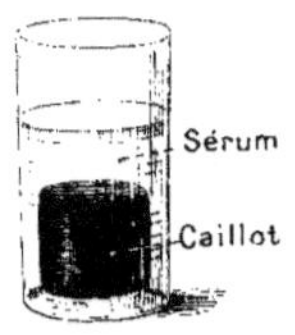

Fig. 47.
Coagulation du sang.

Le sang renferme de l'oxygène combiné avec l'hémoglobine, du gaz carbonique combiné avec les sels du plasma, de l'azote dissous dans le plasma. Le sang artériel ne cède guère que la moitié de son oxygène aux cellules ; de même le sang veineux ne se débarrasse que de la moitié de son gaz carbonique dans les poumons ; il en résulte que sang veineux et sang artériel contiennent l'un et l'autre ces deux gaz, mais le sang artériel renferme toujours plus d'oxygène et moins de gaz carbonique que le sang veineux.

✻ *Quand on abandonne du sang à l'air, un réseau de* fibrine *prend naissance, il emprisonne les globules et forme avec eux le* caillot ; *le* sérum *surnage. Le sang* artériel *contient toujours plus d'oxygène et moins de gaz carbonique que le sang veineux.*

PHYSIOLOGIE DE LA CIRCULATION

37. Rôle du cœur. — Le cœur est le moteur de la circulation. Les deux oreillettes étant au repos (*fig*. 49), c'est-à-dire en *diastole*, se remplissent du sang qui vient des

veines. Elles se contractent brusquement :
c'est la *systole* des oreillettes, qui ferme presque complètement l'ouverture des veines et
lance le sang dans les ventricules, d'autant
plus aisément que ces derniers sont alors en
diastole.

Les ventricules se contractent à leur tour;
la pression fait fermer les valvules tricuspide
et mitrale, et ouvrir les valvules sigmoïdes;
le sang passe dans les artères. Lorsque les
ventricules reviennent en diastole, la pression
diminue et le sang des artères reflue vers le
cœur, mais il fait fermer les valvules sigmoïdes qui s'opposent à son passage.

L'ensemble de tous ces mouvements est un
battement du cœur: il y en a environ 70 par
minute chez l'adulte au repos et bien portant,
près du double chez le jeune enfant. La systole des ventricules est plus lente et plus
énergique que celle des oreillettes. A chaque
systole ventriculaire, la pointe du cœur devient
dure, s'appuie plus fortement contre la poitrine et l'on sent un *choc;* la fermeture des
valvules tricuspide et mitrale détermine un
bruit long et sourd; celle des valvules sigmoïdes, un son bref et clair. L'étude de ces
bruits est l'*auscultation*. La paroi du cœur
renferme des ganglions nerveux qui assurent
sa contraction, même hors de l'organisme,
dans un milieu tiède.

✽ *Les oreillettes au repos (diastole) se remplissent du sang des veines; en contraction
(systole), elles chassent le sang dans les ventricules; la systole de ces derniers le lance dans
les artères; le jeu des valvules empêche à
chaque mouvement le sang de revenir en arrière. Il y a 70 battements par minute.*

38. Rôle des artères; pouls. — Chaque
systole du ventricule gauche lance environ
200 grammes de sang dans l'aorte: celle-ci,
grâce à son élasticité, se dilate; elle reçoit donc
plus de sang qu'elle n'en recevrait si elle était
rigide. Cette paroi dilatée revient sur elle-
même et chasse plus loin l'excès de sang qu'elle
a reçu, et ainsi de suite: l'artère travaille
donc pendant que le cœur se repose; elle facilite le travail de cet organe. Ces dilatations et

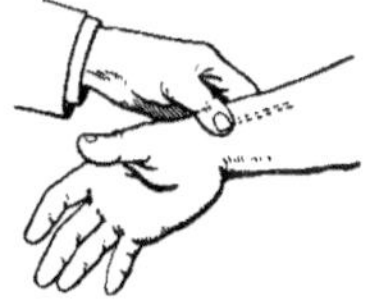

Fig. 48. — *Pouls* de l'artère radiale.

ces retours au repos
de chaque portion de
paroi artérielle se re-
produisent de proche
en proche; ils sont en
nombre égal à celui
des battements du
cœur et constituent
le *pouls*. On constate
son existence sur les
artères superficielles appliquées contre un os,
comme l'artère radiale, au poignet (*fig.* 48),
l'artère temporale. L'élasticité de la paroi des
artères diminue avec leur calibre (**33**): il en
résulte que le pouls diminue d'intensité dans
les petites artères et cesse dans les artérioles:
le mouvement du sang qui était *intermittent*
au départ du cœur est alors *continu;* les artères régularisent la circulation.

D'autre part, l'action des nerfs vaso-mo-
teurs (**99**) sur la paroi des artérioles règle la
circulation dans les diverses parties de l'organisme : suivant que le calibre des artérioles
de la peau du visage s'agrandit ou se rétrécit
sous l'action d'émotions diverses, celle-ci rou-
git ou pâlit.

✽ *Grâce à leur élasticité, les grosses artères
facilitent le travail du cœur, transforment le
mouvement intermittent du sang en mouvement continu: le pouls est le soulèvement de
leur paroi. Grâce à leur contractilité, les petites artères règlent les circulations locales.*

39. Rôle des capillaires et des veines. —
On évalue à 50 centimètres à la seconde la
vitesse du sang dans l'aorte au départ du
cœur; elle diminue bientôt, à cause du frotte-
ment dans les petites artères; dans les capillaires, elle est, au plus, de 1 millimètre à la
seconde. Cette faible vitesse et la minceur
des parois des capillaires permettent, entre
les cellules et le sang, les échanges qui sont
le but essentiel de la circulation.

Les *veines* assurent le retour du sang au
cœur, grâce surtout à la poussée artérielle qui
se poursuit dans les capillaires. Les contractions de leur paroi, celles des muscles voisins
facilitent ce retour. Les veines dans lesquelles

le sang circule en sens inverse de la pesanteur présentent de nombreuses valvules en nid de pigeon (*fig.* 49), dont la concavité est tournée vers le cœur ; leurs parois s'écartent pour laisser monter le sang, mais s'appliquent l'une contre l'autre dès qu'il tend à redescendre.

❀ *La faible vitesse du sang dans les capillaires permet les échanges entre le sang et les cellules. Les veines assurent, d'une façon presque passive, le retour du sang au cœur ; celles dans lesquelles le sang circule en sens inverse de la pesanteur présentent de nombreuses valvules.*

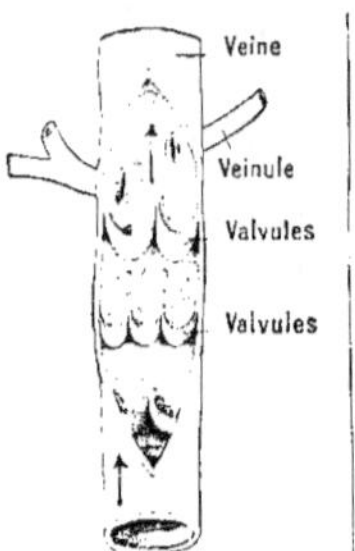

Fig. 49.
Veine ouverte montrant les valvules.

CIRCULATION LYMPHATIQUE

40. Lymphe. — La lymphe est un liquide incolore, beaucoup plus abondant que le sang. Ses éléments, plasma et leucocytes, sont ceux du sang qui ont traversé la paroi des capillaires sanguins ; il s'y joint un produit cellulaire spécial. La circulation lymphatique complète la circulation sanguine : elle nourrit les cellules en circulant dans les espaces qui les séparent, se charge de leurs déchets, puis se rassemble dans des *capillaires lymphatiques* qui aboutissent à des *vaisseaux lymphatiques* de plus en plus gros ; ceux-ci reconduisent la lymphe dans le système veineux. En d'autres termes, le sang amené du cœur aux cellules par *une* seule voie, celle des artères, prolongées par les capillaires, revient des cellules au cœur par *deux* voies : celle des veines et celle des vaisseaux lymphatiques. Ces derniers ont une structure analogue à celle des veines, mais plus musculeuse : ils renferment, comme les veines, des valvules qui en bosselent la surface (*fig.* 50).

❀ *La lymphe se compose du plasma et des leucocytes du sang ayant traversé la paroi*

des capillaires : elle circule entre les cellules et retourne au sang par les vaisseaux lymphatiques, *dont la structure est celle des veines.*

41. Vaisseaux et ganglions lymphatiques. — Les vaisseaux lymphatiques aboutissent tous à deux vaisseaux (*fig.* 45) : à droite, la *grande veine lymphatique* qui, après un court trajet, se jette dans la veine sous-clavière droite ; elle ramène la lymphe de toute la moitié droite du corps située au-dessus du diaphragme ; à gauche, le *canal thoracique*, beaucoup plus long, qui se jette dans la veine sous-clavière gauche et ramène la lymphe de tout le reste du corps. Le canal thoracique présente à sa base, dans l'abdomen, un réservoir qui reçoit les lymphatiques des membres inférieurs et des organes du bassin et les *vaisseaux chylifères* (**25**), puis il suit le trajet de l'aorte.

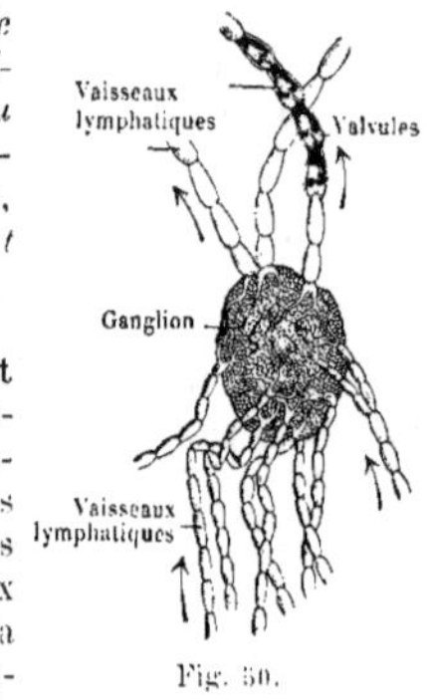

Fig. 50.
Ganglion lymphatique.

Les vaisseaux lymphatiques traversent des renflements, ayant au plus la taille d'un haricot, les *ganglions lymphatiques* (*fig.* 50), nombreux surtout sur le mésentère et aux plis d'articulation : cou, aisselles ; ce sont des centres de multiplication des globules blancs.

❀ *La grande veine lymphatique à droite et le canal thoracique à gauche ramènent la lymphe dans les veines ; le canal thoracique reçoit aussi le contenu des chylifères.*

MODIFICATIONS DE L'APPAREIL CIRCULATOIRE

42. Mammifères ; Oiseaux ; Reptiles. — Chez les *Mammifères* et les *Oiseaux* l'appareil circulatoire est, dans ses grandes lignes, semblable à celui de l'Homme : le cœur est à quatre cavités ; sa moitié gauche contient du sang artériel, sa moitié droite du sang veineux, et il n'y a qu'une seule crosse de l'aorte, mais elle est recourbée vers la gauche, chez les Mammifères, vers la droite chez les Oiseaux. (Voir la *Planche en couleurs* de la **CIRCULATION** chez les Vertébrés, p. 24.)

Les Crocodiles, qui sont les mieux organisés des *Reptiles*, ont aussi le cœur à quatre cavités, avec moitié gauche artérielle et moitié droite veineuse; mais ils possèdent deux crosses de l'aorte. Tout le sang artériel du ventricule gauche est lancé, à chaque contraction, dans la crosse droite; la crosse gauche, beaucoup plus étroite, ne reçoit au contraire, à chaque systole du ventricule droit, qu'une faible partie du sang veineux qu'il renferme: le reste va s'oxygéner dans les poumons par une large artère pulmonaire. Les deux crosses communiquent à leur sortie du cœur par un petit canal; le sang artériel de la crosse droite qui, seule, nourrit la tête et les membres supérieurs, n'est donc pas absolument pur; les deux crosses se réunissent en une aorte commune qui contient un mélange de sang artériel et de sang veineux; le sang artériel y prédomine cependant, grâce au plus grand calibre de la crosse droite.

Chez les autres Reptiles, c'est-à-dire les Lézards, les Tortues, les Serpents, le cœur est à trois cavités; il n'y a qu'un seul ventricule, renfermant deux cloisons incomplètes. La crosse droite, qui naît dans la partie gauche du ventricule, reçoit du sang artériel presque pur, et la crosse gauche, plus étroite, reçoit du sang presque complètement veineux. La réunion de ces deux crosses donne l'aorte.

Les Mammifères *et les* Oiseaux *ont un cœur à 4 cavités et une seule crosse de l'aorte; les* Reptiles *ont le cœur à 3 cavités, sauf les Crocodiles, et ils ont 2 crosses aortiques; l'aorte conduit un mélange de sang artériel et de sang veineux.*

43. Batraciens, Poissons. — Les *Batraciens* adultes, à respiration pulmonaire, ont un appareil circulatoire qui rappelle celui des Reptiles; le cœur est à trois cavités, et le ventricule unique est surmonté d'un renflement ou *bulbe aortique*, séparé en deux cavités par une cloison et d'où partent les artères pulmonaires et les crosses aortiques; la réunion de ces dernières donne l'aorte, qui conduit du sang mélangé. Les Batraciens jeunes ont la respiration branchiale et le cœur à deux cavités, comme les Poissons.

Le cœur des *Poissons* comprend une oreillette et un ventricule; il ne renferme que du sang veineux et, par suite, correspond à la moitié droite du cœur des Mammifères et des Oiseaux. Le ventricule est surmonté d'un *bulbe aortique* à parois musculeuses, d'où part l'*artère branchiale* qui se divise en autant de rameaux qu'il y a de branchies 58 . Au contact de l'oxygène dissous dans l'eau qui baigne les branchies, le sang devient artériel, et les *veines branchiales*, qui le conduisent, se réunissent et forment l'aorte. Celle-ci suit la colonne vertébrale et porte le sang pur aux organes. Le sang en sort veineux et revient au cœur par cinq veines qui aboutissent à une sorte d'antichambre, ou *sinus*, précédant l'oreillette.

Les Batraciens *adultes ont le cœur à 3 cavités, comme les Reptiles; jeunes, ils l'ont à 2 cavités, comme les Poissons. Le cœur des Poissons est veineux; le sang lancé par le ventricule se charge d'oxygène dans les branchies et passe dans l'aorte qui distribue le sang pur à tout le corps.*

44. Invertébrés. — Chez tous les Vertébrés les artères sont reliées aux veines par des capillaires. Chez la plupart des Invertébrés il n'en est pas de même: entre les artères et les veines sont des *lacunes*, dans lesquelles le sang baigne directement les organes. Chez les *Insectes*, l'appareil circulatoire est très simplifié *fig. 51* : le cœur est artériel et consiste en un long vaisseau dorsal, retenu par des muscles et comportant de 8 à 11 loges; elles communiquent entre elles et avec la vaste cavité du péricarde qui est rempli de sang. Ces loges se contractent

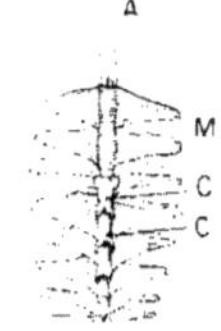

Fig. 51. — *Cœur d'un Insecte :* CC, loges du cœur; M, muscle; A, aorte.

d'arrière en avant, et le sang sort par une aorte, ouverte librement dans la cavité générale. Le sang est alors poussé dans les différentes parties du corps, se charge d'oxygène autour des trachées (59), s'empare de principes nutritifs au contact de l'appareil digestif, et retourne au péricarde. Les *Crustacés* ont un appareil circulatoire plus compliqué et des vaisseaux plus nombreux.

Les *Vers* n'ont pas de cœur; la plupart sont pourvus d'un long vaisseau dorsal contractile d'arrière en avant; il communique avec un vaisseau ventral par deux vaisseaux en arc dans chaque anneau. L'ensemble est clos comme chez les Vertébrés (34).

Les *Mollusques* (*fig.* 52) ont un cœur artériel comprenant un ventricule et autant d'oreillettes qu'il y a de branchies ou de poumons. Les artères partant du ventricule aboutissent à des lacunes; les veines y naissent, portent le sang à l'appareil respiratoire et le ramènent purifié aux oreillettes.

Chez les *Zoophytes*, l'appareil circulatoire est sans analogie avec les précédents: l'eau ambiante circule dans des canaux qui traversent et nourrissent les tissus. Chez les *Protozoaires*, les aliments digérés par le protoplasme se répandent ensuite par diffusion dans toute sa masse.

✿ *Les Invertébrés, sauf les Vers, ont une circulation lacunaire. Le cœur est artériel chez les Mollusques. Le cœur des Insectes consiste en un long vaisseau dorsal, divisé en loges.*

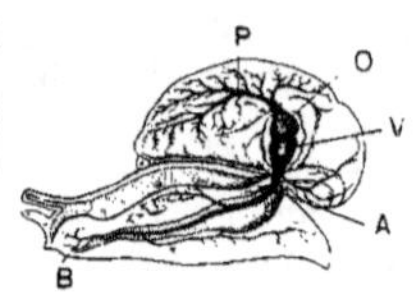

Fig. 52. — *Cœur* d'un Escargot: B. bouche; O, oreillette; V, ventricule; A, aorte; P, poumon.

45. Modifications du sang. — Le sang de tous les Vertébrés est composé de plasma, de globules blancs et de globules rouges. Chez tous les Mammifères, ces derniers ont la même forme que chez l'homme (*fig.* 46, A); cependant, chez le Chameau et le Lama, ce sont des disques elliptiques et biconcaves; tous les autres Vertébrés ont des globules rouges ayant la forme de disques elliptiques, biconvexes (*fig.* 46, B), et pourvus d'un noyau. Leurs dimensions sont variables; les animaux à vie peu active, comme les Batraciens, ont les plus gros globules rouges; ils atteignent $0^{mm},025$ chez la Grenouille et $0^{mm},100$ chez le Protée, curieux animal habitant les lacs souterrains de l'Europe centrale.

Les Invertébrés n'ont pas de globules rouges: leur sang est incolore ou bien coloré en rouge, vert ou bleu par une matière dissoute dans le plasma et chargée de véhiculer l'oxygène, comme l'hémoglobine de nos globules rouges.

✿ *Les globules rouges sont circulaires et biconcaves chez les Mammifères, sauf de rares exceptions; elliptiques et biconvexes chez tous les autres Vertébrés. Les Invertébrés n'ont pas de globules rouges.*

II. — TABLEAU-RÉSUMÉ DE LA CIRCULATION.

	NOMS DES GROUPES.	CAVITÉS DU CŒUR.	NATURE DU SANG CONTENU DANS LE CŒUR.	CROSSES AORTIQUES.	FORME DES GLOBULES ROUGES.
VERTÉBRÉS.	Mammifères	4	Cœur gauche artériel et cœur droit veineux.	1 tournée à gauche.	Disques circulaires biconcaves.
	Oiseaux	4		1 tournée à droite .	Disques elliptiques biconvexes.
	Crocodiliens	4		1 paire	
	Lézards, etc	3	Sang mélangé dans le ventricule unique	1 paire principale .	
	Batraciens { adultes.	3			
	{ jeunes .	2	Veineux	En nombre égal à celui des branchies.	
	Poissons	2			
INVERTÉB.	Articulés		Circulation lacunaire. Cœur artériel		Pas de globules rouges.
	Vers		L'appareil circulatoire est *clos*, comme chez les Vertébrés		
	Mollusques		Circulation lacunaire. Cœur artériel		

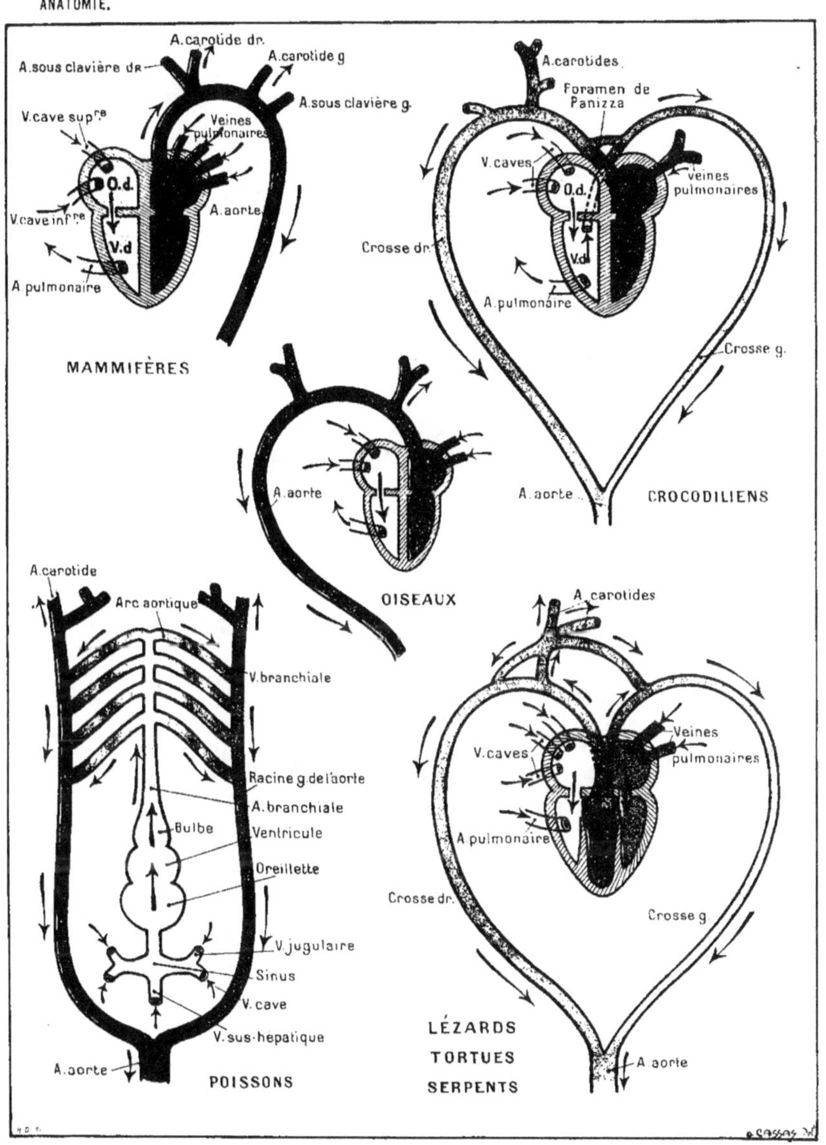

CIRCULATION DU SANG CHEZ LES VERTÉBRÉS.

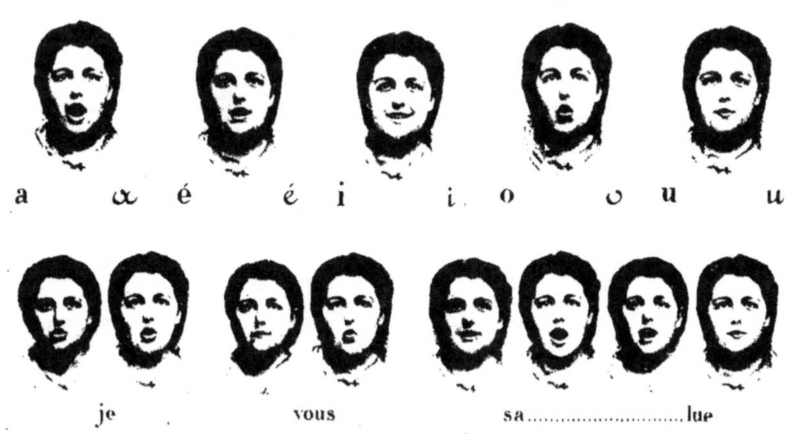

Phot. de M. Baguer, directeur de l'Institut d'Asnières.

Fig. 53. — Position des lèvres dans la *prononciation* des voyelles et d'une phrase à consonnes.

IV. RESPIRATION

46. Division du sujet. — La fonction digestive fournit au sang une matière nutritive fluide résultant de la transformation des aliments solides et liquides; la fonction respiratoire lui fournit l'aliment gazeux, c'est-à-dire l'*oxygène*, et en outre elle le débarrasse du *gaz carbonique* dont il est chargé et qui provient des combustions intracellulaires. L'appareil respiratoire est donc l'ensemble des organes chargés des échanges gazeux entre le sang et le monde extérieur. Nous étudierons successivement l'anatomie de l'appareil *respiratoire*, la *physiologie* de la respiration, puis une fonction annexe de la respiration, celle de la *phonation* ou production de la voix, enfin les *modifications* de l'appareil respiratoire dans les principaux groupes zoologiques.

❀ *L'appareil respiratoire est chargé des échanges gazeux entre le sang et l'air; il fournit l'oxygène au sang et il le débarrasse du gaz carbonique qu'il renferme.*

APPAREIL RESPIRATOIRE

47. Voies respiratoires. — L'appareil respiratoire (*fig.* 54) comprend les *fosses nasales* (106), le *pharynx* (10), commun avec l'appareil digestif, la *trachée-artère* et les *bronches*, dont l'ensemble constitue les voies respiratoires : elles se terminent dans les *poumons*, qui sont les organes essentiels. En cas d'ob-

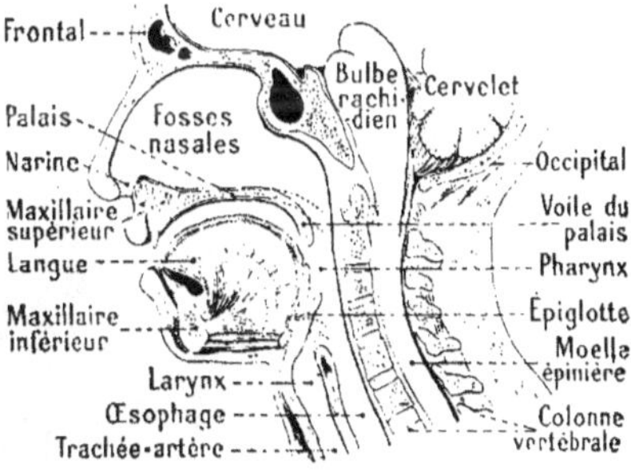

Fig. 54. — Coupe des différents organes de la tête. *L'appareil respiratoire y est représenté par les fosses nasales, le larynx et la trachée-artère.*

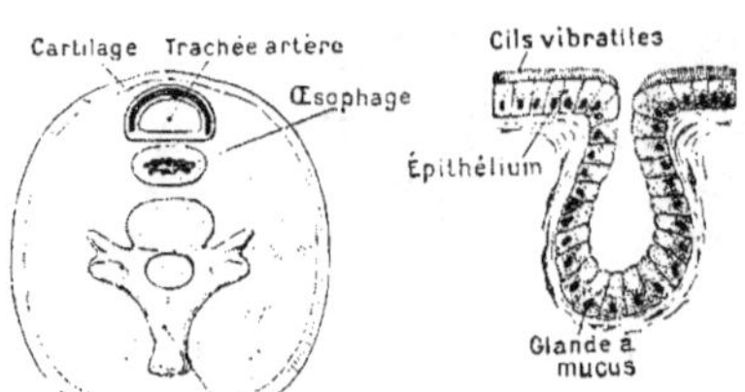

Fig. 55. — Coupe transversale
du *cou*.

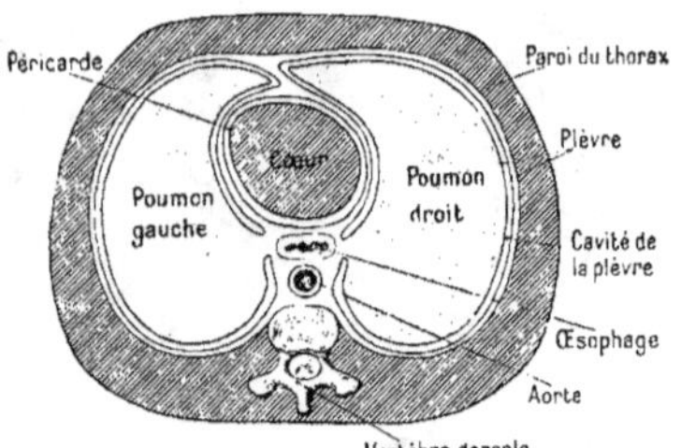

Fig. 56.
Coupe de la muqueuse
de la *trachée*, avec une
glande à mucus.

Fig. 57. — Coupe transversale du *thorax*.

struction des fosses nasales, la bouche sert
d'orifice respiratoire.

La trachée-artère, en mettant à part sa
région supérieure, modifiée pour former le
larynx **55**, est un tube situé en avant de
l'œsophage, et long d'environ 12 centimètres ;
ce tube est arrondi en avant, plat en arrière
(*fig. 55*, et se trouve maintenu béant par des
cartilages en fer à cheval, ouverts en arrière
et noyés dans une enveloppe conjonctive élastique, en dedans de laquelle est une muqueuse. L'épithélium de cette dernière forme
de nombreuses glandes *fig. 56*, sécrétant
un mucus gluant, et porte de minuscules filaments, les *cils vibratiles*.

La trachée se divise inférieurement en deux
bronches (*fig. 58*, dont chacune pénètre dans
un poumon et s'y ramifie à l'infini, de manière
à former une sorte d'arbre creux retourné,
l'*arbre pulmonaire*. Les grosses bronches ont

la même structure que la trachée, avec anneaux
cartilagineux et cils vibratiles ; les plus petites
en sont dépourvues, mais leur paroi est riche
en tissu élastique et elles se terminent par une
petite ampoule, bosselée en *vésicules* pulmonaires : c'est l'*alvéole pulmonaire*, ayant un
quart de millimètre de diamètre. Le nombre
des alvéoles est si grand que la surface totale
de leurs parois est évaluée à 100 mètres carrés pour un poumon ; leur paroi est un épithélium formé d'une rangée de cellules plates.

❈ *L'appareil respiratoire comprend les
voies respiratoires et les poumons. La trachée-artère est un tube maintenu béant par
des cartilages ; sa muqueuse interne présente
des glandes et des cils vibratiles ; elle se divise
en bronches, ramifiées à l'infini et terminées
par les alvéoles pulmonaires.*

48. Poumons ; plèvres. — Les poumons
(*fig. 59*) sont deux gros organes de
couleur rosée ; leur consistance molle
rappelle celle d'une éponge ; ceux des
animaux de boucherie sont vendus
sous le nom de *mou*. Les poumons
emplissent presque la cavité du thorax
(*fig. 57*) : ils sont convexes en dehors,
concaves en dedans ; en haut ils se
terminent sous les épaules par une
partie plus étroite ; en bas ils s'appuient sur le diaphragme. Le poumon gauche est sensiblement plus
étroit que le poumon droit, car il fait
place à la pointe du cœur.

Chaque poumon est un sac dont

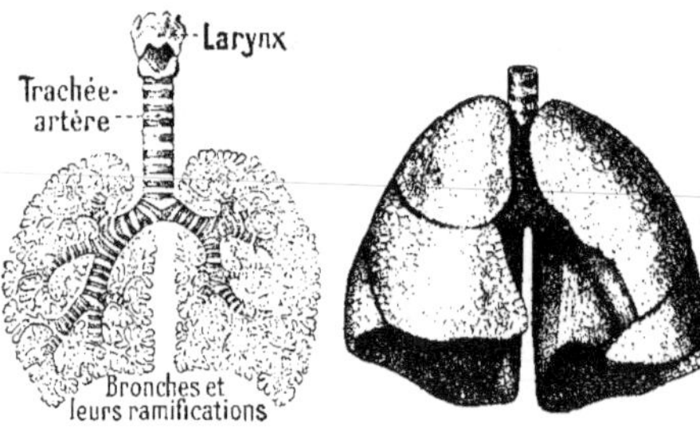

Fig. 58. — Appareil
respiratoire.

Fig. 59. — Aspect extérieur des
poumons.

l'enveloppe conjonctive envoie dans l'organe des cloisons le partageant en petites chambres d'environ un centimètre cube, les *lobules* pulmonaires (*fig.* 60) : un lobule renferme de nombreux *alvéoles*. En dehors de ces parois conjonctives et de quelques filets nerveux, il est formé exclusivement de bronches et de vaisseaux sanguins ; ces derniers donnent autour de la paroi des alvéoles un abondant réseau de capillaires (*fig.* 65), dont la surface totale, pour chaque poumon, est évaluée à 75 mètres carrés.

Le poumon est entouré par une membrane séreuse, la *plèvre* (*fig.* 57), analogue au péritoine. L'inflammation d'une des plèvres est une *pleurésie*, accompagnée d'une abondante production de sérosité qui comprime le poumon et gène son fonctionnement.

✻ *Les poumons sont deux sacs rosés, emplissant, avec le cœur, la cavité thoracique ; des cloisons conjonctives les divisent en lobules, renfermant chacun de nombreux alvéoles qu'entourent les capillaires sanguins. Une séreuse, la plèvre, entoure chaque poumon.*

49. Squelette et muscles du thorax. —

Le squelette du thorax est formé par les 12 vertèbres dorsales, sur lesquelles s'articulent autant de paires de côtes, formant comme les barreaux d'une cage, la *cage thoracique*. Les côtes sont osseuses en arrière et cartilagineuses en avant, dans la partie qui vient s'attacher sur le sternum ; elles sont mobiles sous l'action de muscles rouges (*fig.* 61), reliant chaque côte à la suivante, ou les premières côtes aux vertèbres du cou. Enfin, le plancher de la cage thoracique est formé par le *diaphragme*, cloison musculaire en forme de voûte (*fig.* 62). Quand les muscles se contractent, les côtes sont soulevées, portées en dehors et en avant, le diaphragme s'abaisse en repoussant les organes abdominaux ; il en résulte que les trois diamètres de la poitrine augmentent à la fois.

✻ *Le squelette du thorax comprend 12 ver-*

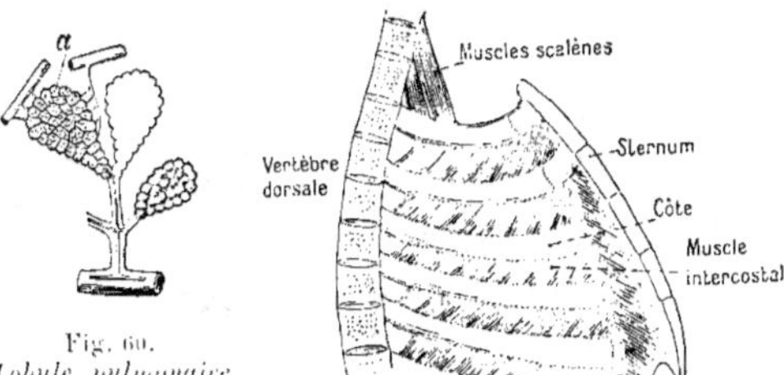

Fig. 60.
Lobule pulmonaire (a) avec les vaisseaux sanguins.

Fig. 61. — *Muscles thoraciques.*

tèbres dorsales, 12 paires de côtes et le sternum ; les muscles sont ceux qui relient les côtes entre elles, et le diaphragme ; leur contraction agrandit la cavité thoracique.

PHYSIOLOGIE DE LA RESPIRATION

50. Phénomènes mécaniques. — La respiration comporte des phénomènes *mécaniques* et des phénomènes *chimiques*. Les phénomènes mécaniques assurent l'entrée des gaz ou inspiration, et leur sortie ou expiration.

L'inspiration est due à l'activité des muscles des côtes et du diaphragme ; ils se contractent ; les trois diamètres de la poitrine augmentent (*fig.* 62 ; les poumons suivent les mouvements du thorax et leurs alvéoles se distendent ; par suite, la pression de l'air qu'ils contiennent diminue et l'air extérieur s'y précipite, absolument comme il pénètre dans la soupape d'un soufflet dès qu'on en écarte les deux tablettes. Dans son trajet descendant à travers les voies respiratoires, l'air s'échauffe, se charge d'humidité et se débarrasse de ses poussières qui sont retenues par le mucus de la trachée et des bronches ; ces tubes sont nettoyés par les mouvements continuels des cils vibratiles qui font remonter vers le pharynx le mucus chargé de poussières.

L'expiration a lieu par le retour au repos des muscles ; les côtes, le sternum et le diaphragme reprennent leur position ; la cavité du thorax diminue (*fig.* 63 et les gaz contenus dans les alvéoles sont partiellement chassés ; les alvéoles, en revenant sur eux-mêmes,

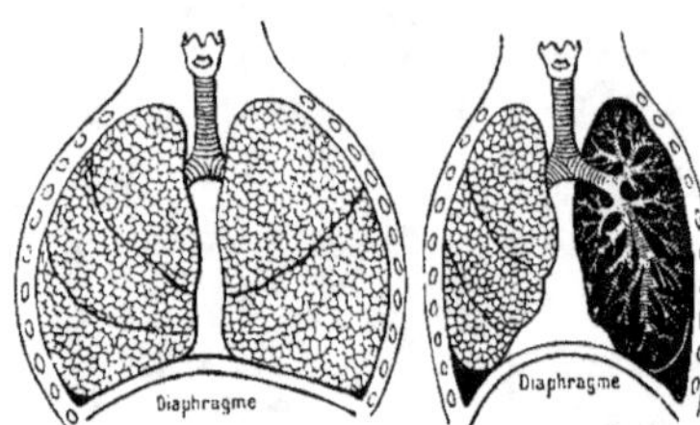

Fig. 62.
Respiration : phase de
l'inspiration.

Fig. 63.
Respiration : phase de
l'expiration.

grâce à leur élasticité, contribuent aussi à cette expulsion. Chez l'adulte au repos et bien portant, il y a environ 16 mouvements respiratoires par minute; à chaque inspiration il pénètre à peu près un demi-litre d'air dans les poumons, soit environ 11 500 litres en vingt-quatre heures.

On reproduit expérimentalement l'inspiration à l'aide d'une cloche de verre (*fig.* 64). Dans le bouchon qui ferme son petit orifice, on introduit un tube portant deux petits ballons de caoutchouc et on forme le fond de la cloche à l'aide d'une lame de caoutchouc. Quand, à l'aide d'une ficelle, on abaisse cette sorte de diaphragme, on augmente le volume de la cloche; on diminue donc la pression; les ballons se gonflent et l'air extérieur s'y précipite; quand on laisse remonter la lame, les ballons se dégonflent.

❀ *Les phénomènes mécaniques de la respiration sont l'entrée des gaz ou* inspiration *et leur sortie ou* expiration. *L'inspiration est due à une diminution de la pression autour des poumons, grâce à la contraction*

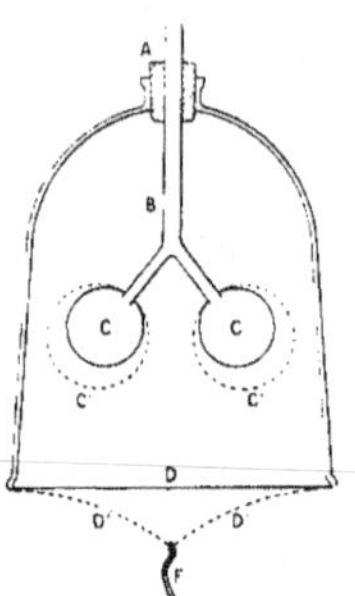

Fig. 64. — Expérience reproduisant les *mouvements respiratoires :*

A. bouchon; B. tube; C, C', ballons; D. Dʼ, lame de caoutchouc; E. ficelle.

musculaire qui agrandit la cavité thoracique; l'expiration a lieu pendant le retour au repos des muscles.

51. Phénomènes chimiques : hématose.

— La différence de composition entre l'air inspiré et l'air expiré indique l'existence de phénomènes chimiques respiratoires. L'air inspiré renferme, sur 100 volumes, environ 79 d'azote, 21 d'oxygène, 0,04 de gaz carbonique avec des traces de différents gaz. Dans les gaz expirés on trouve les proportions suivantes : 79 d'azote, 16 d'oxygène et 4 de gaz carbonique. Ces chiffres montrent que la partie chimique de la respiration consiste essentiellement en une absorption d'oxygène et un dégagement de gaz carbonique. Dans l'air expiré on trouve, de plus, une forte proportion, environ 400 grammes par jour, de vapeur d'eau; elle augmente quand l'air extérieur est sec, diminue quand il est humide; c'est un simple phénomène d'évaporation à travers l'épithélium des alvéoles, une véritable *transpiration* pulmonaire.

Une étude plus serrée des phénomènes chimiques de la respiration montre qu'ils sont de deux sortes : 1° les *échanges gazeux* qui s'accomplissent dans les poumons; 2° la *respiration proprement dite* qui a lieu dans tout le corps. Les échanges gazeux effectués dans les poumons ont pour résultat d'*hématoser* le sang veineux, c'est-à-dire de le transformer en sang artériel. L'artère pulmonaire, venant du cœur, conduit le sang *veineux* dans les capillaires qui entourent les vésicules (*fig.* 65). L'air introduit dans les alvéoles par l'inspiration est beaucoup plus riche en oxygène et moins riche en gaz carbonique que le sang veineux; il en résulte qu'une partie de l'oxygène de l'air inspiré traverse la mince paroi des alvéoles, puis celle des capillaires et vient se combiner avec l'hémoglobine (35), tandis qu'une partie du gaz carbonique contenu dans le sang veineux aban-

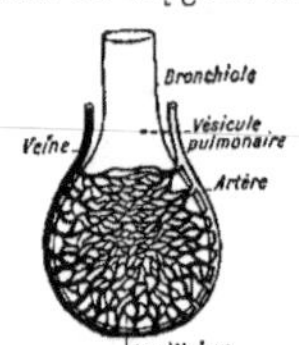

Fig. 65.
Vaisseaux d'une vésicule pulmonaire.

donne le plasma pour pénétrer dans l'alvéole, d'où l'expiration le rejettera au dehors. Le sang appauvri en gaz carbonique et enrichi en oxygène est hématosé ; il est *artériel ou rouge vif*, passe dans le réseau de la veine pulmonaire et retourne au cœur. Ces échanges gazeux ont lieu aussi à travers la peau, pour les capillaires du derme (102) ; c'est la respiration *cutanée*, qui a son importance.

✸ *La respiration comprend deux phénomènes chimiques, hématose et respiration proprement dite, qui se traduisent finalement par une absorption d'oxygène et un rejet de gaz carbonique. L'hématose est la transformation du sang veineux en sang artériel qui a lieu dans les poumons.*

52. Respiration proprement dite. — Le

sang artériel, lancé par le cœur, parvient par les vaisseaux capillaires au sein de tous les tissus ; il leur apporte, en même temps que les aliments, l'oxygène dont il est chargé ; le protoplasme s'en empare et il s'y produit des oxydations qui ont comme conséquence la chaleur animale et la formation de substances diverses. C'est là le phénomène intime de la respiration, la *respiration des tissus*.

Nous consommons chaque jour environ 550 litres d'oxygène : la plus grande partie se combine dans les tissus avec le carbone des matières sucrées et grasses pour former du gaz carbonique ; nous rejetons chaque jour à peu près 400 litres de ce dernier gaz dont la formation, comme nous l'apprend la chimie, a exigé 400 litres d'oxygène. Les 150 autres litres ont formé de l'eau en se combinant avec l'hydrogène des aliments, ou sont entrés dans la composition des déchets azotés résultant de la combustion des matières albuminoïdes.

Après avoir cédé son oxygène aux cellules à travers la mince paroi des capillaires et s'être chargé de gaz carbonique et d'autres impuretés, le sang, devenu veineux, retourne au cœur, puis aux poumons, pour y subir l'hématose. Lavoisier a, le premier, comparé la respiration à une combustion, mais il croyait que celle-ci n'avait lieu que dans les poumons, tandis qu'en réalité elle se produit dans tout

le corps. Une grenouille dont on enlève les poumons continue à rejeter du gaz carbonique qui provient évidemment de ses tissus.

✸ *Le sang artériel cède une partie de son oxygène aux tissus ; il se produit dans ces derniers des oxydations qui constituent la respiration proprement dite. Le sang, appauvri en oxygène, enrichi en gaz carbonique, et devenu veineux, s'hématose dans les poumons.*

53. Asphyxie ; son traitement. — L'as-

phyxie est provoquée par l'arrêt ou le ralentissement trop accentué des phénomènes respiratoires. Elle peut résulter de causes diverses.

La respiration modifie la composition de l'air en espace clos ; elle consomme de l'oxygène, rejette du gaz carbonique et des produits toxiques volatils encore mal définis. La respiration dans un air *confiné* amène des troubles respiratoires. L'asphyxie peut encore se produire quand la proportion d'oxygène est trop faible, comme dans certaines galeries de mine mal ventilées. D'autre part, le gaz carbonique est un poison ; dès que sa proportion dépasse 0,1 pour 100 dans un air contenant d'ailleurs suffisamment d'oxygène, il est nuisible ; si sa pression augmente dans l'air, le gaz carbonique contenu dans le sang ne peut se dégager et amène la mort.

L'inspiration d'un air chargé de gaz délétères comme l'ammoniac, l'acide sulfhydrique, etc., peut provoquer aussi l'asphyxie. L'oxyde de carbone, qui prend naissance quand du charbon brûle avec un tirage insuffisant, est un gaz redoutable qui forme avec l'hémoglobine (35) du sang un composé rouge vif très stable, que les cellules ne peuvent décomposer ; tout globule rouge combiné avec ce gaz ne peut plus servir à fixer l'oxygène ; si trop de globules sont dans ce cas, la mort survient. Enfin, une asphyxie brusque résulte de l'existence d'*obstacles mécaniques* à la respiration, comme l'immersion ou la compression de la trachée-artère par la pendaison, la strangulation.

On rappelle souvent les noyés et asphyxiés à la vie par les tractions rythmées de la langue

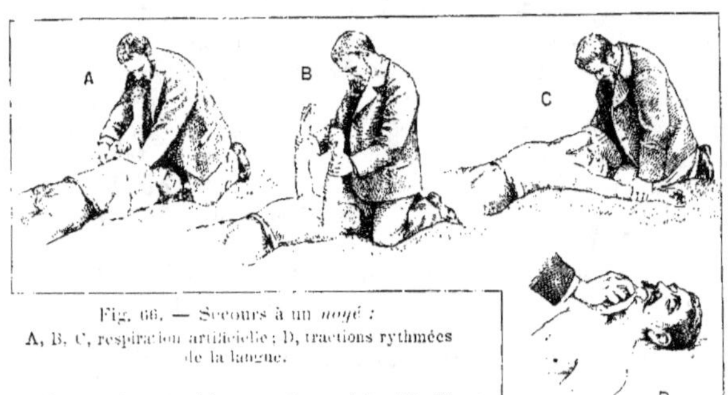

Fig. 66. — Secours à un *noyé* :
A, B, C, respiration artificielle ; D, tractions rythmées
de la langue.

pratiquées 16 à 20 fois par minute (*fig.* 66, D) ; il faut agir le plus tôt possible et longtemps. On saisit la langue, on la tire fortement au dehors et on la laisse chaque fois revenir en arrière. Une autre personne peut, en même temps (*fig.* 66, A, B, C), soulever les bras du noyé (inspiration) chaque fois que la langue est dehors, puis les abaisser et les serrer fortement contre la poitrine (expiration) quand la langue revient en arrière.

✿ *L'asphyxie a pour causes l'insuffisance de l'air inspiré, l'inspiration de gaz délétères, comme l'oxyde de carbone, ou l'existence d'obstacles mécaniques (pendaison, immersion). On peut ramener à la vie les noyés et les pendus par des tractions rythmées de la langue.*

54. Influence de la pression. — L'air agit sur nous par sa pression. À mesure qu'on s'élève dans l'atmosphère, la pression diminue rapidement : il pénètre bien encore à chaque inspiration un demi-litre d'air dans les poumons, mais ce demi-litre représente un poids moindre d'oxygène. De plus la pression des liquides internes n'étant plus équilibrée par la pression extérieure, il y a tendance à la rupture des petits vaisseaux sanguins : lassitude extrême, vertige, hémorragies, parfois syncope, constituent le *mal des montagnes ;* on le combat par des inhalations d'oxygène pur.

Inversement, des travailleurs passent aujourd'hui une partie de leur existence dans de l'*air comprimé* de 2 à 4 atmosphères ; ce sont les scaphandriers et aussi les ouvriers qui travaillent dans des chambres où l'on comprime l'air, pour empêcher l'invasion par l'eau. Des expériences ont montré que l'oxygène devient un véritable poison lorsqu'il est pur à la pression de 3 atmosphères, ou, ce qui revient au même, lorsque l'air est à la pression de 15 atmosphères ; ces pressions ne sont jamais atteintes dans les travaux à l'air comprimé (*fig.* 67). Le danger est dans la décompression : celle-ci doit se faire lentement, car, sous l'influence de la pression, le plasma sanguin a dissous une grande quantité de gaz, et principalement de l'azote, qu'une décompression brusque fait dégager ; ces gaz forment alors dans les capillaires des séries de bulles qui gênent la circulation et peuvent amener la mort.

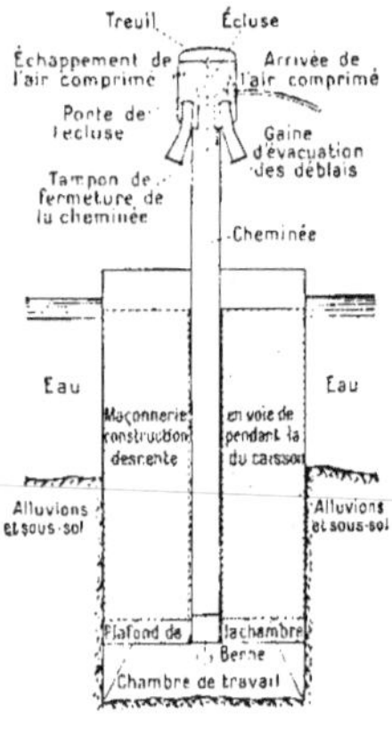

✿ *La vie dans l'air raréfié des régions élevées détermine un ensemble de troubles constituant le mal des montagnes. La vie dans l'air comprimé jusqu'à 4 atmosphères n'entraîne habituellement aucun trouble, mais la décompression brusque, rendant libres les gaz abondamment dissous dans le sang, peut être mortelle.*

Fig. 67. — Coupe d'un caisson à *air comprimé,* immergé sous la Seine, à Paris.

PHONATION

55. Larynx. — La phonation ou production de la *voix* se rattache essentiellement à la respiration ; elle a son siège dans le larynx (*fig.* 68, A), organe relié par sa partie supérieure à l'os hyoïde. Le larynx n'est qu'une modification du sommet de la trachée. Son squelette comprend quatre cartilages (*fig.* 69, B), dont le plus grand est le *thyroïde*, en forme de bouclier largement ouvert en arrière et présentant en avant une saillie, dite *pomme d'Adam* ; au-dessous est le *cricoïde*, formant un anneau complet qui supporte à sa partie postérieure deux petits cartilages, les *aryténoïdes*. Tous ces cartilages sont reliés entre eux par des ligaments et des muscles dont les plus importants sont les *cordes vocales inférieures* qui, partant des aryténoïdes, s'attachent à l'intérieur du bouclier thyroïdien. On nomme *glotte* l'espace compris entre les cordes vocales ; l'*épiglotte* est une petite soupape pouvant recouvrir le larynx. Une coupe du larynx (*fig.* 68, B et 69, A) montre ces organes, ainsi que le *ventricule* des cordes vocales servant à renforcer les sons ; il est limité en haut par deux saillies, improprement nommées *cordes vocales supérieures*, car elles n'ont aucun rôle dans la production de la voix.

※ *Le larynx a pour squelette quatre cartilages très mobiles : le thyroïde, sous lequel est un anneau, le cricoïde, supportant en arrière les deux aryténoïdes. Des muscles les réunissent, parmi lesquels sont les cordes vocales.*

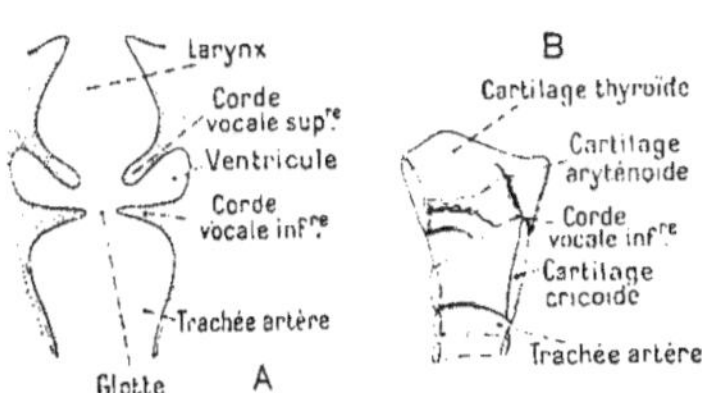

Fig. 69. — *Larynx :*

A, coupe schématique ; B, disposition des cartilages.

56. Production de la voix. — Le larynx peut être comparé à un instrument à vent, comme le hautbois : les lames vibrantes ou *anches* sont les cordes vocales inférieures, dont le son est renforcé et modifié par le *tuyau vocal*, c'est-à-dire par toute la masse d'air contenue dans la trachée, les fosses nasales, etc. Tout son a trois qualités fondamentales : l'intensité, la hauteur et le timbre.

L'*intensité* dépend de l'amplitude des vibrations : le son glottique sera d'autant plus intense que l'air sera lancé avec plus de force contre les cordes vocales et que les muscles expirateurs seront plus puissants. La *hauteur* dépend du nombre des vibrations à la seconde : plus ce nombre est grand, plus le son est aigu ; nous faisons varier la hauteur des sons glottiques en tendant et en raccourcissant plus ou moins les cordes vocales.

Le *timbre* dépend des sons accessoires qui accompagnent le son fondamental ; une flûte n'a pas le même timbre qu'un hautbois. Dans la voix humaine le timbre dépend de la conformation des cordes vocales et de celle du tuyau vocal ; en se pinçant le nez, on modifie le timbre.

Tous les Vertébrés aériens ont un larynx et la plupart peuvent émettre des sons ; l'Homme seul articule la voix et en forme des mots qu'il assemble en phrases pour exprimer sa pensée. Les éléments du langage sont les voyelles et les consonnes. Les *voyelles* résultent des modifications que subissent dans la bouche les sons émis par le larynx ; les *consonnes* sont les bruits qui les accompagnent. La

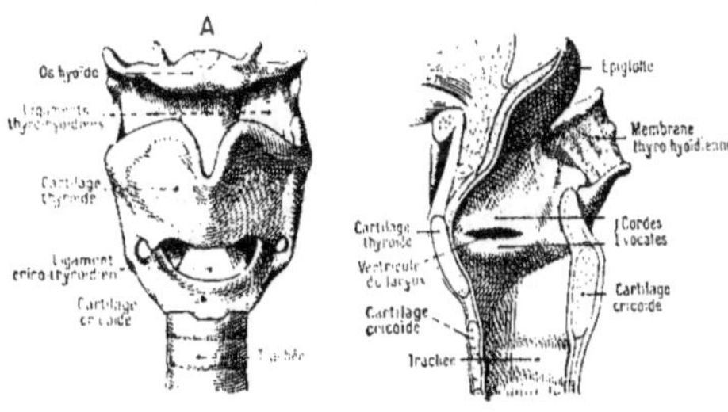

Fig. 68. — *Larynx :*

A, face antérieure ; B, coupe longitudinale.

cavité buccale prend une forme particulière pour créer chaque voyelle (*fig*. 53) ; les consonnes résultent des obstacles opposés par les lèvres, les joues, la langue à la colonne d'air expiré ; il y a des consonnes linguales (*d, t, s*), labiales *p, b, f*, etc. Un sourd-muet de naissance n'est muet que parce qu'il est sourd ; n'ayant jamais entendu parler, il n'a pu chercher à imiter les sons produits autour de lui. Aujourd'hui on apprend à parler à la plupart des sourds-muets. On articule distinctement les mots devant eux, ils répètent les mouvements effectués par les lèvres (*fig*. 53), en comprennent le sens comme s'ils entendaient les sons formés et finissent par prononcer correctement.

❃ *La voix résulte des vibrations des cordes vocales sous l'action de l'air expiré ; l'intensité du son émis dépend de la force avec laquelle elles vibrent ; sa hauteur, de leur tension ; son timbre, de la forme du tuyau vocal. La voix articulée a pour éléments les voyelles, sons glottiques modifiés par la forme donnée à la cavité buccale, et les consonnes, bruits accompagnant les voyelles.*

MODIFICATIONS
DE L'APPAREIL RESPIRATOIRE

57. Vertébrés aériens. — La respiration est une fonction commune à tous les êtres vivants ; elle consiste essentiellement en une absorption d'oxygène et un dégagement de gaz carbonique. Chez les animaux inférieurs, les échanges gazeux ont lieu uniquement par la surface externe du corps : la respiration est *cutanée*.

Chez tous les autres animaux, un appareil respiratoire vient renforcer les échanges cutanés : il est formé d'une membrane mince, humide et fortement plissée, ce qui lui donne une grande surface sous un petit volume. Cette membrane constitue les *poumons* ou les *trachées* des animaux aériens, les *branchies* des animaux aquatiques.

L'appareil respiratoire de tous les *Mammifères* est analogue à celui de l'Homme. Chez les *Oiseaux*, les bronches portent une partie de leurs ramifications dans les poumons, ces ramifications se terminent dans les alvéoles pulmonaires ; d'autres ne font que traverser les poumons pour atteindre 9 *sacs à air* indépendants les uns des autres et communiquant avec les os longs qui sont creux (*fig*. 70). Ces sacs facilitent le vol, car ils sont gonflés d'air chaud, moins dense que l'air extérieur ; de plus ils collaborent à la respiration durant le vol, en assurant la ventilation des poumons par un mouvement alternatif de dilatation et de contraction, que le très petit volume des poumons et l'absence de diaphragme rendent absolument nécessaire.

Les poumons des *Reptiles* (*fig*. 71) sont petits et très simples, ne comportant qu'un nombre restreint d'alvéoles ; ils sont ainsi en rapport avec la faible intensité de la respiration.

Les poumons de la Grenouille et des Batraciens adultes sont encore plus simples (*fig*. 71) ; l'air y pénètre par une véritable déglutition ; l'absence de côtes ne permet pas, en effet, des mouvements respiratoires analogues à ceux des Mammifères. Chez ces animaux la peau est une véritable *muqueuse*, à travers laquelle a lieu une respiration plus importante que la respiration pulmonaire.

❃ *Tous les animaux ont une respiration cutanée, à laquelle s'ajoutent d'ordinaire des poumons ou des trachées chez les animaux*

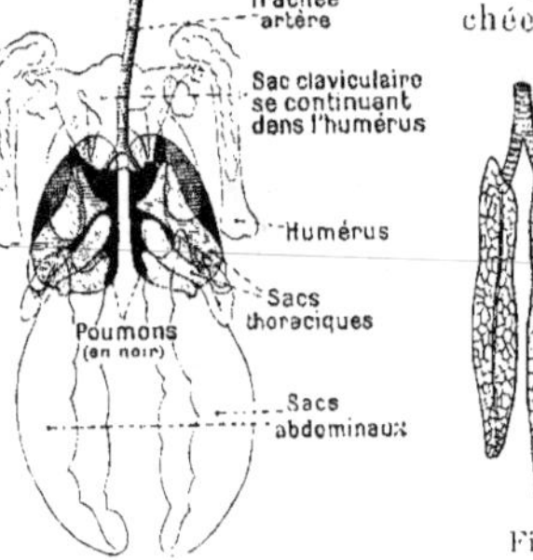

Fig. 70. — Disposition des *sacs aériens* d'un Oiseau.

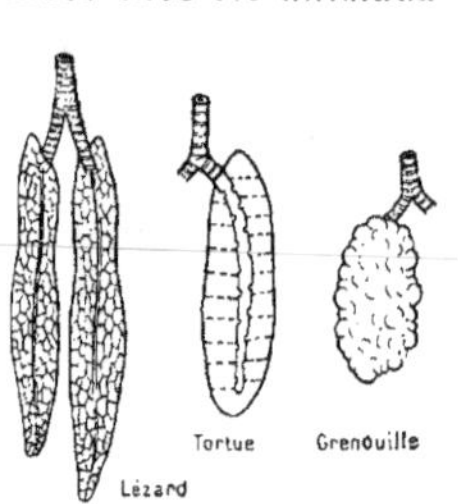

Fig. 71. — Schéma des *poumons* des Reptiles et des Batraciens.

aériens, des branchies chez les animaux aquatiques. Les poumons des Oiseaux communiquent avec 9 sacs à air; les poumons des Reptiles et des Batraciens adultes sont très petits et peu plissés.

Fig. 72. *Branchies (b) de l'Axolotl.*

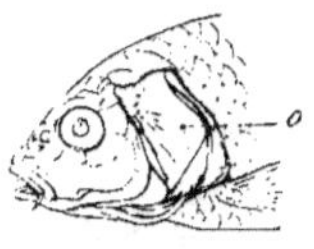

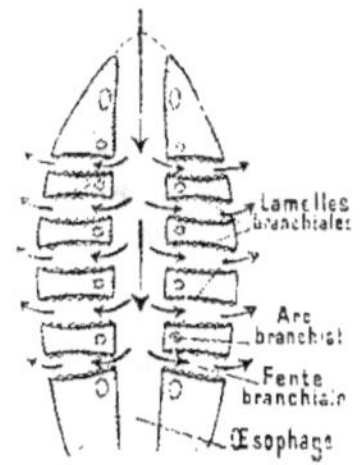

Fig. 73. — *Opercule (o d'un Poisson (Carpe).*

58. Vertébrés aquatiques. — Les larves des Batraciens et les Poissons respirent par des branchies l'air dissous dans l'eau. Les branchies sont les replis ramifiés d'une membrane formant des filaments, avec des lamelles saillantes qui plongent dans l'eau et dans lesquelles le sang circule. Chez les larves de Batraciens, les branchies forment trois paires de houppes externes; quelques espèces, comme le Protée et l'Axolotl *fig.* 72, conservent les branchies à l'âge adulte, malgré la présence des poumons.

Chez les Poissons osseux, les branchies *(fig.* 75, A) sont renfermées dans deux chambres, dont chacune communique avec la bouche et avec une large fente qu'une lame rigide ou *opercule* ouvre et ferme alternativement *fig.* 73. Elles consistent en 4 paires d'arcs branchiaux *fig.*74, dont chacun supporte une double rangée de lamelles triangulaires disposées comme les dents d'un peigne; ces lamelles sont recouvertes par une muqueuse qui

renferme les vaisseaux sanguins *(fig.* 76).

Chez les Poissons cartilagineux, il y a de 5 à 7 paires de fentes branchiales, dont chacune communique avec l'extérieur par un orifice *(fig.* 75, B et C et *fig.* 77). Chez un petit nombre de Poissons, il y a, en plus des branchies, un véritable poumon formé par la vessie natatoire.

Certains Poissons, comme l'Anguille, peuvent vivre quelque temps hors de l'eau, grâce à la petitesse de leurs orifices branchiaux qui empêche une trop rapide dessiccation de la muqueuse branchiale.

Les Vertébrés aquatiques respirent par des branchies l'air dissous dans l'eau. Les Poissons osseux ont 4 paires de branchies contenues dans deux chambres branchiales, s'ouvrant chacune par un orifice: les Poissons cartilagineux ont de 5 à 7 paires de branchies, avec autant d'orifices distincts.

59. Invertébrés. — Les *Insectes* respirent l'air en nature à l'aide de trachées *fig.* 78. Ce sont des tubes très ramifiés et rigides, grâce à un épaississement spiralé; ils sont distribués dans le corps entier et s'ouvrent extérieurement par des orifices ou *stigmates* disposés sur les côtés de tous les anneaux, sauf les deux premiers. C'est à travers la paroi des trachées, baignées directement par le sang, que s'accomplit l'oxygénation de ce dernier. L'air

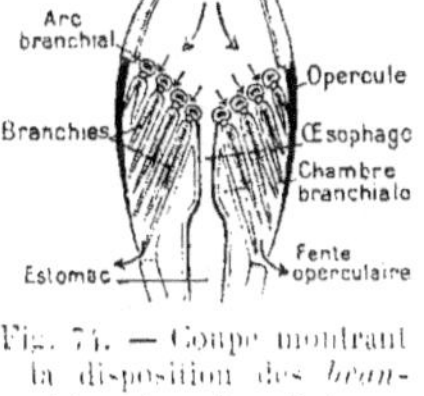

Fig. 74. — Coupe montrant la disposition des *branchies* chez les Poissons osseux.

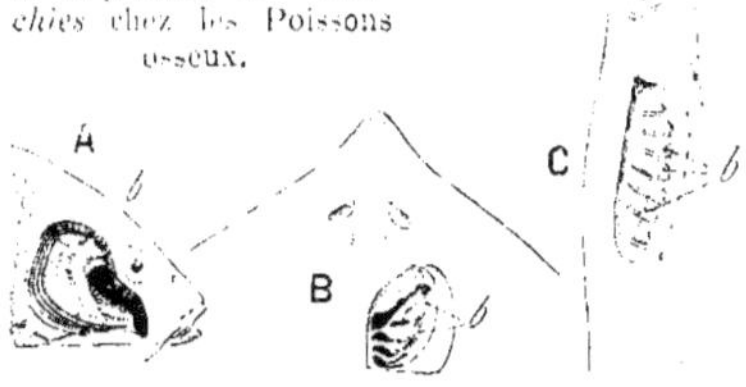

Fig. 75. — Disposition des *branchies.* b : A, de la Carpe; B, de la Raie; C, de la Lamproie.

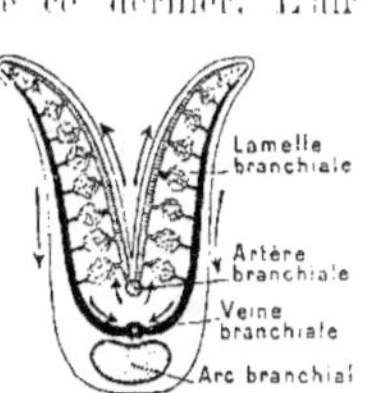

Fig. 76. Schéma d'une *lamelle branchiale* chez un Poisson osseux.

Fig. 77. — Coupe montrant la disposition des *branchies* chez les Poissons cartilagineux.

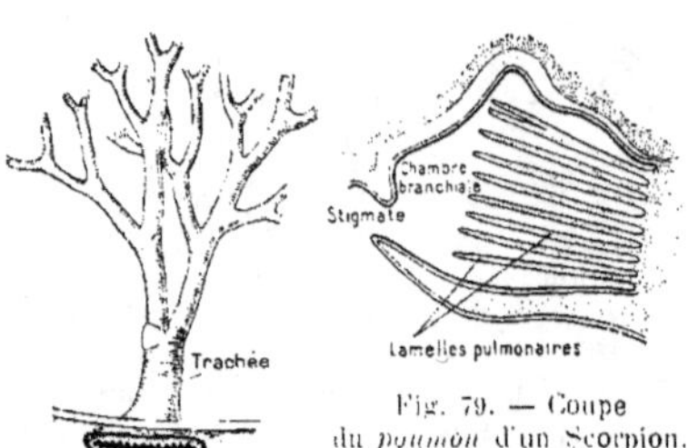

Fig. 79. — Coupe
du *poumon* d'un Scorpion.

Fig. 78. — *Trachée*
d'un Insecte.

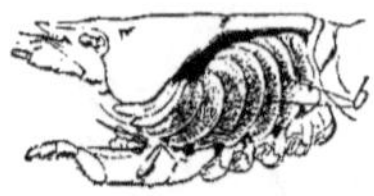

Fig. 80. — *Branchies* (b)
d'un Crustacé (Écrevisse).

Fig. 81.
Branchies b d'un Ver
(Térébelle).

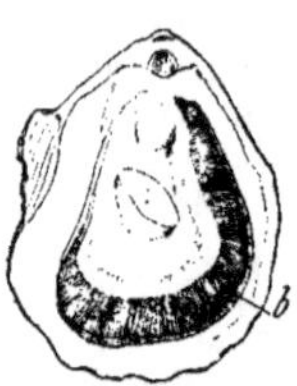

Fig. 82.
Branchies (b) d'un
Mollusque (Huitre).

s'introduit dans les trachées par la dilatation des anneaux et en est ensuite chassé par leur contraction.

La plupart des *Arachnides* respirent aussi par des trachées, mais les Araignées et les Scorpions possèdent des sacs trachéens, improprement appelés poumons, et qui renferment des séries de lamelles parallèles dans lesquelles circule le sang *fig.* 79. Les Articulés aquatiques ou *Crustacés* respirent par des branchies, situées à la base des pattes, dans une cavité qui est comprise entre la carapace et le corps *fig.* 80.

Les *Vers* respirent par la peau ou à l'aide de filaments branchiaux *fig.* 81, portés par tous les anneaux ou seulement par quelques-uns.

Presque tous les *Mollusques* sont aquatiques et possèdent des lamelles branchiales contenues dans un sac ouvert ou étalées à l'intérieur de la coquille (*fig.* 82); un petit nombre de Mollusques, comme l'Escargot, la Limace, ont un sac, ou poumon, à paroi richement vasculaire (*fig.* 52). Tous les autres Invertébrés, comme les Méduses, les Protozoaires, n'ont qu'une respiration cutanée.

❁ *Les Articulés terrestres (Insectes, Arachnides, etc.) respirent par des* trachées *plus ou moins modifiées; ce sont des tubes ramifiés s'ouvrant chacun par un stigmate. Les Crustacés, ainsi que la plupart des Vers et des Mollusques, respirent par des branchies.*

III. — TABLEAU-RÉSUMÉ DE LA RESPIRATION.

RESPIRATION.	APPAREIL RESPIRATOIRE.	NOMS DES GROUPES.	
AÉRIENNE. Respiration de l'air en nature.	POUMONS.	*Vertébrés aériens :* Mammifères. Oiseaux. Reptiles, Batraciens adultes. *Poissons :* chez un petit nombre la vessie natatoire sert de poumon. *Araignées, Scorpions :* leurs poumons sont, en réalité, des trachées modifiées. *Mollusques,* comme l'Escargot, la Limace. Le poumon est un sac sans analogie avec les poumons des Vertébrés.	
	TRACHÉES.	*Articulés aériens :* Insectes. Myriapodes. Arachnides.	
	PEAU.	Tous les animaux ont une respiration cutanée; elle est très importante chez les Batraciens, et fonctionne seule chez quelques Vers et chez tous les Invertébrés inférieurs.	
AQUATIQUE. Respiration de l'air dissous dans l'eau.	BRANCHIES.	*Vertébrés aquatiques.*	Larves de Batraciens et quelques Batraciens adultes. Poissons osseux : 4 paires de branchies et 2 orifices. Poissons cartilagineux : 3 à 7 paires de branchies et 5 à 7 paires d'orifices.
		Articulés aquatiques : Crustacés. *Vers :* la plupart. *Mollusques :* la plupart.	

Fig. 83. — La *tonte* des moutons, en Californie (États-Unis).

V. CHALEUR ANIMALE

60. Températures constante ou variable des animaux. — La chaleur animale est une conséquence de la respiration : elle résulte des phénomènes chimiques accomplis dans les tissus (52). Chez les Oiseaux et la plupart des Mammifères, ces phénomènes sont intenses, car la température intérieure de leur corps est bien *supérieure*, d'ordinaire, à celle du milieu ambiant : de plus ils peuvent varier beaucoup d'intensité suivant les besoins, puisque la température interne de ces animaux est sensiblement *constante*, quelles que soient les variations de la température du milieu ; seule, la température des régions superficielles de leur corps varie, dans des limites assez étendues, avec celle du dehors. Chez l'Homme la température interne est d'environ 37° ; chez le Bœuf, de 39°,5 ; chez le Loup, de 40°, chiffre rarement dépassé chez les Mammifères. Chez les Oiseaux elle est plus élevée et va de 42° à 45° suivant les espèces. Les Mammifères et les Oiseaux sont dits à *température constante*.

Tous les autres animaux ont, au contraire, une *température variable*, dépassant à peine d'un demi-degré celle du milieu extérieur, sauf quelques exceptions. Leur calorification est donc peu intense et peu susceptible de variations, puisqu'elle n'arrive pas à compenser les pertes ; aussi, quand la température extérieure s'abaisse par trop, la vie active leur devient impossible : ils passent à l'état de *vie ralentie* et tombent dans un sommeil léthargique ; on dit qu'ils *hibernent*. Il en est de même de quelques Mammifères, comme la Marmotte, le Loir, le Hérisson, les Chauves-souris, qui hibernent dès que la température extérieure descend au-dessous de 15° : mouvements respiratoires et battements du cœur se ralentissent ; la température s'abaisse et suit les variations de la température extérieure, qu'elle dépasse à peine de quelques degrés. Le relèvement de la température au printemps réveille leur activité.

❀ *Mammifères et Oiseaux ont une calorification intense et variable, amenant une température interne constante; les autres animaux, pour des raisons inverses, sont à température variable. Les Mammifères hibernants se comportent comme les premiers en été et comme les seconds en hiver.*

61. Bilan de la chaleur animale. — Pour établir ce bilan, il faut rechercher les *sources de chaleur* et leur apport dans la production totale et, d'autre part, s'occuper des causes de *déperdition* de la chaleur. Chez l'homme adulte au repos on évalue la quantité de chaleur produite chaque jour par les oxydations internes à 2 500 calories, sur lesquelles les deux tiers servent à maintenir constante la température du corps, le reste étant transformé en travail. Les tissus qui fournissent le plus de travail sont le système nerveux, les glandes et surtout les muscles, grâce à leur masse considérable qui égale la moitié de celle du corps, et à l'intensité de leur respiration **80**. L'adulte fournissant un travail musculaire pénible peut développer 4 000 calories en 24 heures, par suite d'oxydations beaucoup plus énergiques: la chaleur produite dans ce cas permet non seulement d'accomplir le travail, mais élève la température du corps.

Mais revenons aux 2 500 calories quotidiennes de l'adulte au repos. Puisque sa température n'augmente pas, c'est que la quantité de chaleur produite égale celle qui se perd dans le même temps. Cette déperdition a lieu par *rayonnement*, cause d'autant plus importante que l'air extérieur est plus froid; par *conductibilité* pour les points en contact avec le sol, et cette cause de déperdition est considérable quand le corps plonge dans de l'eau froide; enfin, par les *transpirations* cutanée et pulmonaire; la vaporisation de l'eau nécessite, en effet, une grande quantité de calorique.

❀ *L'adulte au repos produit chaque jour 2 500 calories, dont les sources principales sont le système nerveux, les glandes et les muscles; les deux tiers de cette production servent à maintenir constante sa température,* qui tend à diminuer *par* rayonnement, conductibilité *et* transpiration.

62. Lutte contre le froid et contre la chaleur. — L'homme et les animaux à température constante ont des moyens de lutter contre les variations extérieures. Le *froid* augmente l'intensité de la respiration; les oxydations plus rapides déterminent un plus grand besoin d'aliments; ceux qui conviennent le mieux sont ceux dont la combustion dégage le plus de chaleur, c'est-à-dire les féculents, les sucres et surtout les corps gras. Le calibre des artérioles de la peau se rétrécit sous l'action du système nerveux, ce qui amène un refroidissement superficiel diminuant la perte de chaleur par rayonnement. La peau, par sa couche cornée externe, par la couche de graisse qui la double, et surtout par les poils ou les plumes qui la garnissent, diminue beaucoup le rayonnement. Les Mammifères et les Oiseaux aquatiques ont une épaisse couche de graisse, mauvaise conductrice. L'homme se protège contre le rayonnement par les vêtements; la laine des moutons *(fig. 83)* est la substance animale la plus employée dans leur fabrication. La couche d'air retenue dans l'épaisseur de ces filaments constitue une zone mauvaise conductrice, très efficace pour empêcher la perte de chaleur.

L'organisme lutte contre la *chaleur* par une transpiration beaucoup plus active; par l'évaporation de la sueur à la surface de la peau; enfin, par des procédés inverses de ceux de sa lutte contre le froid: respiration réduite, alimentation légère, circulation superficielle plus active, repos, etc.

Le froid ou la chaleur intenses et prolongés épuisent les moyens de résistance de l'organisme: la température interne s'abaisse ou s'élève de quelques degrés et la mort survient.

❀ *Les animaux à température constante réagissent contre le froid extérieur par une respiration plus active, une circulation superficielle réduite, un revêtement diminuant le rayonnement (poils, plume, graisse); contre la chaleur, par la transpiration et par des procédés inverses des précédents.*

VI. EXCRÉTION

63. Les glandes et leur rôle. — Les glandes sont formées par des épithéliums repliés (*fig.* 17); le sang, en les traversant, se modifie constamment. Au point de vue de leurs fonctions, les unes sont *excrétantes*, comme les reins : elles retirent du sang les principes nuisibles qu'il renferme et qui proviennent de l'activité des cellules ; les autres sont *sécrétantes* et forment aux dépens du sang des principes utiles. Les sécrétions des glandes *ouvertes*, comme les glandes salivaires, sont versées dans les appareils où elles sont utiles : les sécrétions des glandes *closes*, comme la rate, vont dans le sang. Enfin il existe des glandes à fonctions multiples, comme le foie.

❦ *Les glandes excrétantes purifient le sang : les glandes sécrétantes, ouvertes ou closes, forment, à ses dépens, des principes utiles.*

GLANDES EXCRÉTANTES

64. Appareil urinaire. — L'excrétion est l'ensemble des phénomènes ayant pour but d'épurer le sang. Les glandes excrétantes sont les *reins*, qui éliminent un ensemble de substances formant l'urine ; les *glandes sudoripares*, qui excrètent la sueur; le *foie*, qui retire la bile (**15**) : on peut y joindre les *poumons*, qui excrètent du gaz carbonique, de la vapeur d'eau et des toxines (**53**).

L'appareil urinaire comprend deux reins, dont chacun est relié par un tube ou *uretère* à la *vessie* (*fig.* 85). Les reins sont deux grosses glandes en forme de haricot situées dans la partie postérieure de l'abdomen, à droite et à gauche de la colonne vertébrale. Chacun d'eux reçoit le sang artériel par une *artère rénale* et le renvoie purifié de son urée par une *veine rénale*. Sous la membrane qui l'entoure, la substance du rein est partagée en deux régions : l'une corticale, d'apparence granuleuse ; l'autre interne ou médullaire, d'apparence fibreuse, que sépare une arcade artérielle (*fig.* 86) formée par la réunion des rameaux de l'artère rénale. La substance interne est divisée en 10 à 15 groupements, ou *pyramides*, dont les sommets, arrondis et perforés, aboutissent à une cavité, ou *bassinet*, en rapport avec l'uretère : ils sont entourés par un prolongement du bassinet, ou *calice* (fig. 84).

L'apparence granuleuse est due à des milliers de petits pelotons de capillaires ou *glomérules de Malpighi* (*fig.* 86), formés par l'artère rénale. Chacun d'eux est entouré par une membrane en forme de coupe presque close, d'où part un tube d'abord contourné, puis droit, aboutissant au bassinet, après avoir reçu plusieurs autres tubes semblables ; ce sont tous ces *tubes urinifères* qui donnent l'apparence fibreuse. Leur longueur totale est évaluée à 20 kilomètres. A sa sortie du glomérule, l'artériole rénale va former autour des sinuosités de chaque tube urinifère un *deuxième réseau de capillaires* aboutissant à une veine; c'est un véritable système porte rénal.

La vessie n'est qu'un réservoir en relation avec l'extérieur et permettant d'espacer les éliminations ; elle est mus-

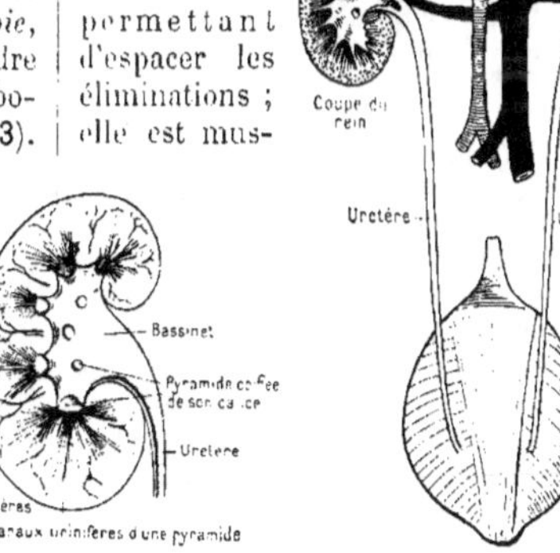

Fig. 84. — Coupe du *rein*.   Fig. 85. — Appareil *urinaire*.

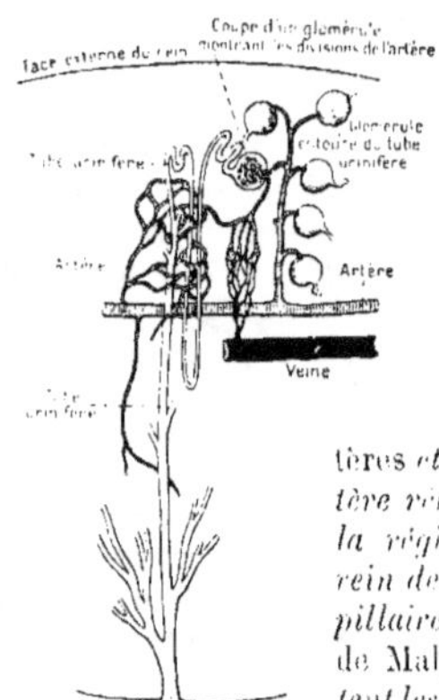

Fig. 86. — Disposition des *tubes urinifères* et des *vaisseaux sanguins* dans le rein.

culaire avec épithélium interne ; les muscles sont lisses, mais à contraction volontaire.

❋ *L'appareil urinaire comprend les reins, les urétères et la vessie. L'artère rénale forme dans la région corticale du rein des pelotons de capillaires, les glomérules de Malpighi, d'où partent les tubes urinifères, aboutissant au bassinet.*

65. Excrétion urinaire ; urine. — La pression du sang dans le glomérule détermine la sortie de l'eau en excès et d'une partie des sels dissous qui passent dans le tube urinifère ; les éléments azotés de l'urine sont retirés par les cellules épithéliales des tubes urinifères dans leur portion sinueuse. L'urine parvient dans le bassinet et s'accumule dans la vessie, d'où l'expulsent des contractions.

L'adulte rejette chaque jour 1 200 à 1 500 grammes d'urine ; c'est un liquide jaune, acide au moment de son émission. Il est formé d'eau tenant en dissolution de l'urée, de l'acide urique et des sels minéraux. L'urée a pour formule $CO_2Az H^2 p^2$; c'est le résidu de la combustion *complète* des aliments azotés et de l'usure des tissus ; à l'air elle subit la fermentation ammoniacale qui la transforme en carbonate d'ammoniaque. L'urine contient chaque jour environ 25 grammes d'urée : un régime végétarien peut la réduire à 20 grammes, un régime carné la porter à 40 grammes.

L'*acide urique* est aussi une matière azotée résultant de la combustion *incomplète* des matières albuminoïdes ; il en existe environ 1 gramme par jour, principalement à l'état d'urates de sodium et de calcium. Un régime trop azoté, avec un exercice insuffisant, amène le dépôt des urates dans la vessie (*gravelle*), ou dans les articulations (*goutte*). L'urine renferme de plus, chaque jour, 30 grammes de sels minéraux : chlorure de sodium, divers sulfates et phosphates.

Le *diabète* est une maladie caractérisée par la présence d'une forte proportion de glucose dans l'urine ; quant à l'*albuminurie*, elle résulte d'une altération du rein qui laisse filtrer l'albumine du sang.

❋ *Les éléments de l'urine sont retirés en deux fois du sang par le rein. L'urine contient de l'eau, des sels minéraux et des principes azotés, qui sont l'urée et l'acide urique, résultant de la combustion organique des albuminoïdes.*

66. Glandes sudoripares. — La peau renferme environ 2 millions de glandes sudoripares réparties très inégalement (*fig.* 88) ; à la plante des pieds on en compte jusqu'à 300 par centimètre carré. Chacune comprend un tube pelotonné ou *glomérule* (*fig.* 87) qui excrète la sueur ; il en part un canal long de 2 millimètres et s'ouvrant au dehors par un *pore*. La sueur est acide ; c'est de l'urine étendue d'eau. Les glandes sudoripares collaborent au travail du rein ; quand la transpiration est considérable, l'urination est faible, et inversement. Un adulte rejette environ 500 grammes de sueur chaque jour par transpiration insensible ; c'est-à-dire que la sueur excrétée imprègne la couche superficielle de l'épiderme et s'évapore lentement. Une température élevée, un exercice musculaire violent, peu-

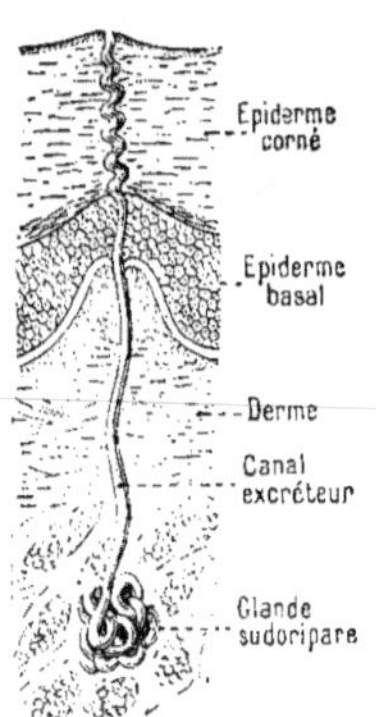

Fig. 87. — Glande sudoripare grossie.

vent faire excréter 1 litre de sueur à l'heure ; elle sort alors surtout en gouttelettes. La sueur joue un rôle important dans la régulation de la température du corps (**62**).

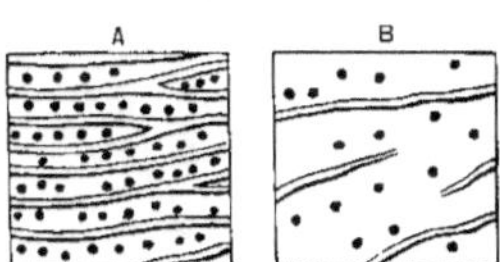

Fig. 88. — *Orifices des glandes sudoripares :*
A, sur la plante des pieds ;
B, sur le corps.

❀ *Les glandes sudoripares retirent du sang la sueur, analogue à l'urine, mais plus aqueuse ; la sueur est éliminée d'une manière continue, mais en quantités variables.*

GLANDES DIVERSES

67. Glandes mammaires ; glandes closes.
— Les *glandes mammaires* sont des glandes en grappe dont la réunion forme la *mamelle* et qui viennent s'ouvrir dans un mamelon central par 15 à 18 canaux. Elles sécrètent le lait, dont nous avons vu la composition (**18**).

Les principales glandes closes sont la rate, la glande thyroïde et les capsules surrénales. Les produits de leur activité, ou *sécrétions internes*, sont versés dans le sang.

La *rate* (*fig.* 5), située en arrière et à gauche de l'estomac, est sans doute un centre de formation de globules rouges ; sa suppression n'est pas mortelle. La *glande thyroïde* (*fig.* 89) est bilobée et située en avant et un peu au-dessous du larynx ; son développement exagéré est le goitre ; son extirpation affaiblit l'intelligence et peut amener la mort. Les *capsules surrénales* sont deux masses brunes, dont chacune coiffe un rein (*fig.* 85) : leur suppression est mortelle, car elle permet l'accumulation dans le sang d'un poison paralysant, qui est détruit par leur sécrétion.

Les glandes

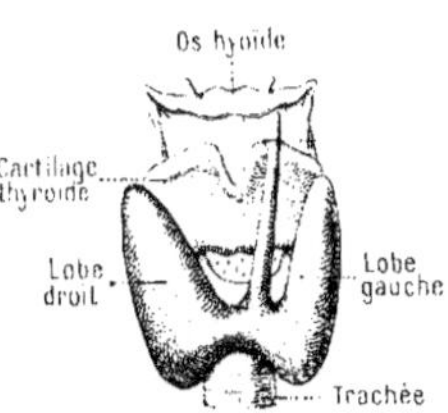

Fig. 89. — *Glande thyroïde.*

closes défendent l'organisme, en détruisant les poisons formés dans les tissus. Le foie et le pancréas, quoique glandes ouvertes, donnent aussi des sécrétions internes.

❀ *Les glandes mammaires sont des glandes en grappe secrétant le lait. Les glandes closes : rate, glande thyroïde et capsules surrénales, sécrètent des substances qui détruisent certains poisons de l'organisme.*

68. Fonction glycogénique du foie.
— Le sang de la veine porte contient les glucoses et les peptones venant de l'intestin (**25**). La quantité de glucose qui *entre* dans le foie, avec le sang, est *variable* et peut être même presque nulle si le régime alimentaire est exclusivement azoté ; au contraire, la quantité de glucose qui *sort* du foie avec le sang de la veine hépatique est *constante*. C'est que les cellules du foie ont, en plus de leur propriété d'excréter la bile, celle de déshydrater partiellement le glucose pour le transformer en une matière soluble, le *glycogène* ou *amidon animal*, qui constitue une réserve. Si l'alimentation ne fournit pas de glucose, les peptones sont dédoublées et donnent le glycogène. Cette substance est ensuite hydratée par une diastase spéciale et transformée en glucose qui, suivant les besoins, est lancé dans la circulation. Le foie est le régulateur de la distribution du glucose dans le sang.

Si le régime est trop riche en sucres et en féculents, si la consommation du sucre dans l'organisme est inférieure à sa production dans le foie, l'excès de glucose est rejeté par l'urine : c'est la *glycosurie* ; il suffit parfois de modifier le régime alimentaire pour la faire disparaître ; si elle persiste quand même, elle indique l'existence du *diabète* (**65**). Le pancréas a aussi un certain rôle dans la distribution du glucose, car sa suppression complète chez un chien détermine aussi du diabète.

❀ *Le foie a la propriété : 1° de former du glycogène ou amidon animal aux dépens du glucose ou des peptones des aliments ; 2° de transformer le glycogène en glucose par hydratation ; il est donc le régulateur de la distribution du glucose dans le sang.*

NUTRITION GÉNÉRALE

69. Assimilation; désassimilation; mise en réserve. — Tous les phénomènes étudiés jusqu'ici ont pour but de préparer la nutrition proprement dite, qui s'accomplit dans les cellules et qui comprend surtout l'*assimilation* et la *désassimilation*. Par l'assimilation les tissus transforment en leur propre substance les aliments apportés par le sang et la lymphe. La désassimilation est l'ensemble des phénomènes chimiques accomplis dans le protoplasme des cellules; ils fournissent des déchets que l'excrétion rejette, mais aussi de l'*énergie*, manifestée surtout sous forme de chaleur. Tous les aliments ne sont pas immédiatement utilisés; une partie est mise en réserve sous forme de *glycogène* **68** ou de *graisse*. La graisse résulte surtout de la transformation des matières hydrocarbonées; elle se dépose sous la peau, sur le péritoine et autour des viscères; elle repasse dans le sang quand le besoin s'en fait sentir.

Pour que l'organisme se maintienne en bon état il faut qu'il s'établisse un équilibre entre l'assimilation et la désassimilation,

c'est-à-dire entre les *gains* et les *pertes*. Une alimentation convenable doit maintenir cet équilibre. Pour un adulte travaillant peu, la *ration d'entretien* doit comprendre chaque jour un minimum d'albuminoïdes qui ne doit pas être inférieur à 1 gramme par kilogramme du poids : ce sont les aliments réparateurs indispensables (**16** ; il faut y joindre un poids de matières grasses, féculentes ou sucrées, dont la transformation dans l'organisme doit produire, au total, 2 500 calories. Si la dose d'albumine est insuffisante, la portion qui manque est prélevée sur les tissus; si d'autre part la ration, même surabondante en albumine, est insuffisante comme valeur totale de calories, le complément est fourni aux dépens des réserves de l'organisme. En plus de leur ration d'entretien, il faut à l'enfant une ration de *croissance* et à l'ouvrier une ration de *travail*.

❀ *La nutrition générale comprend l'assimilation et la désassimilation : cette dernière cause la chaleur animale; des réserves ont lieu sous forme de glycogène ou de graisse. Une ration alimentaire convenablement choisie, ou ration d'entretien, maintient l'équilibre entre les gains et les pertes de l'organisme.*

IV. — TABLEAU-RÉSUMÉ DES FONCTIONS DE NUTRITION.

Le sang est l'intermédiaire entre le monde extérieur et les cellules du corps : tous les phénomènes de la nutrition modifient sa composition et celle de la *lymphe*.			
RÉVIVIFICATION du sang.	**CIRCULATION** du sang.	**ALTÉRATION** du sang.	**PURIFICATION** du sang.
DIGESTION : transforme dans le tube digestif les aliments solides et liquides. INSPIRATION : introduit dans les alvéoles pulmonaires l'oxygène, aliment gazeux. ABSORPTIONS : *intestinale et pulmonaire* ramènent les aliments digérés et l'oxygène dans le sang. MISE EN RÉSERVE d'aliments dans les tissus.	CIRCULATION VEINEUSE : L'*Artère pulmonaire* part du ventricule droit, conduit dans les poumons le sang veineux qui va s'y oxygéner. Les 2 *Veines caves* ramènent à l'oreillette droite le sang veineux venant des organes. Les *Vaisseaux lymphatiques* ramènent dans la circulation veineuse les leucocytes et le plasma ayant traversé la paroi des capillaires. CIRCULATION ARTÉRIELLE : Les 4 *Veines pulmonaires* ramènent à l'oreillette gauche le sang artériel venant des poumons. L'*Artère aorte* part du ventricule gauche, conduit à tous les organes le sang artériel nourricier.	RESPIRATION DES TISSUS : Le sang cède l'*oxygène* aux cellules. ASSIMILATION : Le sang cède les *aliments* aux cellules. DÉSASSIMILATION : Le sang reçoit des cellules des *déchets* nuisibles résultant des phénomènes chimiques qui s'y accomplissent et qui produisent la *chaleur animale*.	EXCRÉTION : de gaz carbonique, de vapeur d'eau et de toxines volatiles par les *poumons*; de bile par le *foie*; d'urine par les *reins*; de sueur par les *glandes sudoripares*. SÉCRÉTIONS INTERNES contenant des substances qui détruisent certains poisons du sang.

Fig. 90. — Partie de football : *une mêlée tournée.*

VII. MOUVEMENT

70. Définitions. — Les fonctions de *relation,* c'est-à-dire celles qui nous mettent en rapport avec le milieu extérieur, sont la *locomotion* et l'*innervation,* ou, en d'autres termes, le mouvement et la sensibilité. L'appareil du mouvement se compose de pièces dures, articulées, les *os.* Les os sont actionnés par les *muscles,* qui se contractent sous l'influence de l'excitation motrice émanée des centres nerveux. Les os, dont l'ensemble est le *squelette,* forment la charpente du corps : ce sont les organes passifs du mouvement, dont les muscles sont les organes actifs. Nous étudierons successivement le *squelette,* puis les *articulations,* enfin les principales *modifications* de l'appareil locomoteur chez les animaux.

❀ *L'appareil du mouvement comprend des organes passifs, les os, qui sont actionnés par les contractions des muscles sous l'influence du système nerveux.*

71. Composition chimique et forme des os. — Les os sont formés, pour un tiers de leur poids, d'une matière albuminoïde, l'*osséine,* et pour les deux autres tiers de sels calcaires, principalement le phosphate de chaux, qui constitue les 85 centièmes de la partie minérale, puis le carbonate de chaux, le fluorure de calcium, etc. Quand on traite les os par un acide très étendu d'eau, la matière minérale disparaît peu à peu ; l'os conserve sa forme, mais il est mou, flexible ; quand on les laisse séjourner dans l'eau bouillante, leur osséine se transforme en *gélatine* ; quand on les chauffe fortement à l'air libre, l'osséine brûle, l'os ne contient plus que sa partie minérale : il est friable et donne aisément, par trituration, la cendre d'os.

Les **206** os qui constituent le squelette de l'homme peuvent se répartir en trois groupes, d'après leur forme : les os *longs,* comme le tibia ; les os *courts,* comme les vertèbres ; les os *plats,* comme l'omoplate. Un os *long* (*fig. 91*) comprend une partie étroite, la *diaphyse,* terminée à chaque bout par un ren-

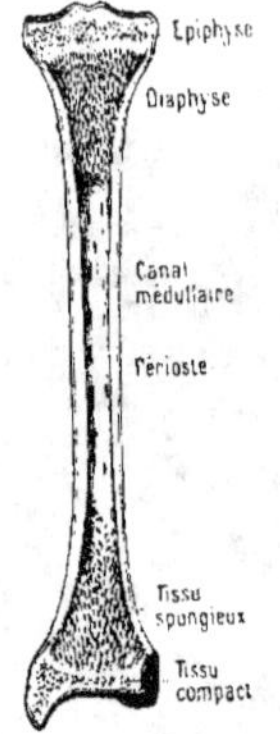

Fig. 91. — Coupe d'un *os long*.

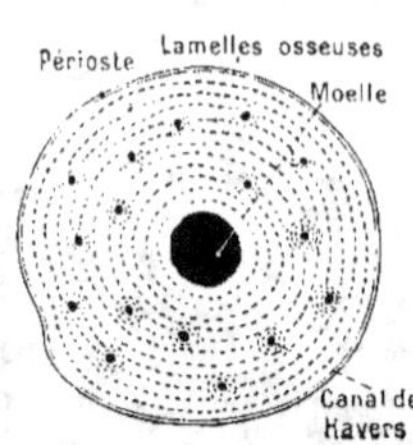

Fig. 92. — Coupe transversale d'un *os long*.

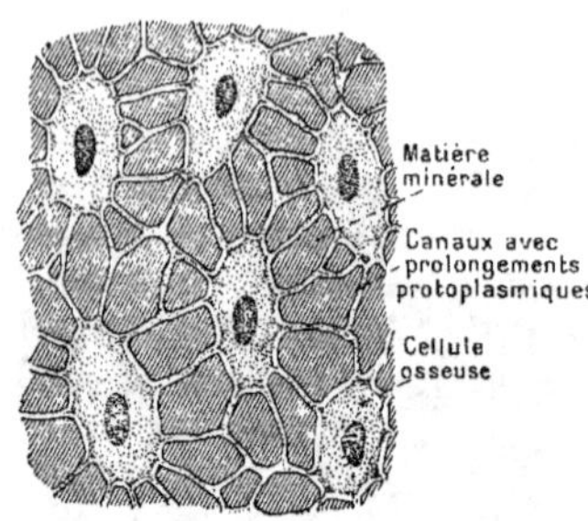

Fig. 93. — Coupe grossie d'une *lamelle osseuse*.

llement ou *épiphyse*. On nomme *apophyses* certaines saillies des os sur lesquelles s'attachent les muscles qui sont destinés à les faire mouvoir.

❀ *Les os sont formés d'osséine et de sels calcaires; la chaleur brûle l'osséine; les acides détruisent le calcaire. Les os sont plats, courts ou longs; ces derniers comprennent une diaphyse et deux épiphyses.*

72. Structure des os. — Si l'on coupe transversalement un os long au milieu de sa diaphyse (*fig.* 92), on voit qu'il est formé d'une membrane externe, le *périoste*, entourant une masse osseuse compacte formée de lamelles concentriques et percée en son centre d'un canal renfermant la *moelle*, matière jaunâtre et d'aspect gras. La masse osseuse est perforée de nombreux canaux longitudinaux, communiquant entre eux, les *canaux de Havers* (*fig.* 92) qui renferment les nerfs et les vaisseaux nourriciers de l'os; autour de chaque canal sont des lamelles osseuses concentriques, constituant un second système, distinct du précédent.

L'examen microscopique montre que la matière osseuse présente de nombreuses cavités irrégulières reliées par des canaux; dans chaque cavité est une cellule osseuse ou *ostéoblaste* (*fig.* 93), et dans chaque canal un prolongement protoplasmique de l'ostéoblaste, de sorte que tous sont réunis entre eux; la masse qui les entoure et qui est formée d'osséine et de sels calcaires est sécrétée par eux. Dans les deux épiphyses le canal de la moelle est remplacé par un tissu osseux troué comme une éponge (*fig.* 91) et rempli d'une moelle rougeâtre. Les os plats et les os courts ont exactement la même structure spongieuse que l'épiphyse des os longs.

❀ *Un os long coupé en son milieu comprend : le périoste, la masse osseuse et le canal de la moelle. La masse osseuse est disposée en lamelles concentriques; elle est trouée de canaux et formée par les ostéoblastes.*

73. Croissance des os. — La croissance a lieu en *longueur* et en *épaisseur;* étudions d'abord la première. Les os ont primitivement été formés de *cartilage*, matière élastique, sans calcaire, qui persiste en divers points du squelette de l'adulte. Dans un cartilage destiné à donner un os long, on voit apparaître trois points d'ossification : un dans la diaphyse et un dans chaque épiphyse; le tissu osseux envahit peu à peu tout le cartilage (*fig.* 94), sauf en deux régions voisines des épiphyses où il reste un disque cartilagineux; ces disques s'amincissent, puis disparaissent vers l'âge de

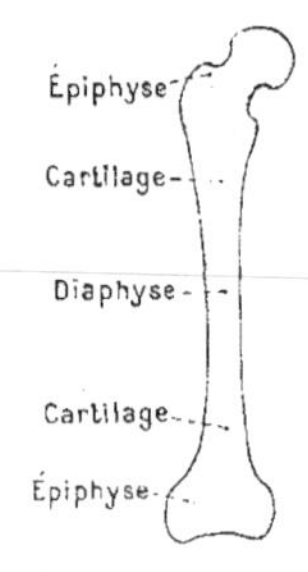

Fig. 94. — *Croissance en longueur d'un os long.*

vingt à vingt-cinq ans : la croissance en longueur est alors terminée.

Quant à la croissance en épaisseur, elle est due à l'activité du périoste. La couche interne de cette membrane a la propriété de former constamment des cellules osseuses ; celles-ci sécrètent les lamelles concentriques, peu à peu chassées vers la moelle ; elles se détruisent et y tombent : l'os se renouvelle donc de la périphérie au centre. On l'a montré en nourrissant pendant quelque temps un animal avec des aliments mélangés de garance : on trouve, en tuant l'animal, une couche rouge voisine du périoste ; si on alterne par périodes assez longues la nourriture mélangée de garance et la nourriture ordinaire, l'os se montre formé de couches alternativement rouges et blanches. Un fil de platine introduit sous le périoste d'un os long se retrouve plus tard dans la moelle. L'activité du périoste, intense chez l'enfant, s'affaiblit avec l'âge. On l'a utilisée pour régénérer les os lorsqu'une maladie oblige à en enlever un fragment ; en respectant le périoste, l'os se reconstitue. Une alimentation riche en sels calcaires est nécessaire pour l'ossification : un jeune enfant mal nourri est ordinairement *rachitique* (*fig.* 95), c'est-à-dire que ses os restent mous ; il y a incurvation des jambes, trop faibles pour supporter le poids du corps.

✳ *La croissance en longueur a pour origine l'apparition dans le cartilage primitif de points d'ossification, centres d'un bourgeonnement osseux qui envahit tout le cartilage. La croissance en épaisseur est le résultat de l'activité du* périoste.

74. Squelette du tronc.

— Le squelette de l'homme (*fig.* 99) se divise en trois régions : tronc, tête, membres. Le squelette du *tronc* comprend lui-même la colonne vertébrale, les côtes et le sternum.

La *colonne vertébrale* ou *rachis*, qui forme l'axe du corps, comprend une série d'os empilés, les *vertèbres*. Chaque vertèbre (*fig.* 97) est formée d'une partie pleine ou *corps*, portant en arrière une sorte d'anneau dans lequel est contenue la moelle épinière ; il présente trois prolongements, qui sont deux *apophyses transverses* sur les côtés et une *apophyse épineuse* en arrière. La forme des vertèbres change avec la place qu'elles occupent dans la colonne vertébrale.

La colonne vertébrale (*fig.* 96) comprend 33 vertèbres, distribuées en 5 régions : 1° la région du cou ou *cervicale*, avec 7 vertèbres, dont la première est l'*atlas*, réduite à un anneau, aux apophyses peu marquées : par sa face supérieure elle s'articule avec le crâne, par l'os occipital et par sa face

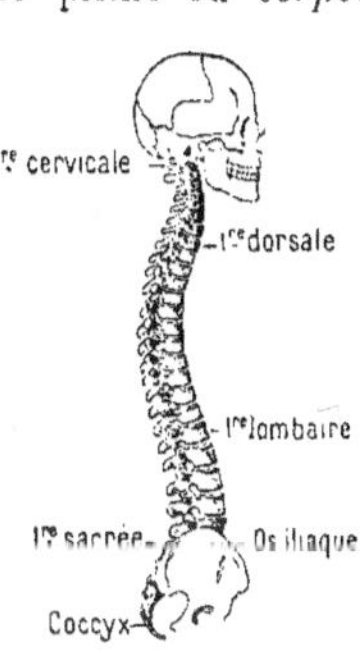

Fig. 96. — *Colonne vertébrale* de profil.

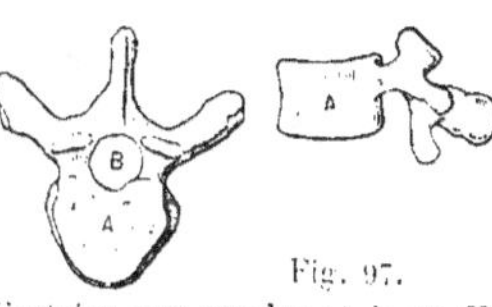

Fig. 97.

Vertèbre vue en plan et de profil. A, corps ; B, trou vertébral.

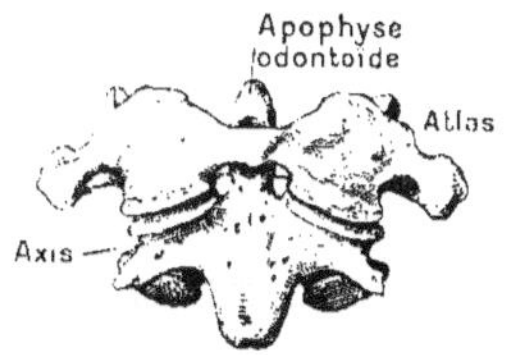

Fig. 98. — Articulation de l'*atlas* et de l'*axis*.

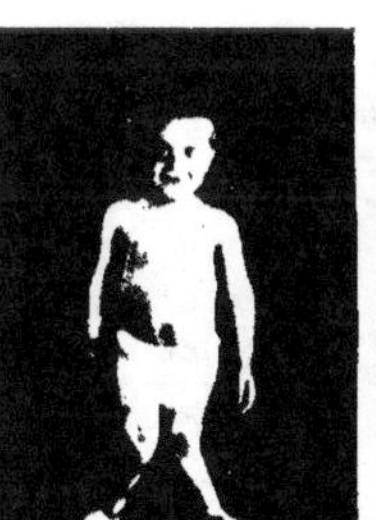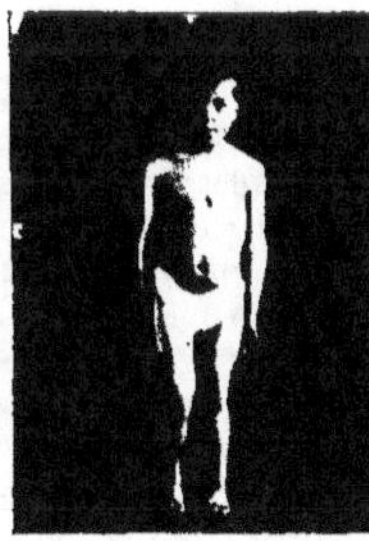

Fig. 95. — Traitement marin du *rachitisme* : enfant avant et après le traitement.

inférieure avec la deuxième vertèbre ou *axis* (*fig.* 98), munie d'un prolongement, l'apophyse *odontoïde*, qui est une sorte d'axe vertical autour duquel tournent l'atlas et la tête. Les mouvements de flexion de la tête d'arrière en avant s'effectuent grâce à l'articulation de l'occipital avec l'atlas, articulation consistant en deux petites saillies du premier os pénétrant dans deux cavités du second ; 2° la région *dorsale* à 12 vertèbres portant chacune une paire de côtes : 3° la région *lombaire* ou des reins comprend 5 larges vertèbres ; 4° la région *sacrée* est formée de 5 vertèbres soudées en un os triangulaire, le *sacrum* (*fig.* 100), sur lequel s'articulent les os des hanches ; 5° enfin, la région caudale ou *coccygienne*, avec 4 petites vertèbres imperforées, constitue un rudiment de queue caché sous la peau.

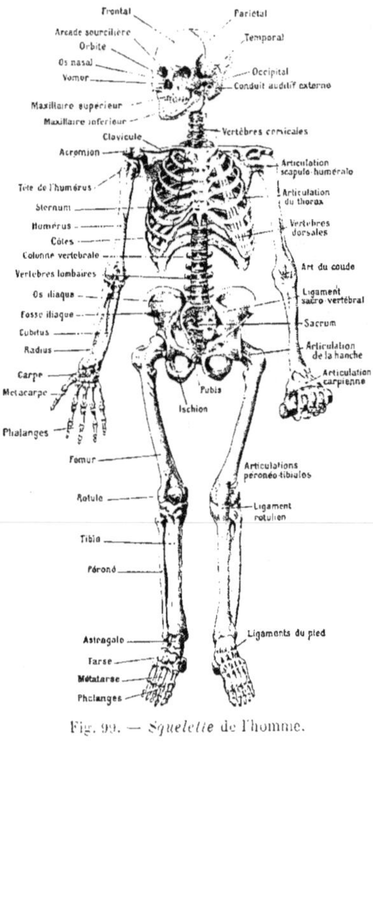

Chaque *côte* présente deux parties : l'une osseuse, en arrière ; l'autre cartilagineuse, en avant, et rattachée au sternum, sauf les deux dernières paires, dites côtes *flottantes*. Le *sternum* est un os plat situé en avant de la poitrine ; il supporte à sa partie supérieure les 2 clavicules et sur les côtés les cartilages des 10 premières paires de côtes (*fig.* 99).

❀ *La colonne vertébrale, axe solide du corps, comprend 33 vertèbres, réparties en 5 régions : cervicale, avec 7 vertèbres ; dorsale, avec 12 vertèbres, portant chacune une paire de côtes rattachées au sternum ; lombaire (5 vertèbres) ; sacrée (5, soudées) ; coccygienne (4, soudées).*

75. Squelette de la tête. — Le squelette de la tête (*fig.* 101 à 104) comprend 2 parties distinctes : le crâne et la face.

Le *crâne* est une boîte osseuse résistante, comprenant 8 os soudés bord à bord, et entourant l'encéphale [90] : on y distingue une voûte et un plancher. La voûte est formée en avant par l'os *frontal*, puis par les deux *pariétaux*, et en arrière par l'*occipital ;* ce dernier est articulé avec l'atlas et percé d'un trou dans lequel la moelle épinière vient se relier à l'encéphale. Sous les pariétaux sont les deux *temporaux*, présentant en avant une partie très mince, en arrière une partie très épaisse, dans laquelle est creusée l'oreille. Le plancher du crâne (*fig.* 103) est formé, d'avant en arrière, par l'*ethmoïde* qui constitue en grande partie le squelette des fosses nasales, et par le *sphénoïde* qui rappelle la forme d'un papillon.

La *face* (*fig.* 101 et 102) comprend 14 os, dont un seul est mobile, le *maxillaire inférieur*, qui a la forme d'un fer à cheval

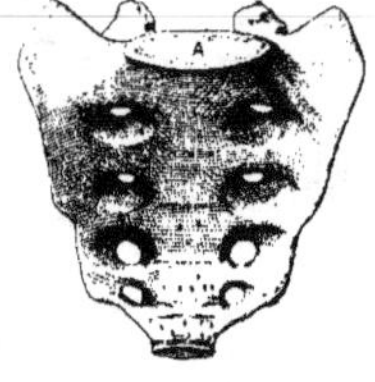

Fig. 100. — *Sacrum.*

Fig. 99. — *Squelette de l'homme.*

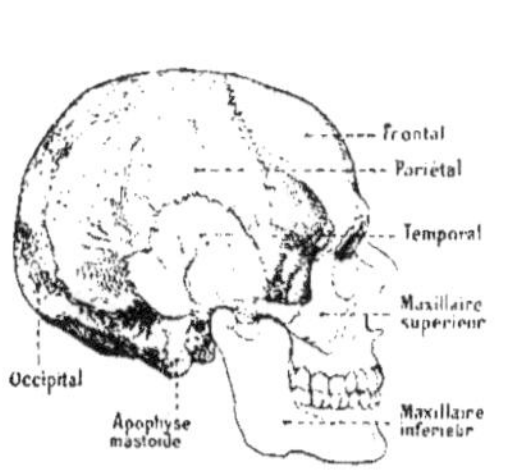
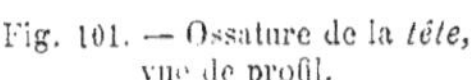

Fig. 101. — Ossature de la *tête*, vue de profil.

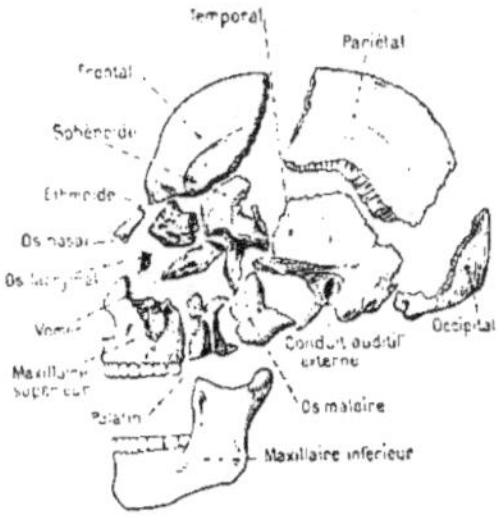

Fig. 102. — Pièces osseuses du *crâne*, détachées.

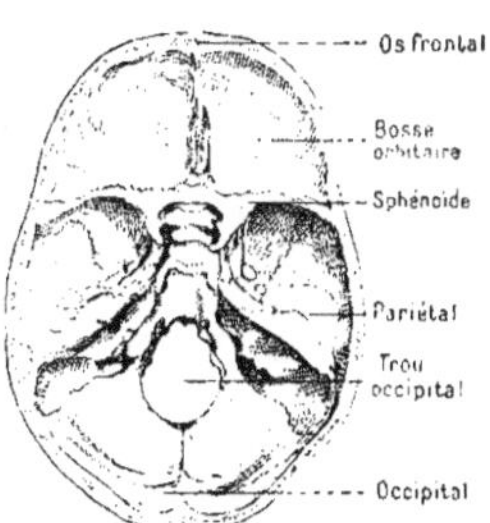

Fig. 103. — Coupe du *crâne*, montrant son plancher.

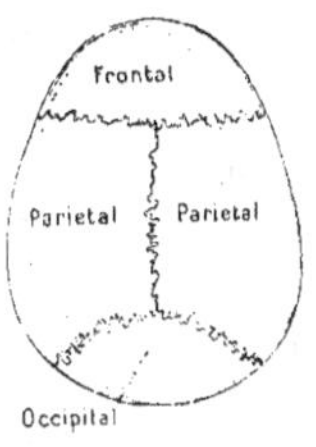

Fig. 104. — *Mode de suture* des pièces de la voûte du crâne.

avec 2 branches montantes, dont chacune vient s'articuler dans une petite cavité d'un os temporal. Les 13 autres os sont soudés : ce sont les 2 *maxillaires supérieurs*, prolongés en arrière par les 2 *palatins*, avec lesquels ils forment la voûte du palais ; puis les 2 *os du nez*, les 2 *os malaires* ou des pommettes ; enfin, les 2 *cornets inférieurs* du nez, les 2 petits os *lacrymaux*, situés dans l'angle interne de l'orbite, et le *vomer*.

✻ *La tête comprend le crâne et la face. Dans le crâne, 6 os forment la voûte et 2 le plancher ; tous sont soudés entre eux. La face comprend 14 os ; la mâchoire inférieure est le seul os mobile de toute la tête.*

76. Squelette des membres. — Les membres supérieurs *fig*. 99 sont rattachés au squelette du tronc par la *ceinture thoracique* ou épaule et ils comprennent trois parties qui sont le bras, l'avant-bras et la main. Deux os forment l'épaule : l'*omoplate*, os plat et triangulaire situé en arrière, et la *clavicule*, os long, un peu courbé en S, allant de l'omoplate au sommet du sternum. Le bras a pour squelette l'*humérus*. L'avant-bras présente 2 os parallèles : le *radius*, situé du côté du pouce, et le *cubitus*, dont une grosse apophyse forme la saillie du coude et limite en arrière le redressement de l'avant-bras sur le bras ; le radius peut tourner autour du cubitus pour présenter la paume de la main vers le haut ou vers le bas, en dedans ou en dehors. La main *fig*. 105 comprend le poignet ou *carpe*, avec 8 petits os ; le *métacarpe*, avec 5 os enfermés

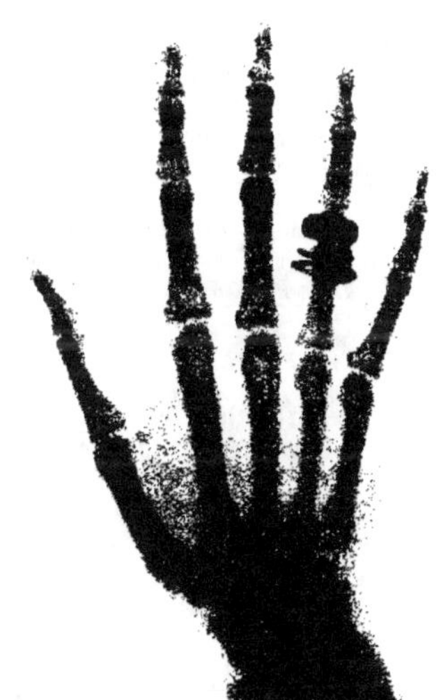

Fig. 105. — Radiographie de la *main*.

dans la paume, et les *doigts*, à 3 *phalanges*, sauf le pouce qui n'en a que 2.

Les membres inférieurs sont construits sur le même plan que les membres supérieurs, mais ils sont plus forts. Ils sont rattachés au tronc par la ceinture abdominale correspondant à la ceinture thoracique, et ils comprennent 3 parties : cuisse, jambe et pied, correspondant aux trois divisions du membre supérieur.

La *ceinture abdominale*, ou os du bassin, comprend, de chaque côté du corps, 3 os soudés, dont le plus important est l'os *iliaque* ou des hanches. La cuisse a pour squelette le *fémur*, os le plus long et le plus gros de tout le corps ; la jambe présente 2 os parallèles : le *tibia*, os fort, à arête antérieure vive, et dont l'extrémité inférieure forme la cheville interne, et le *péroné*, beaucoup plus mince, formant en bas la cheville externe. La *rotule* ou os du genou a un rôle analogue à celui de l'apophyse du cubitus et peut lui être comparée. Le pied comprend le *tarse* ou cou-de-pied, avec 7 os, dont le plus gros est le *calcanéum* ou os du talon ; le *métatarse* avec 5 os longs, et les *orteils* à 3 phalanges, sauf le gros orteil qui n'en a que 2.

✺ *Le membre* supérieur, *relié au tronc par la ceinture* thoracique, *comprend 3 parties : bras* (humérus), *avant-bras* (radius *et* cubitus), *main, avec carpe, métacarpe et doigts. Le membre* inférieur, *relié au tronc par la ceinture* abdominale, *comprend aussi 3 parties : cuisse* (fémur), *jambe* (tibia et péroné), *pied, avec tarse, métatarse et orteils.*

ARTICULATIONS

77. Diverses articulations; tissus articulaires. — On nomme *articulation* le mode d'union des os entre eux et on en distingue 3 sortes ; les unes sont *immobiles*, comme celles des os du crâne, à l'aide de denticulations s'engrenant (*fig.* 104) ; d'autres sont *semi-mobiles*, par exemple celles des vertèbres entre elles ; enfin la plupart sont *mobiles* (*fig.* 107) ; telles sont celles des membres avec le tronc. Le *condyle* est l'articulation mobile la plus fréquente ; elle consiste en

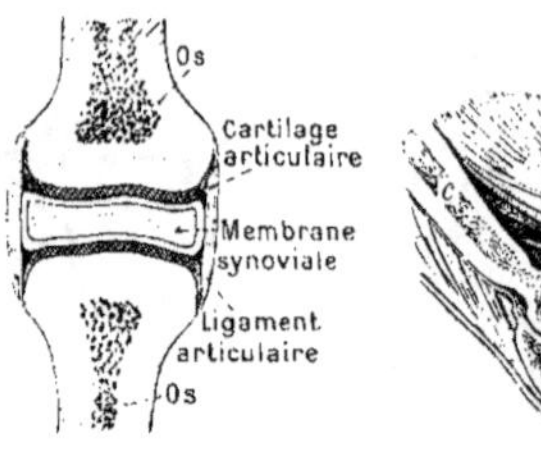

Fig. 106. — *Articulation mobile* dont on a écarté les os.

Fig. 107. — Coupe de *l'articulation* du conde : *a*, cubitus ; *c*, humérus.

une tête osseuse pénétrant dans une cavité : tels sont les condyles du maxillaire inférieur avec les temporaux.

Des tissus articulaires complètent les articulations mobiles et en facilitent le jeu (*fig.* 106). Les parties osseuses articulées sont entourées par un *cartilage* amortisseur des chocs et séparées par un petit sac séreux, la membrane *synoviale*, dont le liquide gluant, ou *synovie*, facilite les glissements : elles sont reliées par des *ligaments* résistants, élastiques, entre-croisés et formant souvent une *capsule* complète qui maintient les os en place. On nomme *luxation* le déboîtement, le déplacement accidentel d'une articulation.

✺ *L'articulation est le mode d'union de deux os : elle est immobile, semi-mobile ou mobile; dans ce dernier cas, les surfaces osseuses articulées sont entourées par un cartilage, séparées par une séreuse, la membrane* synoviale, *et reliées par des* ligaments.

MUSCLES

78. Différentes sortes de muscles; structure. — Les muscles (*fig.* 109), grâce à leur contractilité, sont les organes actifs du mouvement ; on en distingue deux sortes : 1° les muscles rouges ou *striés*, dont la contraction est rapide, énergique et *volontaire;* ils sont moteurs des organes de la vie animale et principalement des pièces du squelette : ils forment la chair et donnent au corps ses formes; 2° les muscles blancs ou *lisses* sont, en réalité,

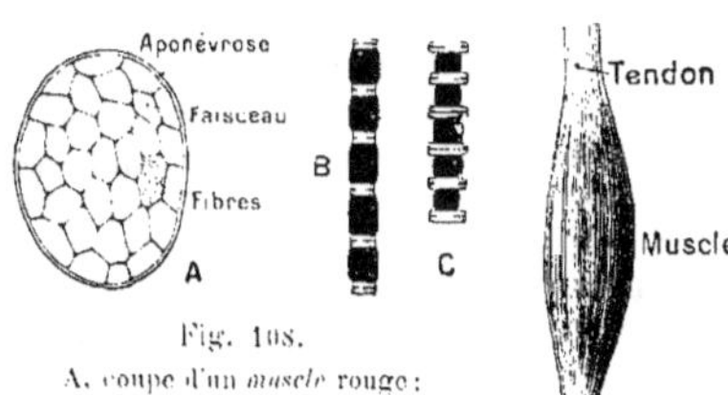

Fig. 108.

A, coupe d'un *muscle* rouge ;
B, fibrille striée, au repos ; C, la même,
contractée.

109. — *Muscle*
et ses *tendons*.

d'une teinte rose pâle ; leur contraction lente et *involontaire* actionne les organes de la vie végétative ; ils existent dans les parois du tube digestif, des vaisseaux sanguins, etc. Deux exceptions sont à noter : le cœur renferme des muscles rouges involontaires et la vessie des muscles blancs volontaires.

Un muscle rouge (*fig*. 108, A) est entouré par une membrane conjonctive ou *aponévrose*, qui envoie des cloisons le partageant en *faisceaux*, formés eux-mêmes d'éléments plus petits ou *fibres* ; chaque fibre est partagée longitudinalement en *fibrilles* parallèles ; la fibrille (*fig*. 108, B) est formée de disques alternativement sombres et clairs lui donnant l'apparence striée ; la contraction totale du muscle est due à celle des disques sombres (*fig*. 108, C). Les muscles blancs ont la même structure ; leurs fibres sont d'énormes cellules allongées et pointues (*fig*. 1), non divisées en fibrilles et non striées. Les muscles rouges sont reliés aux organes qu'ils actionnent par des faisceaux de fibres conjonctives et élastiques nommés *tendons* (*fig*. 109). Il y en a un ordinairement à chaque extrémité du muscle ; un *biceps* est un muscle ayant deux tendons à une extrémité ; un *triceps* en a trois.

❀ *Les muscles rouges ou striés forment la chair ; ils sont volontaires, moteurs des organes de la vie de relation. Les muscles blancs ou lisses sont involontaires, moteurs des organes de la vie végétative.*

79. Propriétés des muscles. — Les muscles ont deux propriétés essentielles, l'élasti-

cité et la contractilité. Ils sont *élastiques*, c'est-à-dire qu'après s'être allongés par une tension, ils reprennent d'eux-mêmes leur longueur primitive quand la tension cesse. Ils sont *contractiles* sous l'action de l'excitation provenant du système nerveux, excitation qui leur est transmise par le nerf ramifié dans leurs fibres, mais ils le sont aussi par les excitants artificiels : pincements, courant électrique, appliqués soit à leur nerf, soit directement au muscle ; ils sont même contractiles encore après la mort, jusqu'à l'apparition de la rigidité cadavérique (80).

Le muscle, en se contractant, se renfle, change de forme, mais non de volume, et il

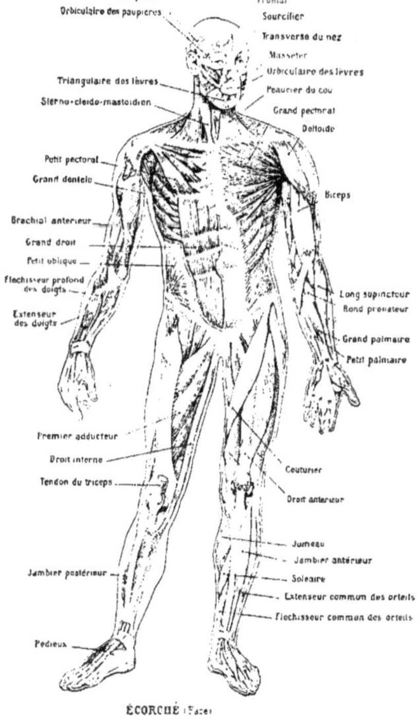

Fig. 110. — *Muscles* de l'homme.

détermine un mouvement. Le *biceps brachial* est un muscle rattaché par deux tendons à l'angle externe de l'omoplate et par un tendon au radius ; quand il se contracte, il se renfle en son milieu, se raccourcit et soulève l'avant-bras qu'il rapproche du bras *fig. 111*). La contraction du *triceps brachial*, placé au-dessous du bras, détermine l'effet contraire. La plupart des leviers réalisés dans l'organisme sont analogues : le point d'application de la *puissance*, c'est-à-dire du muscle, est situé entre le *point d'appui*, qui est l'extrémité de l'un des tendons, et la *résistance* ou poids de la partie à soulever. Nous indiquons dans le TABLEAU ci-dessous les principaux muscles du corps. (*Voir* aussi la *fig. 110*.)

Entre l'excitation et la contraction il s'écoule un temps très court, puis la contraction se produit, énergique et rapide, suivie d'un retour au repos : l'ensemble d'une contraction musculaire chez l'homme dure environ 1/20 de seconde.

✾ *Le muscle est élastique et contractile ; il se contracte, c'est-à-dire se renfle et se raccourcit sans changer de volume, sous l'action*

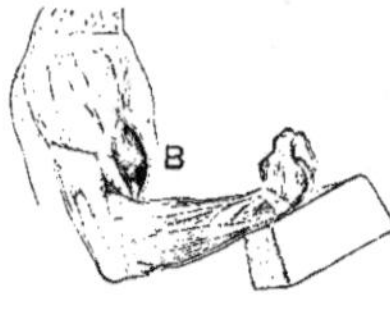

Fig. 111. — Muscle *biceps* : B, au repos et à l'effort.

des nerfs ou des excitants artificiels ; il détermine aussi des mouvements de leviers osseux.

80. Nutrition du muscle ; fatigue. — Le muscle se nourrit surtout aux dépens des aliments hydrocarbonés et des corps gras : ce n'est qu'à leur défaut qu'il utilise les substances azotées de l'organisme. Pendant sa contraction, la circulation devient très intense et il peut recevoir neuf fois plus de sang qu'à l'état de repos et produire sept fois plus d'acide carbonique, d'où un surcroît de nutrition, développant à la longue les muscles ainsi que les os qu'ils actionnent. Cette suractivité circulatoire se propage au loin, augmente l'intensité des phénomènes respiratoires, l'amplitude de la poitrine et des poumons, détermine la combustion de la graisse en excès qui alourdit le corps, et accroît les excrétions. La pratique régulière, mais *modérée*, des jeux (*fig. 90*) et des sports est donc hygiénique au premier chef, mais il faut éviter l'excès.

V. — TABLEAU DONNANT LES PRINCIPAUX MUSCLES.

RÉGIONS DU CORPS.	NOMS DES MUSCLES.	FONCTIONS DES MUSCLES.
TÊTE	*Frontal*	Plisse la peau du front.
	Orbiculaire des paupières.	Fait recouvrir le globe de l'œil par les paupières.
	Orbiculaire des lèvres	Ferme la bouche.
	Muscles masticateurs	Moteurs de la mâchoire inférieure (7).
TRONC	*Grand pectoral.*	Forme la saillie de la poitrine ; porte le bras en avant.
	Trapèze	Tire l'omoplate vers la colonne vertébrale ; efface l'épaule.
	Grand dorsal.	Tire le bras en arrière.
	Inspirateurs et expirateurs.	Déterminent les mouvements nécessaires pour la respiration 49.
MEMBRES SUPÉRIEURS.	*Deltoïde.*	Forme la saillie de l'épaule ; élève le bras.
	Biceps brachial.	Rapproche l'avant-bras du bras.
	Triceps brachial	Antagoniste du précédent ; remet l'avant-bras sur le prolongement du bras.
	Fléchisseurs et extenseurs des doigts.	Déterminent les mouvements des doigts.
MEMBRES INFÉRIEURS.	*Grand et moyen fessiers.*	Assurent la verticalité du corps.
	Biceps crural.	Situé en arrière de la cuisse ; rapproche la jambe de la cuisse.
	Triceps crural	Situé en avant de la cuisse ; antagoniste du précédent.
	Couturier.	Permet le croisement des jambes.
	Jumeau et solaire.	Forment les muscles du mollet ; rôle important dans la marche.

La nutrition des muscles en travail peut devenir insuffisante quand l'effort qu'on leur demande est trop prolongé; ils dépensent plus qu'ils ne reçoivent et s'usent en brûlant les matières albuminoïdes de l'organisme. Le muscle en travail dégage une grande quantité de gaz carbonique, accompagné de produits toxiques acides qui tendent à coaguler la matière albuminoïde constituant les fibres musculaires. La *fatigue* est donc un véritable empoisonnement qui se traduit par une sensation de raideur dans les muscles qui ont travaillé, sensation qui disparaît par le repos, et encore plus vite par un *massage* activant la circulation, et par suite le départ des toxines; par la circulation, cette intoxication atteint tout l'organisme et, en particulier, les centres nerveux.

Les substances toxiques résultant de l'activité du muscle, n'étant plus éliminées après la mort, déterminent, peu de temps après celle-ci, la *rigidité cadavérique* qui persiste jusqu'au début de la décomposition.

❋ *L'exercice régulier développe les muscles qui travaillent et accroît les échanges respiratoires. Un travail musculaire trop prolongé produit la fatigue, véritable intoxication de l'organisme.*

81. La locomotion chez l'homme.

La locomotion chez l'homme comprend trois allures: la marche, la course et le saut, connues aujourd'hui dans tous leurs détails, grâce à la photographie instantanée. La *marche* se compose d'une succession de mouvements ou *pas*, pendant lesquels le corps reste toujours en contact avec le sol. Le pas de marche comprend deux phases principales: celle du *double appui* (*fig.* 112, C, G), pendant laquelle les deux pieds reposent sur le sol, l'un

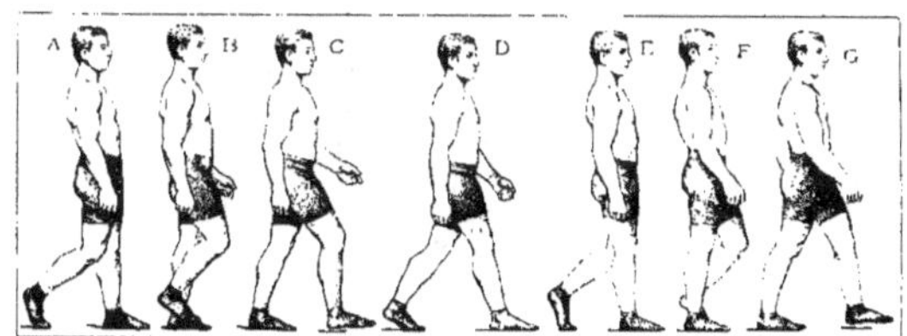

Fig. 112. — La *marche*, d'après une chronophotographie.

derrière l'autre, et celle de l'*appui unilatéral* (*fig.* 112, B, F), pendant laquelle le pied qui est en arrière oscille pour passer en avant. À chaque pas, le centre de gravité du corps est soulevé, puis abaissé.

Dans le pas de *course* (*fig.* 113), le temps du double appui est remplacé par un temps de *suspension*, pendant lequel le corps est sans contact avec le sol, non qu'il soit projeté en l'air, comme dans le saut, mais parce qu'il se produit une flexion des jambes. Le *saut* (*fig.* 114) comporte une flexion préalable des membres inférieurs, dont les masses musculaires se détendent brusquement, comme un ressort, pour lancer le corps dans l'espace; au début, les bras sont tendus en arrière, puis ils sont projetés en avant au moment précis où les jarrets viennent à se détendre.

Fig. 113. — La *course*, d'après une chronophotographie.

Fig. 114. — Le *saut*, d'après une chronophotographie.

✿ *Le pas de marche comprend le double appui et l'appui unilatéral ; le corps ne perd pas contact avec le sol ; le pas de course comporte, au contraire, un temps de suspension ; dans le saut, le corps est projeté en l'air par la détente des membres inférieurs.*

MODIFICATIONS
DE L'APPAREIL LOCOMOTEUR

82. Locomotion terrestre : marche, saut. — Les membres constituent des leviers osseux très mobiles, actionnés par des muscles puissants ; ils jouent le rôle principal dans la locomotion chez tous les Vertébrés. Il est intéressant d'étudier leur adaptation au genre de vie de chaque animal et au milieu dans lequel il se meut : nous envisagerons successivement les adaptations principales pour la locomotion *terrestre* : marche, saut, course, natation ; pour la locomotion *aquatique* ou natation, et pour la locomotion *aérienne* ou vol.

Pendant la marche, chez le Quadrupède comme chez le Bipède **84**, le corps ne quitte pas le sol : il y repose toujours par deux pieds placés en diagonale, c'est-à-dire par un membre antérieur et le membre postérieur du côté opposé. L'*amble* est une allure plus rare que le *pas* ; elle est naturelle chez la Girafe, le Chameau et l'Ours ; le dressage la fait acquérir au Cheval : elle consiste à déplacer alternativement les deux pieds de droite, puis les deux pieds de gauche.

Presque tous les Mammifères peuvent indifféremment marcher, courir ou sauter. Le *saut* présente les mêmes caractères que chez l'Homme, c'est-à-dire une flexion préalable des membres postérieurs suivie d'une détente brusque (*fig.* 114). Le Lièvre, le Lapin ont des membres postérieurs très développés et font des bonds prodigieux ; la Gerboise (*fig.* 117) et le Kangourou sont les Mammifères les mieux adaptés pour le saut. Chez ce dernier (*fig.* 116), le saut est l'allure exclusive : les membres postérieurs et la queue, servant de ressorts, ont un développement extraordinaire. Chez tous les animaux sauteurs, Vertébrés ou non, Grenouille (*fig.* 115), Sauterelle, Puce, on

Fig. 115. — Squelette de *Grenouille*.

Fig. 116. — Squelette du *Kangourou*.

Fig. 117. — *Gerboise* sautant.

observe un développement analogue de la paire de pattes postérieure.

✿ *Les membres des Vertébrés se modifient pour s'adapter aux modes de locomotion dans les divers milieux. Les Quadrupèdes ont deux allures marchées : le pas et l'amble. L'adaptation au saut consiste en un grand développement des membres postérieurs.*

83. Course. — Les Mammifères les mieux adaptés pour la course possèdent des membres longs et grêles, terminés par un petit nombre de doigts ; l'extrémité de chacun d'eux est ordinairement entourée par un ongle très développé, ou *sabot*, reposant sur le sol. Le nombre normal des doigts chez les Mammifères est de cinq. L'atrophie successive des doigts chez les Ongulés mène à deux séries différentes : ceux à nombre pair de doigts et ceux à nombre impair.

La première série (*fig.* 118) comprend trois échelons principaux : 1° l'*Hippopotame*, avec quatre doigts presque égaux ; 2° les *Porcins*, avec quatre doigts, dont deux sont petits et inutiles ; 3° les *Ruminants*, enfin, dont le corps ne repose que sur deux doigts, lesquels sont placés à l'extrémité d'un seul os, ou *canon*, résultant de la soudure des deux métacarpiens ou métatarsiens ; deux autres doigts atrophiés sont souvent placés en arrière du canon. Cerfs, Chevreuils, Antilopes, aux membres longs et minces, sont les Ruminants les mieux adaptés pour la course.

Dans la seconde série (*fig.* 119), on peut envisager aussi trois échelons principaux : 1° le *Rhinocéros*, avec trois doigts à peu près égaux ; 2° l'*Hipparion*, forme fossile, voisine du Cheval, avec un doigt principal et deux doigts latéraux atrophiés ; 3° le *Cheval*, chez lequel il ne reste plus que le doigt médian, à trois phalanges, dont la dernière est entourée par un large sabot ; le *canon*, qui surmonte ce doigt, n'est autre que le métacarpe, en avant, ou le métatarse, en arrière ; il porte deux petits stylets qui représentent les rudiments de deux autres doigts. Le Cheval et les autres Jumentés réalisent le type le plus parfait des animaux coureurs. On observe une réduction analogue du nombre des doigts chez les Oiseaux coureurs : le Casoar d'Australie n'a que trois doigts, au lieu de quatre, comme les autres Oiseaux ; l'Autruche n'a que deux doigts, dont un très petit.

❀ Les animaux adaptés pour la course ont des membres longs et grêles terminés par un petit nombre de doigts. La réduction successive du nombre des doigts chez les Ongulés mène, d'une part, aux Ruminants, comme le Cerf, avec 2 doigts égaux et un canon ; d'autre part, aux Jumentés, avec 1 seul doigt.

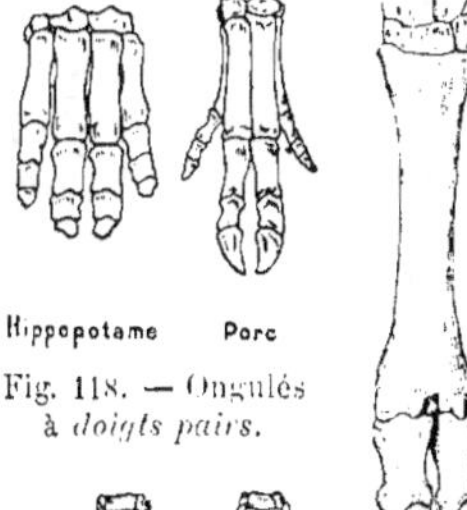

Fig. 118. — Ongulés à *doigts pairs.*

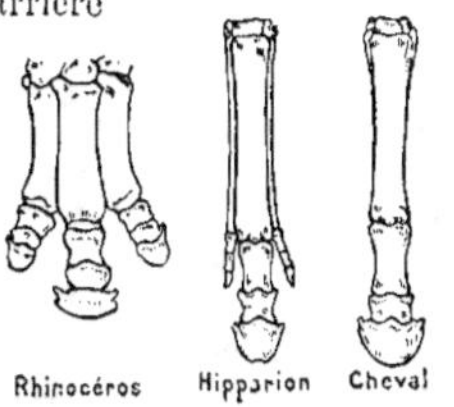

Fig. 119. — Ongulés à *doigts impairs.*

84. Reptation.

— Ce mode de locomotion atteint sa perfection chez les Serpents : le corps est étroit et très allongé, dépourvu de membres ; la colonne vertébrale, très flexible, se compose d'un grand nombre de vertèbres, dont presque toutes portent une paire de côtes, non réunies par un sternum (*fig.* 120). Ces côtes, très mobiles, sont autant de béquilles qui, venant en aide aux ondulations du corps, permettent une progression rapide. La plupart des autres Reptiles, comme les Lézards, les Crocodiles, ont quatre membres, mais ceux-ci sont très courts, rejetés sur les côtés, de telle sorte qu'une partie du corps traîne toujours sur le sol. L'Anguille, le Congre se déplacent sur la vase ou sur le sol par un mouvement de reptation comparable à celui des Serpents.

❀ Les animaux organisés pour la reptation ont un corps très allongé et sans membres (Serpents), ou pourvus de quatre membres courts et écartés (Lézards, Crocodiles).

85. Locomotion aquatique : natation.

— La première adaptation à la vie aquatique consiste dans la palmure qui réunit les doigts et forme, de chaque extrémité, une palette natatoire : c'est ce qu'on observe chez le Castor, les Palmipèdes (*fig.* 121, A), la Grenouille (*fig.* 121, B), etc. Chez les Manchots et les Pingouins (*fig.* 122), les ailes, très courtes, sont impropres au vol et transformées en véritables nageoires.

Fig. 120. — Squelette de Serpent.

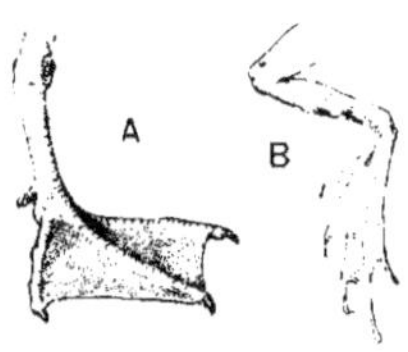

Fig. 121. — *Doigts palmés :* A, de Palmipède ; B, de Grenouille.

Fig. 122. — *Aile de Pingouin*
et son squelette.

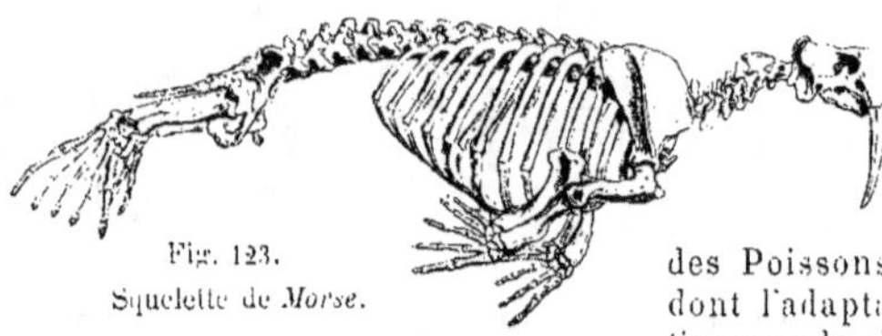

Fig. 123.
Squelette de *Morse*.

Chez les Carnivores aquatiques, comme le Phoque, le Morse (*fig.* 123), le corps s'allonge en fuseau dans sa partie postérieure ; les membres sont courts, étalés en palettes à leur extrémité : ceux de devant sont des rames, tandis que les membres postérieurs, rejetés en arrière de chaque côté de la queue, très courts, forment un gouvernail efficace : la progression sur le sol devient difficile et s'accomplit par des bonds successifs.

Chez les Cétacés, comme la Baleine (*fig.* 124), la transformation est plus profonde, le corps ressemble à celui des Poissons : le tronc con-

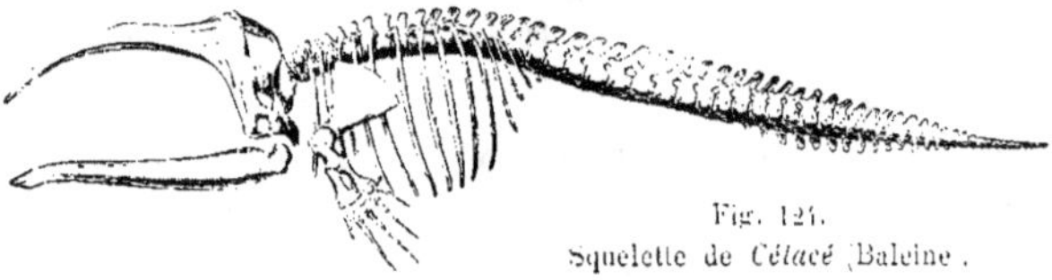

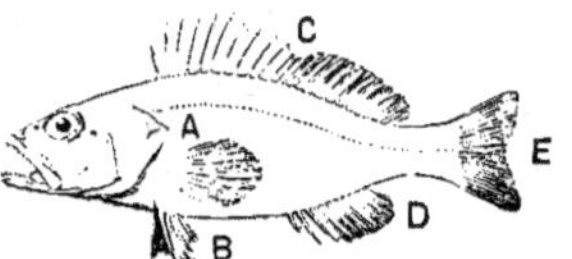

Fig. 124.
Squelette de *Cétacé* (Baleine).

tinue directement la tête, sans l'intermédiaire d'un cou : les membres postérieurs ont disparu ; les membres antérieurs, terminés par des doigts à nombreuses phalanges, sont de larges nageoires ; le corps se termine par une nageoire *horizontale* puissante ; un repli de la peau forme souvent une nageoire dorsale. La progression sur le sol devient impossible.

Tous les animaux dont nous venons de parler ont une respiration aérienne ; il n'en est pas de même

des Poissons, dont l'adaptation pour la vie aquatique est parfaite (*fig.* 125 et 126). Le corps est un fuseau recouvert d'écailles imbriquées qui facilitent le glissement dans l'eau. En plus des nageoires paires, c'est-à-dire les pectorales et les abdominales qui correspondent aux membres des autres Vertébrés, ils ont trois nageoires impaires : la dorsale, l'anale et la caudale. Cette dernière est *verticale*. Les nageoires paires jouent un rôle effacé : elles servent seulement à la direction : les nageoires impaires, membranes souples, soutenues par des rayons osseux, ont, au contraire, un rôle de première importance.

✿ *Les animaux les mieux adaptés pour la natation ont le corps en fuseau, les membres aplatis, transformés en nageoires puissantes ; tels sont les Phoques et les Cétacés parmi les Mammifères, et surtout les Poissons.*

86. Locomotion aérienne : vol.

— Certains Mammifères, comme le Ptéromys ou Écureuil volant, et un Reptile, le Dragon volant (*fig.* 127), sont pourvus d'une sorte de parachute formé par la peau des flancs et qui est une ébauche d'adaptation au vol ; les Poissons volants (*fig.* 128) ont d'énormes nageoires pectorales qui leur permettent des bonds considérables au-dessus de l'eau.

Fig. 125. — *Nageoires* d'un *Poisson* (Perche) :

A, une des pectorales ; B, ventrales ; C, dorsale divisée ; D, anale ; E, caudale ou queue.

Fig. 126. — Squelette d'un *Poisson* (Perche).

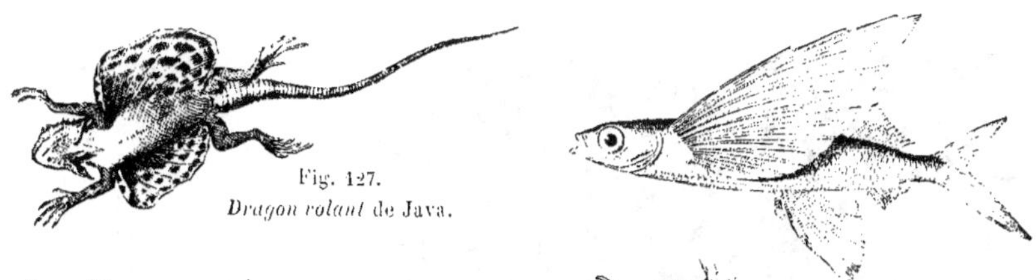

Fig. 127.
Dragon volant de Java.

Fig. 128.
Exocet ou *Poisson volant*.

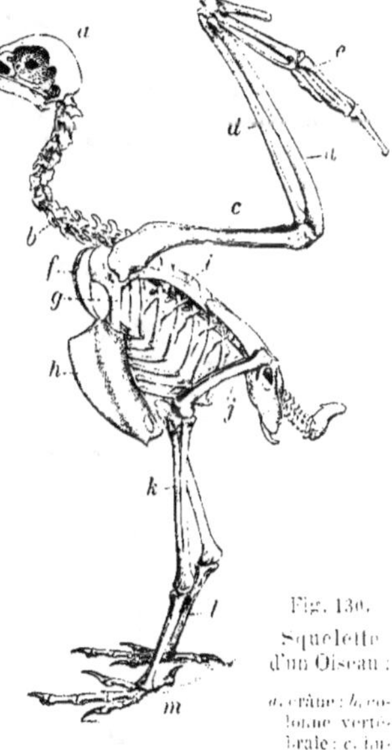

Fig. 129. — *Chauve-souris*, suspendue.

Fig. 130.
Squelette
d'un Oiseau :

a, crâne ; *b*, colonne vertébrale ; *c*, humérus ; *d*, radius ; *d'*, cubitus ; *e*, main ; *f*, fourchette (clavicules) ; *g*, os coracoïde ; *h*, sternum ; *i*, omoplate ; *j*, fémur ; *k*, tibia ; *l*, tarso-métatarsien ; *m*, doigts.

Les Chauves-souris ont un squelette léger, remarquable par l'extrême développement des membres antérieurs et, en particulier, de la main (*fig.* 129), dont les doigts, sauf le pouce, sont aussi longs chacun que le corps et supportent une vaste membrane qui vient se relier aux flancs, enveloppe les membres postérieurs et la queue ; elle joue le rôle d'aile.

Chez les Oiseaux, le vol est plus parfait encore (*fig.* 130). Les deux membres, postérieurs seuls reposent sur le sol, les membres antérieurs servent au vol. Les os sont creux et remplis d'air ; le corps a une forme effilée ; le sternum, très large, présente en avant une crête saillante, nommée *carène* ou *bréchet*, sur laquelle s'insèrent les muscles pectoraux qui font mouvoir les ailes. La ceinture thoracique comprend trois os : l'*omoplate*, l'os *coracoïde* et la *clavicule* ; elle fournit un point d'appui très ferme aux muscles moteurs des ailes. Les membres supérieurs sont longs et forts ; la main ne porte que trois doigts atrophiés, mais elle forme une palette allongée, donnant insertion aux principales plumes de l'aile.

Les *ailes* sont constituées, en effet, par les membres supérieurs et par les plumes dont ils sont garnis (*fig.* 132 et 133) ; les plus importantes de ces plumes sont les *rémiges* ; des plumes tectrices, dites *couvertures*, les recouvrent à leur base, en dessus et en dessous, et facilitent le glissement dans l'air. Quant aux plumes de la queue, elles servent en même temps de gouvernail et de balancier.

Pour s'élancer dans l'air, l'oiseau prend un élan avec ses pieds, puis étend les ailes de façon à frapper l'air (*fig.* 131) ; il les abaisse alors pour s'appuyer sur l'air, puis les replie et les relève ; arrivées en haut de leur course, au-dessus du dos, elles se déploient brusquement, puis s'abaissent en se portant en avant et en se rapprochant du corps ; la face inférieure de l'aile est concave et tournée

Fig. 131. — *Vol de la Cigogne*, d'après une chronophotographie.

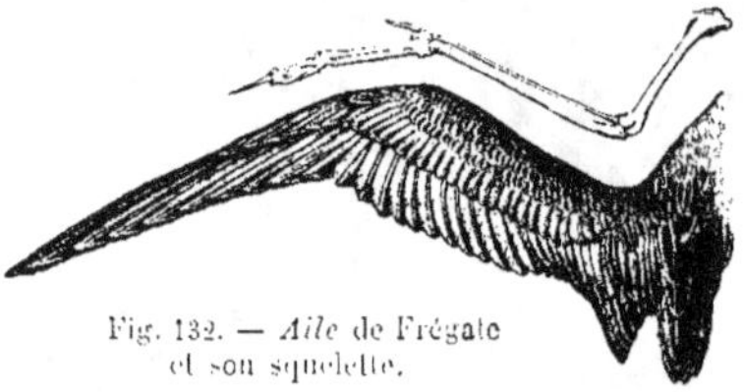

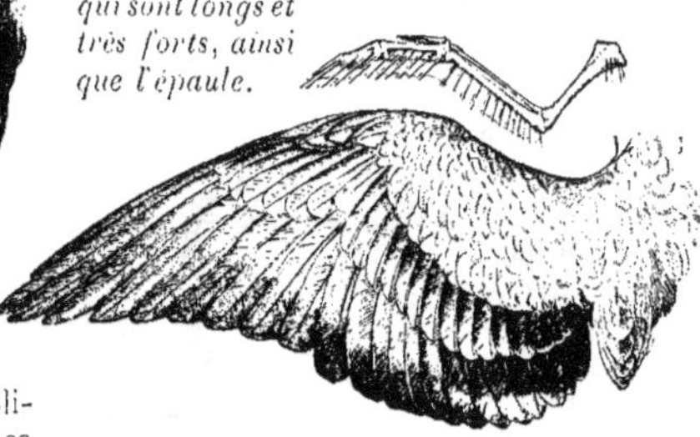

Fig. 132. — *Aile* de Frégate et son squelette.

visible de leurs ailes; les Oiseaux *rameurs*, comme le Pigeon (*fig.* 133), ont une surface d'ailes beaucoup plus restreinte, relativement au poids total du corps; ils exécutent, pour voler, des mouvements d'une plus grande étendue.

❋ *L'adaptation au vol comporte un squelette léger, et deux larges surfaces mobiles prenant un point d'appui sur l'air. Chez les Chauves-souris l'aile est une* membrane, *supportée par les énormes doigts de la main; chez les Oiseaux elle est formée de* pennes *rémiges insérées sur les membres antérieurs, qui sont longs et très forts, ainsi que l'épaule.*

en arrière quand l'aile s'abaisse; en avant, quand elle remonte: cette forme augmente son action. Les oiseaux *voiliers* comme la Frégate (*fig.* 132), l'Aigle, ont l'aile très longue et à grande surface: ils réalisent le vol par des mouvements de peu d'amplitude et peuvent même *planer*, c'est-à-dire se déplacer dans l'air sans aucun mouvement

Fig. 133. — *Aile* de Pigeon et son squelette.

VI. — MODIFICATIONS DE L'APPAREIL LOCOMOTEUR CHEZ LES VERTÉBRÉS.

LOCOMOTION.	ADAPTATION.	CARACTÈRES PRINCIPAUX.	EXEMPLES.
TERRESTRE....	MARCHE.....	Bipèdes : Temps du double appui; temps de l'appui unilatéral...	*Homme.*
		Quadrupèdes { Le *pas* : Soulèvement des membres en diagonale..	*Chien.*
		{ L'*amble* : Soulèvem' des membres d'un même côté.	*Girafe.*
	COURSE.....	Membres longs et minces, à doigts réduits en nombre; onguligrades.	*Cheval.*
	SAUT.......	Grand développement des membres postérieurs.........	*Kangourou.*
	REPTATION...	Corps allongé et sans membres: nombreuses vertèbres......	*Couleuvre.*
		Corps allongé, pourvu de 4 membres courts et écartés.......	*Lézard.*
AQUATIQUE....	NATATION....	Membrane palmée réunissant les doigts...........	*Canard.*
		Corps en fuseau: 4 membres transformés en nageoires.......	*Phoque.*
		Corps en fuseau: 2 membres antérieurs seulement; nageoire caudale horizontale.............	*Baleine.*
		Corps en fuseau; écailles: 4 nageoires paires: 3 nageoires impaires, dont une nageoire caudale verticale..........	*Poissons.*
AÉRIENNE.....	VOL.......	Squelette léger: membrane supportée par les membres supérieurs et par la main, pourvue de 4 doigts très longs.........	*Chauves-souris.*
		Squelette léger: une carène: l'aile est formée de plumes rémiges portées par des membres antérieurs très forts.........	*Oiseaux.*

VIII. SYSTÈME NERVEUX

87. Division du sujet. — L'innervation **70** s'exerce par le *système nerveux* et les *organes des sens*. Le système nerveux a des fonctions multiples ; il reçoit les *impressions* venues du dehors par les organes des sens ; il les transforme en *sensations* et en *mouvements* dont il est à la fois l'excitateur et le régulateur ; enfin, il relie entre eux tous nos organes et assure l'harmonie de leurs fonctions. Il comprend deux appareils distincts, reliés cependant l'un à l'autre : le système nerveux *cérébro-spinal* ou de la vie de relation et le système du *grand sympathique* qui règle les fonctions de nutrition, c'est-à-dire de la vie végétative. Chacun d'eux se compose de *centres nerveux* reliés aux organes par des conducteurs ou *nerfs*.

✽ *Le système nerveux est l'organe de la sensibilité ; il ordonne et règle les mouvements, relie les organes. On distingue le système cérébro-spinal et celui du grand sympathique.*

ANATOMIE DU SYSTÈME NERVEUX

88. Cellule nerveuse. — Le système nerveux est composé essentiellement de cellules nerveuses ou neurones *(fig.* 134, A). Un *neurone* comprend un *corps* cellulaire, sans membrane, mais pourvu d'un gros noyau central ; de ce corps partent un ou plusieurs *panaches protoplasmiques*, prolongements épais et ramifiés dès la base, et toujours un seul *cylindre-axe*, plus mince et ramifié seulement à son extrémité.

Certains neurones ont un cylindre-axe court, dont les ramifications arrivent *en contact* avec l'un des panaches protoplasmiques d'un neurone voisin *(fig.* 134, C) ; d'autres ont un cylindre-axe très long, parfois d'un mètre ; il n'est alors nu qu'à ses deux extrémités, et sur tout le reste de sa longueur il est protégé

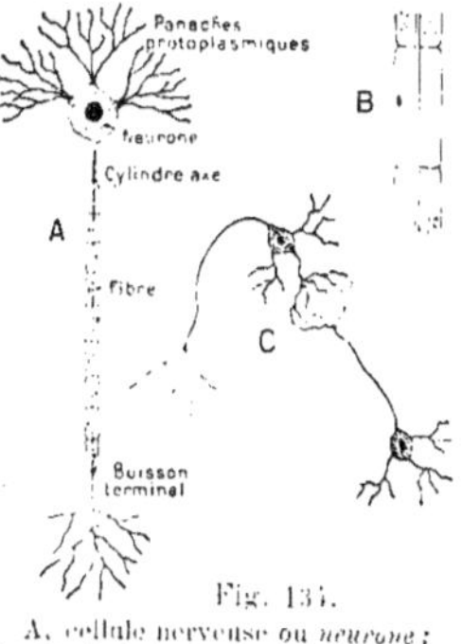

Fig. 134.
A, cellule nerveuse ou *neurone* ;
B, détail de la *fibre nerveuse* ; C, rapport de deux *neurones*.

par une sorte de gaine de cellules qu'il a traversées, en se développant : l'ensemble formé par un cylindre-axe et sa gaine est une *fibre nerveuse* *(fig.* 134, B) et les groupements de fibres nerveuses sont les *nerfs*. Dans les centres nerveux, une agglomération de cylindres-axes forme une *substance blanche* ; un amas de corps de neurones, avec leurs panaches, constitue une *substance grise*.

✽ *Le neurone présente un corps cellulaire avec noyau, plusieurs panaches protoplasmiques ramifiés dès la base et un seul cylindre-axe, ramifié à son extrémité. Une fibre nerveuse est un cylindre-axe long, entouré d'une gaine cellulaire.*

89. Système cérébro-spinal. Moelle épinière. — Pour saisir nettement les rapports des diverses parties du système nerveux, il faut suivre son développement. Chez le jeune embryon de Mammifère il se produit un sillon médian, dorsal et longitudinal de son tissu d'enveloppe *(fig.* 135 : ce sillon devient une gouttière profonde, puis, par soudure de ses bords, un tube enfoncé dans le tissu voisin : c'est le *tube médullaire*, terminé en avant par un renflement, la *vésicule céphalique* *(fig.* 137, A). C'est l'ébauche du système nerveux : ce tube deviendra la moelle épinière, et un renflement antérieur sera l'*encéphale* **90**.

La moelle épinière est un long cordon blanc, cylindrique, commençant à la première ver-

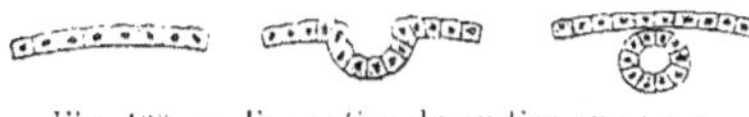

Fig. 135. — *Formation du système nerveux chez l'embryon. Voir aussi fig.* 137.

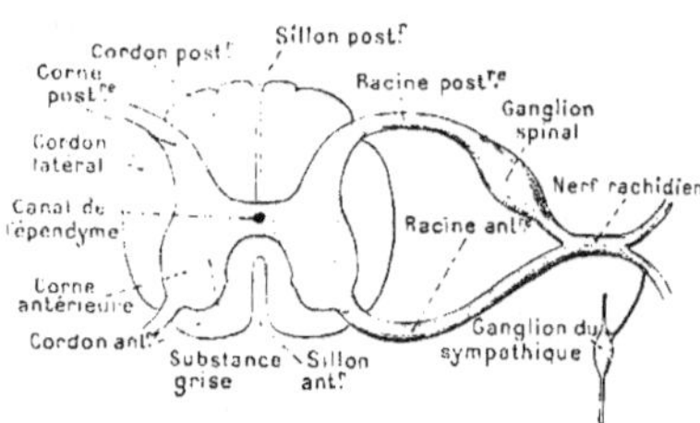

Fig. 136. — Coupe transversale de la *moelle épinière*, avec l'origine des *nerfs rachidiens*.

tebre et terminé en pointe à sa partie inférieure ; elle est située en arrière de la colonne vertébrale, dans le *canal rachidien* formé par les vertèbres ; elle présente deux renflements aux points d'où partent les nerfs allant aux deux paires de membres. Elle est divisée en deux moitiés (*fig.* 136) par deux profonds sillons, l'un antérieur et l'autre postérieur, aboutissant presque à un petit canal, reste du canal primitif du tube médullaire de l'embryon. Autour est de la substance grise, présentant quatre cornes ; tout le reste est de la substance blanche, répartie en trois paires de cordons. De la moelle partent les nerfs rachidiens ; chacun d'eux naît par deux racines, issues respectivement des cornes de la substance grise ; elles se réunissent et le nerf sort par une échancrure entre les vertèbres.

✱ *Le système nerveux provient d'un repli dorsal embryonnaire. La moelle épinière, enfermée dans le canal rachidien des vertèbres, est formée de substance grise entourée de substance blanche ; elle porte des nerfs.*

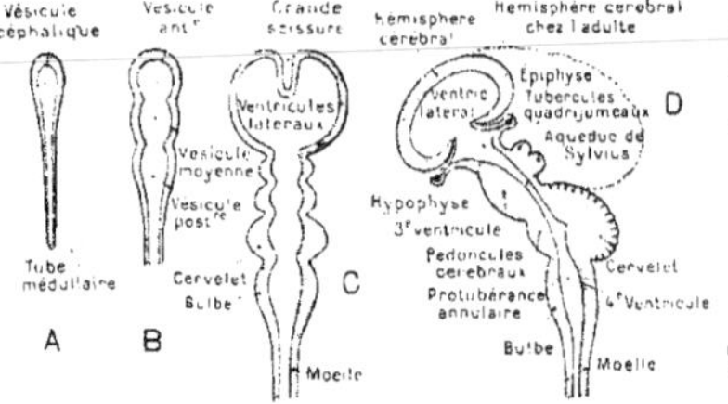

Fig. 137. — *Développement* du système nerveux chez l'embryon (Voir aussi *fig.* 135).

90. Encéphale : bulbe, cervelet.

— L'encéphale est l'ensemble des masses nerveuses enfermées dans le crâne ; il comprend le bulbe, le cervelet et le cerveau ; il provient de la *vésicule cérébrale* de l'embryon qui se partage en trois, puis en cinq vésicules (*fig.* 137). La vésicule antérieure prend bientôt

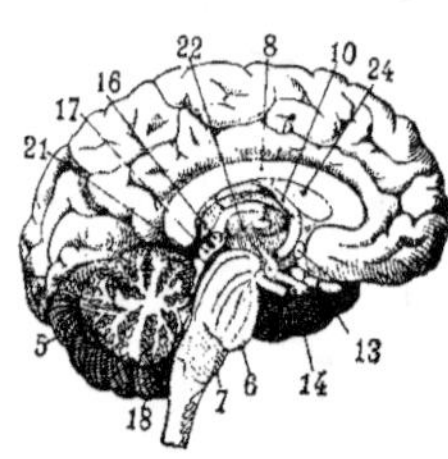

Fig. 138. — Coupe longitudinale de l'*encéphale* :
5, cervelet ; 6, protubérance ; 7, bulbe ; 8, corps calleux ; 10, trigone ; 13, nerf optique ; 14, hypophyse ; 16, épiphyse ; 17, tubercules quadrijumeaux ; 18, quatrième ventricule ; 21, aqueduc de Sylvius ; 22, troisième ventricule ; 24, cloison transparente.

une prédominance énorme et recouvre plusieurs autres parties (*fig.* 137, D).

Le *bulbe* ou *moelle allongée* est la suite de la moelle dans le crâne (*fig.* 138) ; les cordons de la moelle s'y entre-croisent et se rassemblent en deux masses rapprochées, les *pédoncules cérébraux*, qui se prolongent jusqu'au cerveau (*fig.* 139) ; il en résulte que toute lésion d'une moitié du cerveau entraîne une paralysie de la moitié opposée du corps. Le bulbe provient de la vésicule la plus rapprochée du tube médullaire ; son canal s'élargit beaucoup et se nomme *4e ventricule*.

Le *cervelet* est une masse nerveuse située au-dessous du cerveau, dans la partie postérieure du crâne, et partagée en trois parties :

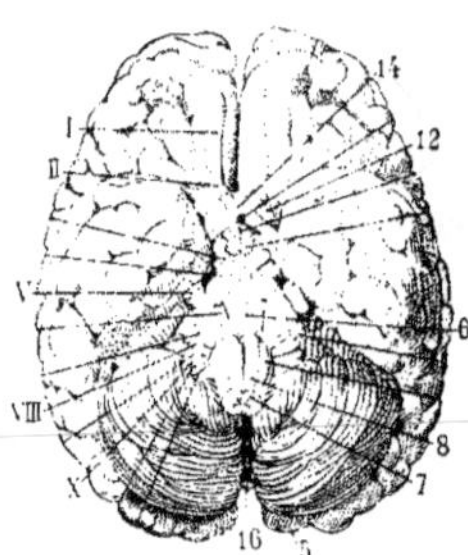

Fig. 139. — Face inférieure de l'*encéphale*, montrant l'origine des *nerfs* crâniens :
5, cervelet ; 6, protubérance ; 7, bulbe ; 8, pyramides antérieures ; 12, hypophyse ; 14, chiasma des nerfs optiques ; 16, vermis ; I, nerf olfactif ; II, nerf optique ; V, nerf trijumeau ; VIII, nerf auditif ; X, nerf pneumogastrique.

l'une médiane, petite, le *vermis*, et deux lobes latéraux à surface sillonnée : il provient du développement de la vésicule suivante (*fig.* 137, D). A l'inverse du bulbe et de la moelle, il est formé d'une substance blanche entourée par une écorce grise. Des cordons de fibres nerveuses relient le cervelet à la moelle et au cerveau; d'autres se rejoignent autour du bulbe, formant une bague, la *protubérance annulaire*, dont le bulbe est le doigt, et le cervelet, l'énorme chaton.

❀ *L'encéphale comprend le bulbe, le cervelet et le cerveau. Le bulbe présente un entre-croisement de ses cordons qui se rassemblent en pédoncules cérébraux. Le cervelet est formé de substance blanche centrale qu'entoure une écorce grise.*

91. Cerveau.

Le cerveau est, de beaucoup, la plus grosse masse nerveuse. Il est divisé en deux moitiés ou *hémisphères* (*fig.* 139) par un profond sillon, la *grande scissure*, passant par le plan de symétrie du corps. Chaque hémisphère est divisé en *lobes* par des sillons moins profonds : enfin, toute sa surface présente des replis, ou *circonvolutions*, de moins en moins nombreux et accentués à mesure qu'on descend la série des Mammifères.

Pour arriver à comprendre la structure compliquée du cerveau, suivons les pédoncules cérébraux à leur sortie du bulbe (*fig.* 140); ils s'écartent l'un de l'autre et traversent deux centres gris, les *couches optiques*, laissant entre eux un espace vide ou 3e ventricule, qui communique avec le 4e, enfermé dans le bulbe, par un étroit canal, l'*aqueduc de Sylvius*. Les pédoncules cérébraux traversent ensuite deux autres centres gris, les *corps striés*, laissant entre eux le 1er et le 2e ventricules, dits *ventricules latéraux*; enfin, leurs fibres rayonnent en tous sens pour aboutir aux neurones d'une mince *écorce grise*. Tout le reste est formé de substance blanche. Au fond de la grande scissure, les deux hémisphères sont réunis par deux *commissures* ou ponts de fibres : le *corps calleux* et le *trigone cérébral*. Le cerveau provient du développement des trois vésicules embryonnaires antérieures.

L'encéphale et la moelle épinière sont entourés par trois membranes, les *méninges*; ce sont, de dehors en dedans : la *dure-mère*, membrane épaisse qui tapisse la face interne des os; puis une séreuse, l'*arachnoïde*; enfin la *pie-mère*, lame mince qui suit tous les replis des centres nerveux. La *méningite* est l'inflammation des méninges, avec production d'un excès de sérosité qui comprime les neurones.

❀ *Le cerveau est divisé par la grande scissure en 2 hémisphères. Il est formé par l'épanouissement des pédoncules cérébraux, aboutissant à une écorce grise; il renferme des cavités, ou ventricules; les méninges l'entourent.*

92. Nerfs.

L'axe cérébro-spinal est relié à tous les organes par 43 paires de nerfs, sur lesquelles 31 paires *rachidiennes*, partant de la moelle, et 12 paires *crâniennes*, de la base de l'encéphale. Les nerfs rachidiens (*fig.* 141) vont au tronc et aux membres. Sauf ceux qui suivent les espaces intercostaux, ils enchevêtrent leurs fibres en *plexus*, d'où partent les nerfs : *phrénique*, pour le diaphragme; *médian*, pour le membre supérieur; *crural* et *sciatique*, pour le membre inférieur.

Les nerfs crâniens (*fig.* 139) vont surtout à la tête. Le nez reçoit la 1re paire, ou nerfs *olfactifs*; les yeux reçoivent la 2e paire, ou nerfs *optiques*; d'autres donnent le mouvement ou

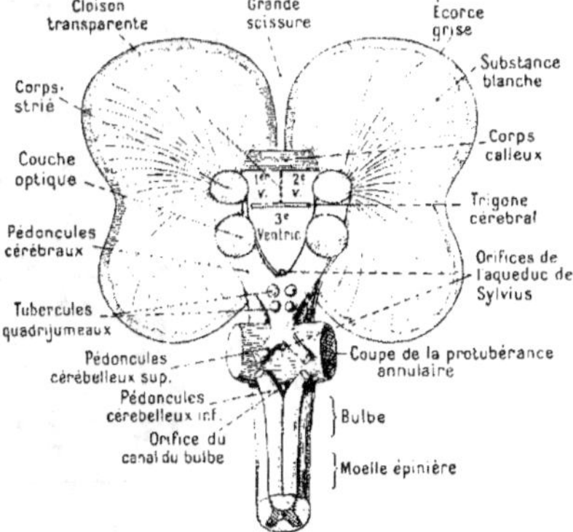

Fig. 140. — Coupe oblique faisant saisir les rapports des diverses parties de l'*encéphale*.

la sensibilité à la face (*faciaux, trijumeaux*) : à la langue (nerfs *grand hypoglosse, glosso-pharyngiens*). Les *pneumo-gastriques* (10e paire) ont le plus long trajet : ils innervent le cœur, les poumons et l'estomac.

❋ *31 paires de nerfs* rachidiens *partent de la moelle et vont au tronc et aux membres ; 12 paires crâniennes partent de la base de l'encéphale et vont surtout à la tête.*

93. Système du grand sympathique. —

Ce système se compose de deux nerfs (*fig.* 142) situés de chaque côté de la colonne vertébrale et portant chacun 23 renflements ou *ganglions*.

Un filet nerveux réunit chaque ganglion à la branche ventrale du nerf rachidien correspondant (*fig.* 136) : des nerfs le relient aux organes internes : cœur, poumons, tube digestif, etc. Ces nerfs se ramifient en formant des *plexus* ou des *ganglions*, situés sur les viscères.

❋ *Le grand sympathique comprend 2 chaînes parallèles de 23 ganglions ; ceux-ci sont reliés aux nerfs rachidiens et aux viscères.*

PHYSIOLOGIE DU SYSTÈME NERVEUX

94. Réflexe. —

Le réflexe est le phénomène nerveux le plus important ; c'est une réaction involontaire résultant d'une impression extérieure et donnant lieu à un mouvement ou à une sécrétion. On approche rapidement le poing de l'œil d'une personne ; celle-ci, même prévenue, ferme les paupières : c'est un réflexe *moteur* ; l'arrivée des aliments dans l'estomac provoque l'apparition du suc gastrique : c'est un réflexe *sécrétoire*.

On explique les actes réflexes de la façon sui-

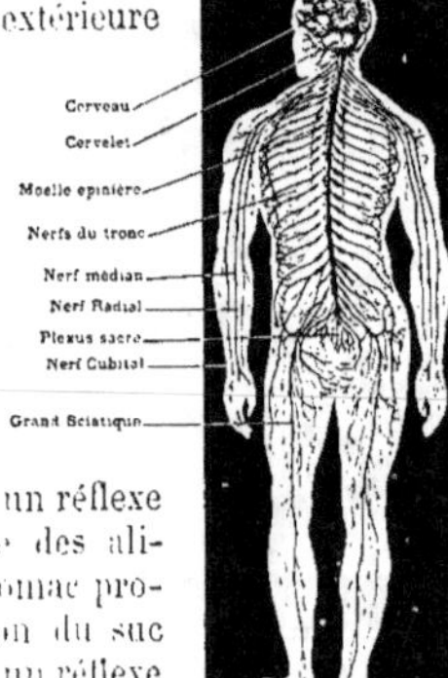

Fig. 141.
Système *nerveux*.

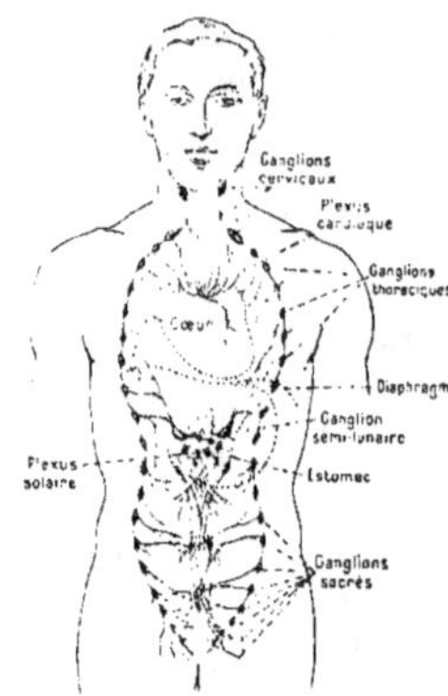

Fig. 142. — Système *sympathique*.

vaute. Supposons que nous apercevions une guêpe s'approchant de notre main ; il y a eu une *excitation* des neurones *sensitifs* contenus dans l'œil (*fig.* 143), neurones dont les panaches protoplasmiques sont tournés vers la périphérie du corps, tandis que le cylindre-axe se dirige vers la moelle. Un neurone de la moelle a ses panaches protoplasmiques en rapport avec le cylindre-axe précédent, son propre cylindre-axe se dirigeant vers les muscles du bras ; c'est un neurone *moteur* : il reçoit l'excitation venue du dehors et la *réfléchit* par son cylindre-axe aux muscles du bras, qui se contractent et éloignent la guêpe.

Entre le neurone sensitif initial et le neurone moteur qui ordonne la contraction, il peut s'en interposer beaucoup d'autres : le circuit réflexe dépasse souvent la moelle et atteint par son intermédiaire le cerveau. Tous les neurones moteurs des centres nerveux ont le pouvoir réflexe ; ceux de la moelle, du bulbe et du cervelet déterminent les sécrétions et nos mouvements *involontaires* ; le pouvoir réflexe des neurones du cerveau se nomme *volonté* et détermine les mouvements *volontaires*. Notons que des actes qui exigent à leur début l'intervention continuelle de la volonté, comme

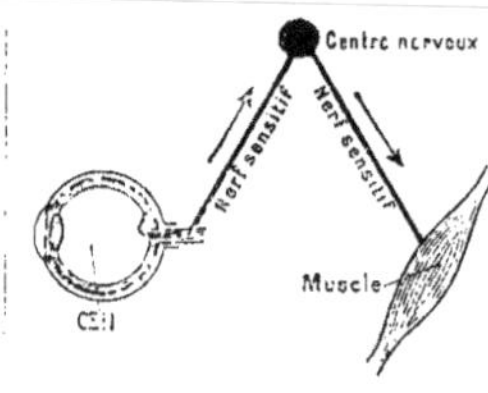

Fig. 143. — Schéma d'un *réflexe*.

marcher, lire, écrire, deviennent ensuite de véritables réflexes.

✿ *Le réflexe est la transformation de la sensibilité en mouvement ou en sécrétion : une excitation extérieure reçue par un neurone sensitif est transmise à un neurone central moteur, puis réfléchie vers un muscle qui se contracte.*

95. Rôle des nerfs. — Le pouvoir réflexe exige deux propriétés des neurones et, par suite, de leurs prolongements, les nerfs : ce sont l'*excitabilité* et la *conductibilité*. Neurones et nerfs sont excitables par des actions *mécaniques* comme le pincement, *chimiques* comme l'application d'acides, *physiques* comme la chaleur ou encore l'électricité, qui, sous forme de courant induit, est très employée dans le traitement des paralysies, etc.

Des neurones sensitifs émanent les nerfs *sensitifs* ou *centripètes* qui conduisent les excitations extérieures vers les centres nerveux ; des neurones moteurs naissent les nerfs *moteurs* ou *centrifuges* qui déterminent une contraction musculaire ou une sécrétion. On nomme parfois *influx nerveux* la transmission d'une excitation par un nerf, transmission qui constitue la conductibilité : sa vitesse est d'environ 25 mètres par seconde.

Les nerfs purement sensitifs ou purement moteurs sont peu nombreux. Parmi les premiers sont les nerfs olfactifs, optiques, auditifs ; parmi les seconds, les nerfs moteurs des muscles de l'œil : mais la plupart des nerfs sont *mixtes*, c'est-à-dire moteurs par certaines de leurs fibres et sensitifs par d'autres : tels sont les nerfs pneumogastriques et tous les nerfs rachidiens.

✿ *Les neurones et leurs prolongements, les nerfs, sont excitables par divers agents ; les nerfs centripètes conduisent l'excitation de la périphérie au centre ; les nerfs centrifuges, du centre aux muscles ou aux glandes.*

96. Rôles de la moelle, du bulbe et du cervelet. — Par les fibres nerveuses de sa substance blanche, la *moelle épinière* a un rôle *conducteur* des excitations nerveuses venues du dehors vers le cerveau, et inversement des incitations ou ordres venus du cerveau et donnant lieu à des mouvements volontaires. Par les neurones de sa substance grise, c'est un *centre réflexe* important.

Nous avons dit que les nerfs rachidiens sont mixtes. Mettons à nu chez un animal toutes les racines des nerfs allant à une patte et coupons les racines antérieures ; si l'on pince les tronçons en rapport avec la moelle, l'animal ne réagit pas ; si, au contraire, on excite les tronçons périphériques, il remue la patte ; l'excitation a donc été conduite en voie centrifuge : les racines antérieures sont motrices. Sur les racines postérieures sectionnées de même (*fig.* 144), le pincement des tronçons périphériques

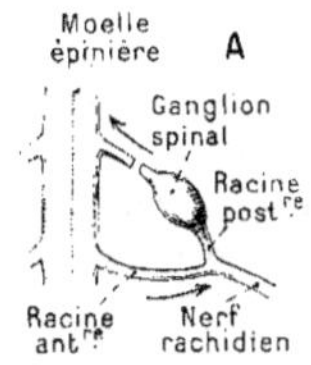

Fig. 144. — Section de la racine postérieure des *nerfs rachidiens*.

n'amène aucune réaction, alors que l'excitation des tronçons reliés à la moelle amène une manifestation de douleur : les racines postérieures sont sensitives.

La substance blanche du *bulbe*, étant la continuation de celle de la moelle, est *conductrice* comme elle. Par les neurones de sa substance grise, c'est un *centre réflexe* important ; il en part sept paires de nerfs crâniens et, en particulier, les nerfs pneumogastriques qui agissent sur les mouvements respiratoires et sont modérateurs des battements de cœur ; en blessant la région d'origine de ces nerfs, à la pointe inférieure du quatrième ventricule, on entraîne la mort immédiate.

Le *cervelet* est un centre de coordination des mouvements des muscles rouges et un excitateur de l'énergie musculaire. Un pigeon auquel on enlève cet organe bat les ailes d'une façon déréglée, mais ne peut plus voler : il perd la notion d'équilibre.

✿ *La moelle épinière et le bulbe sont des conducteurs par leur substance blanche et des centres réflexes par leur substance grise. Les racines antérieures des nerfs rachidiens sont motrices ; les racines postérieures, sensitives. Le cervelet coordonne les mouvements.*

97. Rôle du cerveau. — Le cerveau est le siège des *facultés intellectuelles;* il ordonne tous nos actes *conscients.* Les *impressions* reçues par les organes des sens sont transmises aux neurones sensitifs de l'écorce grise cérébrale par les nerfs centripètes. Là, ces impressions sont *perçues,* c'est-à-dire que nous en avons conscience: elles sont transformées en *sensations.* Les neurones sensitifs ayant perçu la sensation sont en rapport avec certains neurones moteurs qui ordonnent alors telle ou telle contraction musculaire. Le pouvoir ordonnateur de ces neurones est la *volonté.* Des sensations, naissent, non seulement des mouvements, mais aussi des *idées.* La *mémoire* est la propriété de certains neurones cérébraux d'emmagasiner les sensations.

Si l'on enlève le cerveau d'un animal, il peut continuer à vivre pendant plusieurs mois, mais il est devenu un véritable *automate;* non seulement il ne cherche plus sa nourriture, mais il faut la lui mettre dans la bouche: alors les réflexes de la digestion : mastication, déglutition, etc., se produisent. Un pigeon ainsi mutilé vole quand on le lance en l'air, mais à la façon d'un oiseau mécanique; il ne peut éviter les obstacles, tombe à leur pied et reste immobile jusqu'à ce qu'une nouvelle excitation le fasse sortir de sa torpeur.

✿ *Le cerveau est le siège de l'intelligence et de la volonté. Les neurones sensitifs de l'écorce grise perçoivent les impressions transmises par les nerfs centripètes et les transforment en sensations, d'où résultent les mouvements volontaires.*

98. Intelligence; localisations cérébrales. — L'intelligence, c'est-à-dire la faculté de connaître et de comprendre, est la résultante des fonctions cérébrales. Pour évaluer l'intelligence, le poids du cerveau constitue une indication, mais non une certitude. Son poids moyen dans la race blanche est de 1 350 grammes; celui de Cuvier, célèbre naturaliste, en pesait 1 829, celui de Byron 2 238.

On sait aujourd'hui que diverses facultés sont localisées dans certaines régions du cerveau. Dans la troisième circonvolution frontale gauche siège la faculté du langage articulé : une altération de cette région amène la suppression totale ou partielle de la parole : c'est l'*aphasie.* Le cerveau de Gambetta était plutôt petit, mais présentait un grand développement de cette circonvolution.

✿ *L'intelligence est la résultante des fonctions cérébrales. On a localisé certaines facultés dans des régions déterminées du cerveau.*

99. Rôle du grand sympathique. — Les filets nerveux du système sympathique, comme ceux du système cérébro-spinal, sont de deux sortes : les sensitifs d'une part, les moteurs ou sécrétoires d'autre part. Les sensations fournies au cerveau par la voie sympathique sont vagues et mal localisées. Le sympathique, par voie réflexe, règle les fonctions de nutrition : contractions musculaires, sécrétions, etc.; il est *vaso-moteur,* c'est-à-dire qu'il agit sur le calibre des vaisseaux sanguins pour régler la circulation; enfin, le plexus cardiaque est accélérateur des mouvements du cœur, et, par suite, antagoniste du pneumogastrique (**96**).

✿ *Le système sympathique préside par voie réflexe à toutes les fonctions de nutrition; il est vaso-moteur.*

100. Fatigue nerveuse. Sommeil. — Le travail cérébral augmente la dose d'urée rejetée par l'urine: on en conclut que le système nerveux se nourrit surtout d'albuminoïdes.

Le fonctionnement du cerveau a pour conséquence la production de toxines, entraînées de moins en moins aisément par la circulation, à mesure que la fatigue augmente; la *lassitude,* puis le *surmenage* résultant d'un excès de travail cérébral ont pour cause principale cet empoisonnement du système nerveux par les produits de son activité.

Le *sommeil* est le repos du système nerveux; son activité interne continue à se manifester souvent par des *rêves,* dans lesquels des images s'associent dans un ordre illogique.

✿ *L'activité cérébrale produit des toxines qu'entraîne la circulation; si on exagère le travail nerveux, les toxines s'éliminent mal: d'où la lassitude et le surmenage.*

Fig. 145 et 146. — L'ouïe et le goût (d'après *La Nef des Fous*; Paris, De Marnef, 1500).

IX. ORGANES DES SENS

101. Définitions. — Les organes des sens constituent la partie du système nerveux placée à la périphérie du corps pour recueillir les impressions venues du dehors ; des nerfs sensitifs conduisent ces excitations au cerveau, qui les transforme en sensations. Il y a cinq organes des sens : le *toucher*, le *goût*, l'*odorat*, l'*ouïe* et la *vue*. Le toucher est un sens *généralisé*, car il siège dans toute la peau ; les quatre autres sont *localisés* dans une région nettement limitée, et de plus ils sont *spécialisés*, c'est-à-dire que toute excitation, quelle qu'en soit la nature, donnera toujours la même sensation.

✳ *Les organes des sens sont la partie périphérique du système nerveux, destinée à recueillir les excitations externes.*

PEAU ET TOUCHER

102. Structure de la peau. — La peau est formée de deux couches : l'*épiderme*, superficiel, recouvrant le *derme* (*fig.* 147). L'épiderme comprend lui-même une partie profonde, molle, la *couche basale* ou *couche de Malpighi* (*fig.* 87), formée de cellules jeunes, arrondies, toujours en voie de multiplication, et la *couche*

cornée, formée de cellules plates, sèches, dont les plus externes tombent un peu chaque jour ; elles sont remplacées par d'autres provenant de la couche basale génératrice. Cette dernière renferme des granulations colorantes ou *pigments*, caractéristiques des races.

Le derme, plus épais que l'épiderme, est du tissu conjonctif, assez élastique pour suivre tous les changements de forme des muscles qu'il recouvre ; il est fort riche en terminaisons nerveuses et en vaisseaux sanguins : ces derniers n'atteignent pas l'épiderme ; sa face externe présente des saillies ou *papilles* ; sa région profonde est envahie par de la graisse. Le derme renferme les glandes sudoripares (**66**), la base des poils et des ongles, les corpuscules du tact.

✳ *La peau est formée de l'épiderme et du*

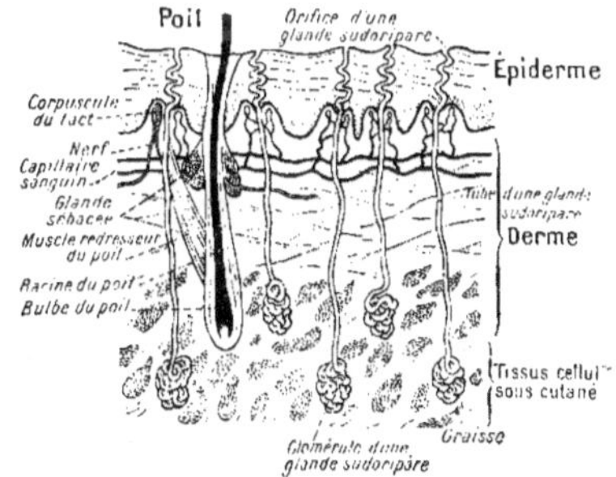

Fig. 147. — Coupe de la peau.

derme. L'épiderme comprend la couche ba-sale, profonde, génératrice, et la couche cor-née, externe. Le derme est un tissu conjonctif.

103. Poils, ongles, corpuscules du tact. — Les *poils (fig. 148)* sont des productions cor-nées, dues à l'activité de la couche basale qui, en certains points, bourgeonne des cellules vers le derme; chacun de ces bourgeons est un *bulbe* d'où part un poil rudimentaire (duvet) ou développé (cheveu, barbe); la nourriture lui parvient par la *papille du poil*, saillie du derme pénétrant dans le bulbe. Le poil com-prend la *racine*, cachée sous la peau, et la *tige*, partie visible, formée de cellules plates, se renouvelant comme celles de la couche cor-née. Le froid, la terreur font redresser le poil sous l'action d'un petit muscle; il en résulte une légère saillie ou *chair de poule*. A la base du poil sont des *glandes sébacées* sécrétant une matière grasse qui imprègne le poil et la couche cornée et les rend plus souples.

Les *ongles (fig. 149)* sont des plaques cornées recouvrant la face supérieure de la dernière phalange des doigts dont ils protègent l'extré-mité; ils ont une origine et une structure ana-logues à celles des poils.

Les *corpuscules du tact* sont des terminaisons nerveuses arrondies, de structure et de taille va-riées *(fig. 150)*, existant dans la peau, soit dans l'épiderme, soit dans les papilles du derme; on en rencontre aussi dans les muqueuses et même assez profondément dans les muscles.

❀ *Les poils et les ongles sont des productions cornées de la couche basale épidermique. Les corpuscules du tact sont des terminai-sons nerveuses arrondies.*

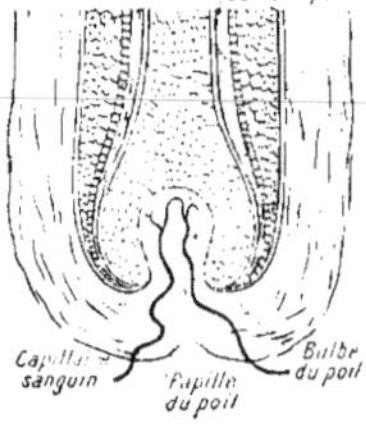

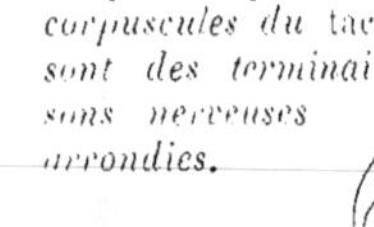

Fig. 148.
Partie inférieure d'un *poil*.

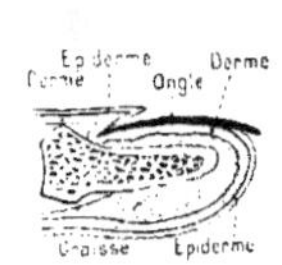

Fig. 149. — Coupe de l'extrémité du doigt et de l'ongle.

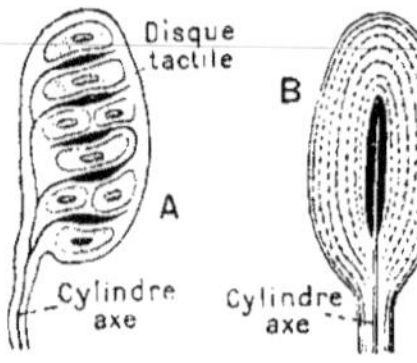

Fig. 150. — Corpuscule du *tact*:
A, de Meissner; B, de Pacini.

104. Fonctions de la peau. — La peau a des fonctions multiples et très importantes. Elle limite le corps et le *protège* dans une certaine mesure; elle contribue à la *respira-tion*, car elle est perméable aux gaz (**51**); par ses glandes sudoripares, c'est un organe d'*ex-crétion* (**66**); elle joue un rôle considérable dans la *régulation* de la température (**62**); enfin elle est l'organe du *toucher* et nous permet de reconnaître la forme, l'état de la surface et la température des corps.

Les corpuscules du tact sont répartis très inégalement dans la peau; les parties les plus sensibles au contact proprement dit sont l'ex-trémité des doigts de la main, les lèvres, la pointe de la langue; les plus capables d'éta-blir des comparaisons entre la *température* des objets et celle de la peau sont le dos de la main et la peau des joues. Toute pression sur la peau est accompagnée d'un effort muscu-laire dont l'intensité nous donne la notion de *poids*; les corpuscules du tact situés dans la profondeur du derme ou dans les muscles sont ceux qu'impressionne l'effort musculaire.

❀ *La peau joue un rôle dans la respira-tion, dans l'excrétion et surtout dans la régu-lation de la température du corps; elle ren-ferme les organes du toucher et nous renseigne sur la forme et la température des objets.*

GOÛT

105. Langue; sensations gustatives. — Le goût a son siège à la face supérieure de la *langue (fig. 151)*, masse musculaire recou-verte par une muqueuse et rattachée en arrière à l'os hyoïde. La muqueuse de la langue présente de nom-breuses petites saillies ou *papilles* qui sont de trois sortes: les papilles *filiformes (fig. 152)*, dé-coupées et simplement tactiles; les papilles *fongiformes*, arrondies en champignon et gus-tatives; enfin les pa-pilles *caliciformes* qui,

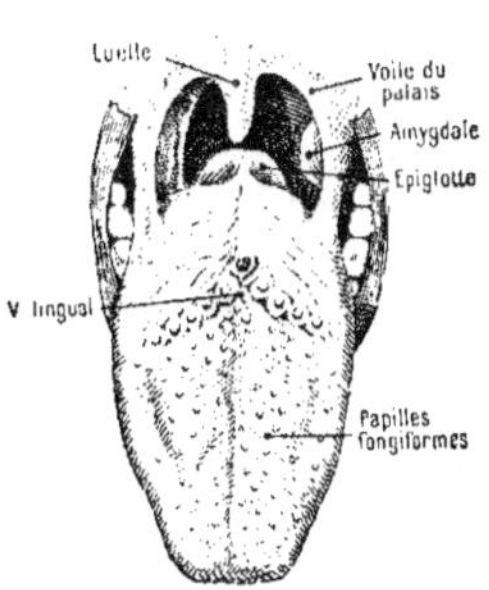

Fig. 151. — *Langue.*

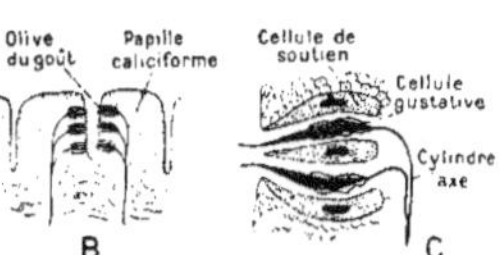

Fig. 152. — *Papilles linguales :*

A, papilles diverses ; B, papille caliciforme avec corpuscules du goût ; C, détail d'un corpuscule.

que les papilles fongiformes, des *corpuscules du goût* (*fig.* 152, B, C), en forme d'olive et constitués par des cellules de soutien et des cellules gustatives allongées, dont une extrémité effilée dépasse l'ouverture du petit organe, tandis que l'autre est reliée à une fibre nerveuse sensitive ; d'autres nerfs donnent le mouvement à la langue.

Pour qu'un corps ait une saveur, il faut qu'il soit liquide ou soluble dans la salive ; on distingue principalement les saveurs *amère, sucrée, acide et salée.* Il est difficile de séparer les sensations gustatives proprement dites des sensations olfactives **106**, les cavités buccale et nasale communiquant largement en arrière. En dehors de sa fonction gustative, la langue est un organe tactile : elle est, de plus, indispensable pour parler, mâcher et déglutir.

❊ *La langue porte les papilles* filiformes *qui sont tactiles, puis les papilles* fongiformes *et caliciformes, dont les cellules* gustatives *recueillent les saveurs.*

au lieu d'être disséminées sur toute la langue comme les précédentes, sont groupées en une sorte de V à pointe tournée vers le pharynx ; il y en a une douzaine, visibles à l'œil nu. Elles renferment, ainsi

ODORAT

106. Nez ; sensations olfactives. — L'odorat ou *olfaction* a son siège dans la muqueuse des fosses nasales. Le *nez* a pour squelette les os *nasaux* et plusieurs cartilages. Une cloison médiane le sépare en deux *fosses nasales* (*fig.* 153 et 154) s'ouvrant en avant par les *narines* et communiquant largement en arrière avec le pharynx ; chaque fosse reçoit la *trompe d'Eustache* et le *conduit lacrymal* venant respectivement de l'oreille moyenne et de l'œil correspondants.

Les fosses nasales sont limitées en avant par le nez, en haut par la lame criblée de l'ethmoïde (*fig.* 153), sur les côtés par l'ethmoïde avec trois replis osseux ou *cornets* ; le plancher est formé par les maxillaires supérieurs et le palais ; la cloison par une lame verticale de l'ethmoïde, prolongée par un cartilage, et en arrière par le *comer.* La membrane *pituitaire* (*fig.* 156), qui tapisse les fosses nasales, renferme de nombreuses glandes sécrétant le mucus nasal, nécessaire pour retenir les poussières de l'air

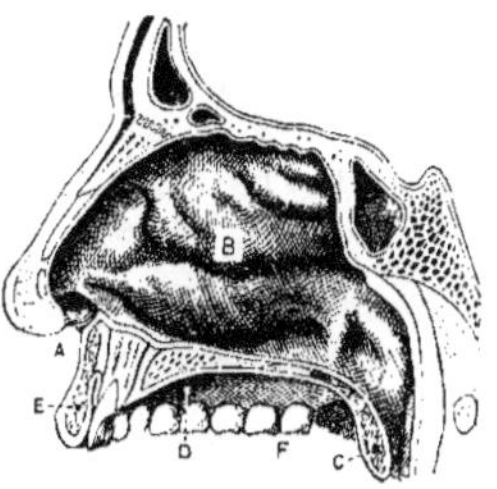

Fig. 153.

Coupe des *fosses nasales.* B :

A, narine ; C, voile du palais ; D, palais ; E, lèvre supérieure ; F, orifice de la trompe d'Eustache.

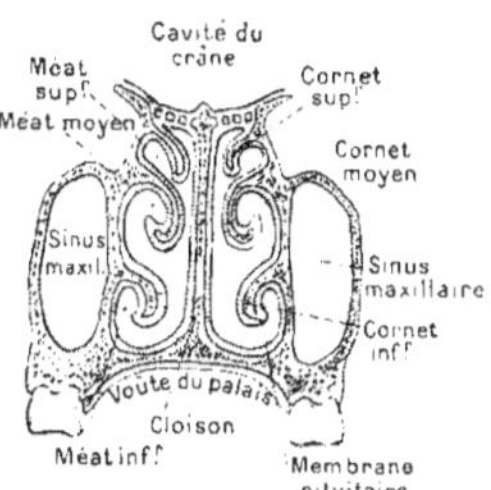

Fig. 154. — Coupe transversale des *fosses nasales.*

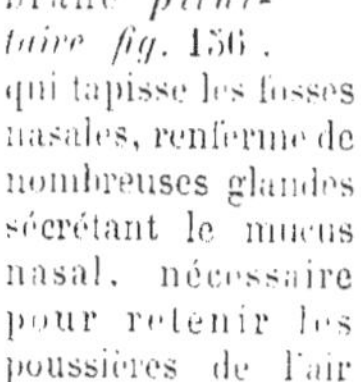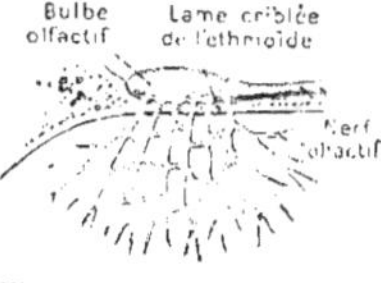

Fig. 155. — *Bulbe olfactif.*

inspiré et pour l'olfaction. Elle présente deux régions distinctes : la région *respiratoire*, voisine des narines, est rouge et garnie de cils vibratiles ; la région *ol-*

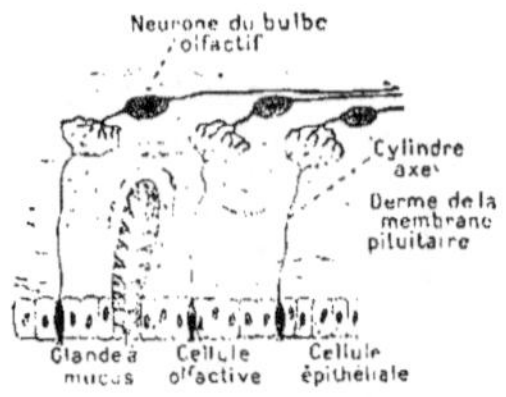

Fig. 156. — *Muqueuse pituitaire* grossie.

factive recouvre les cornets moyens et supérieurs ; elle est jaunâtre, sans cils vibratiles, mais son épithélium renferme de nombreuses cellules en fuseau, les cellules *olfactives*, qui terminent les nerfs olfactifs *fig.* 156.

Tout corps odorant est volatil ou peut émettre des particules extrêmement petites, solubles dans le mucus nasal.

❧ *Les deux fosses nasales, limitées en avant par le nez, sont tapissées par la membrane* pituitaire. *Celle-ci, riche en glandes à mucus, comprend une région* respiratoire, *à cils vibratiles, et une région* olfactive *profonde, à cellules sensorielles spéciales.*

OUIE

107. Oreille externe, oreille moyenne. — L'organe de l'ouïe est l'oreille *fig.* 157, divisée en trois parties : l'oreille *externe*, l'oreille *moyenne* et l'oreille *interne*. L'oreille externe comprend une sorte de cornet ou *pavillon* à squelette cartilagineux. Il est en relation avec le *conduit auditif externe* creusé dans l'os temporal, comme tout le reste de l'organe de l'ouïe ; sur ses parois sont des poils très sensibles et des glandes dont la sécrétion visqueuse est le *cérumen*. Au fond du conduit est une membrane vibrante, le *tympan*.

L'oreille moyenne ou *caisse du tympan* est une cavité en relation avec l'oreille externe par le tympan ; avec l'oreille interne, par deux sortes de petits tympans : la *fenêtre ovale*, en haut ; la *fenêtre ronde*, au-dessous ; et avec la fosse nasale du même côté par un conduit, la *trompe d'Eustache*.

Du tympan à la fenêtre ovale s'étend une chaîne articulée de quatre osselets : le *marteau*, l'*enclume*, l'os *lenticulaire* et l'*étrier*. Le marteau est le plus gros : il a 7 millimètres. De petits muscles, appliqués, l'un sur le marteau, l'autre sur l'étrier, tendent ou relâchent le tympan.

❧ *L'oreille est formée de trois parties. L'oreille* externe *comprend un pavillon et un conduit auditif fermé par le tympan ; l'oreille* moyenne *est une caisse, reliée aux fosses nasales par la* trompe d'Eustache.

108. Oreille interne. — L'oreille interne (*fig.* 157) a une forme compliquée, d'où son nom de *labyrinthe* ; elle comprend le *vestibule*, d'où partent les *canaux semi-circulaires* et le *limaçon*. Dans ce labyrinthe *osseux* est contenu un labyrinthe *membraneux* qui en reproduit à peu près la forme ; tous deux contiennent un liquide.

Le vestibule membraneux est partagé, par un étranglement, en deux sacs : *utricule* et *saccule*. Il y a trois canaux semi-circulaires, dont deux sont verticaux et perpendiculaires entre eux ; le troisième est horizontal. Le limaçon est un tube conique enroulé et divisé par une cloison, la *lame spirale*, en deux cavités communiquant entre elles près de la pointe du limaçon : ce sont la rampe *tympanique*, qui aboutit à la fenêtre ronde, et la rampe *vestibulaire*, s'ouvrant dans le vestibule. Sur la lame spirale sont de petites fibres, tendues comme des cordes de harpe et de plus en plus petites à mesure qu'on s'avance vers

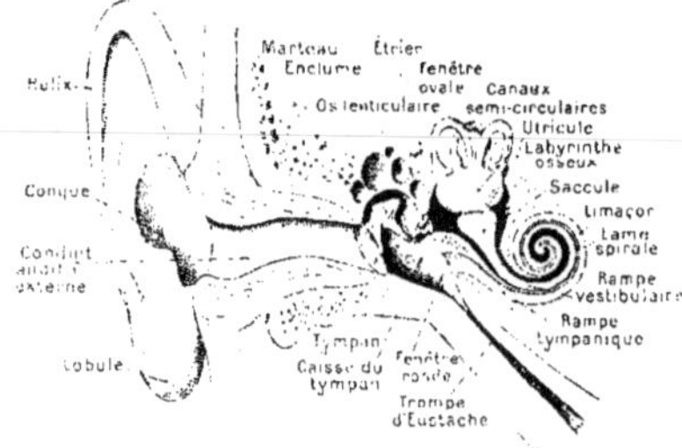

Fig. 157. — *Coupe complète de l'oreille.*

la pointe du limaçon ; ces fibres sont reliées à des cellules sensorielles, terminées par des cils vibratiles (*fig.* 158), baignant dans le liquide de l'oreille. Un nerf *auditif* relie le cerveau à chaque oreille.

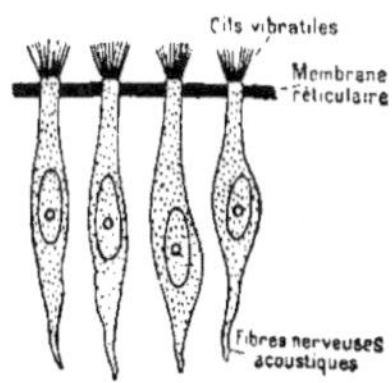
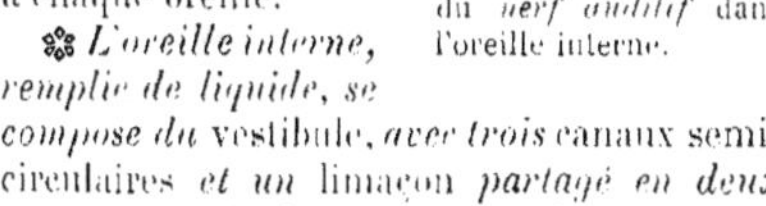

Fig. 158. — Terminaison du *nerf auditif* dans l'oreille interne.

❀ *L'oreille interne*, remplie de liquide, se compose du vestibule, *avec trois* canaux semi-circulaires *et un* limaçon *partagé en deux* rampes : *vestibulaire et tympanique.*

109. Physiologie de l'oreille. — Lorsqu'on frappe un corps, il se produit des vibrations qui, transmises par l'air, parviennent à l'oreille et peuvent l'impressionner si elles sont assez rapides; il en résulte alors la sensation du *son.* Le pavillon de l'oreille recueille les vibrations sonores et les transmet au tympan : les poils sensibles et le cérumen du conduit auditif sont protecteurs : les premiers préviennent de la présence des corps étrangers le second retient les poussières.

Les vibrations du tympan sont transmises à l'oreille interne par l'air de l'oreille moyenne, mais surtout par la chaîne des osselets. La trompe d'Eustache permet le renouvellement de l'air de la caisse et assure l'équilibre de pression sur les deux faces du tympan; elle s'ouvre à chaque déglutition de salive. Les vibrations des fenêtres ovale et ronde parviennent aux cellules auditives par le liquide de l'oreille et sont transmises au cerveau. On admet que chacune des petites fibres du limaçon peut vibrer pour un son différent, en ébranlant seulement les cellules auditives voisines, ce qui nous donne la notion de *hauteur* des sons.

❀ *Le pavillon de l'oreille recueille les vibrations sonores; elles frappent le tympan. Les vibrations de cette membrane parviennent au liquide de l'oreille interne et impressionnent les cellules auditives.*

110. Parties annexes de l'œil. — Les yeux (*fig.* 159) sont les organes de la vision ; ils reçoivent les impressions lumineuses; celles-ci, transmises au cerveau par les nerfs optiques, y sont transformées en sensations. L'œil se compose d'une chambre noire, le *globe* de l'œil, et de parties *annexes*. Ces dernières, que nous étudierons d'abord, sont l'orbite et les paupières qui protègent le globe de l'œil; l'appareil lacrymal, qui assure son fonctionnement, et les muscles moteurs.

L'orbite est une cavité osseuse, percée en arrière de trous par lesquels passent les nerfs et les vaisseaux; au fond est une couche de graisse qui persiste même quand le sujet est dans un état d'extrême maigreur, et sur laquelle l'œil se meut; elle amortit les chocs. Le bord supérieur de l'orbite est recouvert d'une saillie arquée, garnie de poils, ou *sourcil*, qui fait dévier la sueur s'écoulant du front.

Les *paupières* (*fig.* 160) sont deux voiles recouvrant le globe de l'œil, et dont les bords garnis de *cils* peuvent venir en contact: elles sont formées d'une peau très mince, de muscles et d'une muqueuse, la *conjonctive*, qui tapisse leur face interne, se réfléchit, devient mince et transparente et passe en avant du globe de l'œil. Les paupières protègent l'œil contre les chocs, les poussières, la lumière trop vive; par leurs mouvements continuels, ou *clignement*, elles répandent les larmes sur la conjonctive, dont elles maintiennent la transparence.

L'appareil lacrymal comprend une

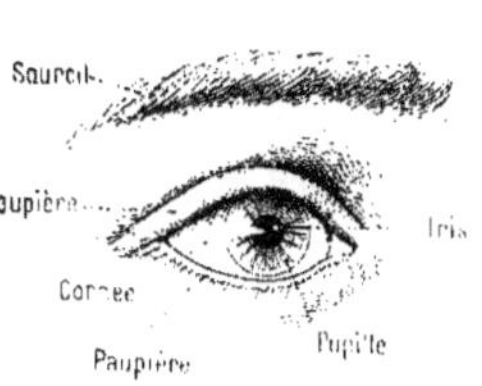

Fig. 159. — *Œil* ouvert.

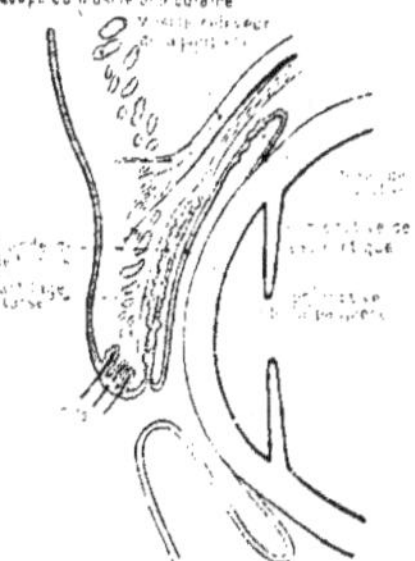

Fig. 160. — *Paupières.*

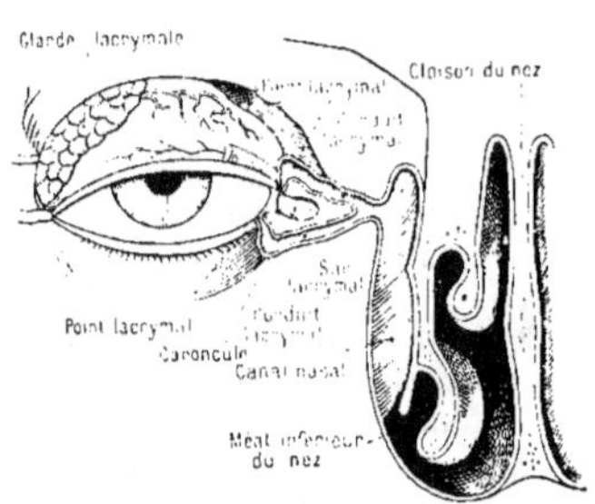

Fig. 161. — Appareil *lacrymal*.

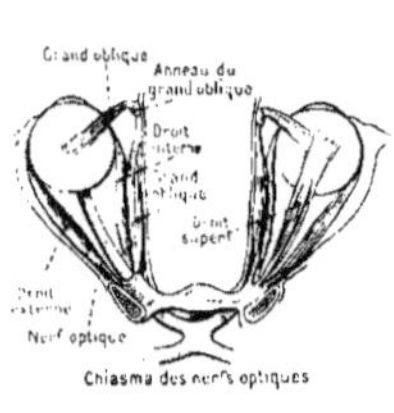

Fig. 162.
Muscles moteurs de l'œil.

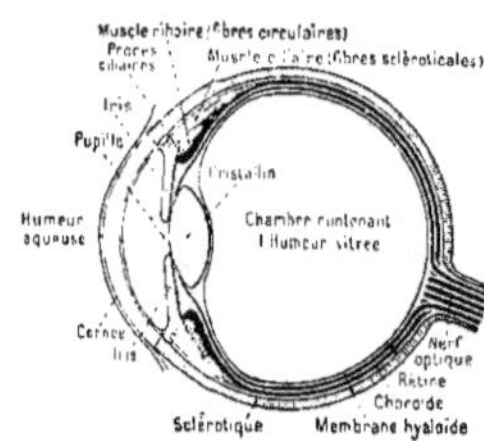

Fig. 163.
Coupe du *globe de l'œil*.

glande *lacrymale* (fig. 161), située en arrière de la paupière supérieure, dans l'angle externe de l'orbite; elle sécrète constamment un liquide qui tombe entre les deux feuillets de la conjonctive, puis dans le nez par une série de canaux, dont les orifices d'entrée sont deux petits trous percés dans l'épaisseur des paupières, près de leur bord interne. La sécrétion des larmes devient très abondante sous l'action de diverses émotions.

Chaque globe de l'œil est mis en mouvement par six *muscles* (fig. 162) : quatre sont droits et déplacent l'axe de l'œil par leur contraction; deux sont obliques et le font tourner.

※ *L'organe de la vue comprend le* globe *de l'œil et des parties* annexes. *L'orbite* abrite *le* globe de l'œil; les *paupières sont deux replis protecteurs réunis par la* conjonctive, *membrane maintenue transparente par la sécrétion de la glande* lacrymale; *six* muscles *font mouvoir chaque globe oculaire.*

111. Globe de l'œil.

— Le globe de l'œil comprend des membranes et des milieux; ces derniers sont transparents. Les *membranes* sont au nombre de trois : la sclérotique, la choroïde, et la rétine (fig. 163).

La *sclérotique* ou *cornée opaque*, qui est la plus externe, constitue le blanc de l'œil; elle est épaisse, résistante; mais, dans sa région antérieure, elle devient transparente et plus bombée : c'est la cornée transparente.

La *choroïde* est une membrane très riche en vaisseaux sanguins et en pigment noir :

elle forme, en avant, un écran vertical, visible du dehors, l'*iris*, diversement coloré et percé en son centre d'un trou circulaire, la *pupille*, par lequel pénètre la lumière. En arrière de l'iris, la choroïde forme un bourrelet circulaire, le *corps ciliaire*, comprenant deux parties : le muscle ciliaire et les procès ciliaires, plis entourant le cristallin.

La *rétine* est la membrane interne : elle renferme plusieurs couches de cellules; la plus importante est formée par les cellules sensorielles de deux formes, les *cônes* et les *bâtonnets* (fig. 164), seuls éléments sensibles à la lumière : ils sont tournés vers le fond de l'œil et en contact avec la choroïde; leurs cylindres-axes se réunissent et forment le nerf optique, qui pénètre dans le crâne et s'entre-croise (*chiasma*) avec le nerf optique du côté opposé. Le point où le nerf optique sort de l'œil étant dépourvu de cônes et de bâtonnets est insensible à la lumière : c'est la papille ou *point aveugle*; au contraire, la région essentielle dans la vision est la *tache jaune*, qui ne renferme que des cônes, au fond d'une petite dépression située sur l'axe même de l'œil.

Les *milieux* transpa-

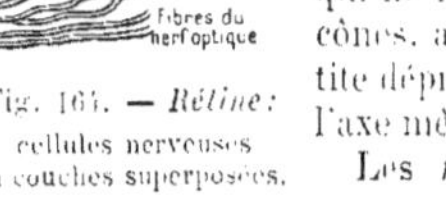

Fig. 164. — *Rétine :* cellules nerveuses en couches superposées.

rents de l'œil sont, d'avant en arrière : la *cornée transparente*, *l'humeur aqueuse*, liquide très limpide contenu dans la chambre anté- rieure de l'œil, entre la cornée et l'iris ; le *cristallin*, lentille biconvexe, qui constitue le milieu le plus important de l'œil ; enfin *l'humeur vitrée*, grosse masse gélatineuse, qu'entoure la membrane *hyaloïde*.

※ *Les membranes de l'œil sont : 1° la sclé- rotique ou cornée opaque, avec la cornée transparente en avant ; 2° la choroïde, mem- brane noire qui forme le corps ciliaire et l'iris ; 3° la rétine, avec ses cônes et ses bâtonnets re- liés au nerf optique. Le milieu le plus impor- tant de l'œil est le* cristallin.

112. Formation des images ; accommoda- tion.

— L'œil est une chambre noire pho- tographique : la sclérotique en est la paroi résistante ; la choroïde représente la couche de noir de fumée qu'on applique à l'intérieur pour ab- sorber les rayons lumineux ayant agi sur la plaque sen- sible ; l'iris, avec sa pupille qui se ré- trécit ou s'agrandit suivant l'intensité de la lumière, est un admirable dia-

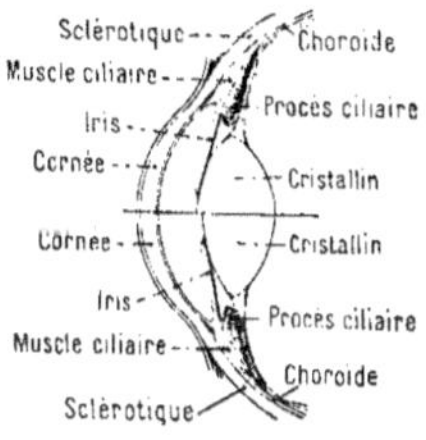

Fig. 165.
Accommodation de l'œil.

phragme ; le cristallin en est l'objectif que les autres milieux complètent ; la rétine est une plaque sensible sur laquelle les images s'effa- cent d'elles-mêmes au bout d'un temps très court ; enfin il existe un dispositif de mise au point ou *accommodation*.

Comme dans toute chambre noire, les images formées dans l'œil sont renversées. Pour qu'un objet soit vu nettement, il faut que son image tombe sur la rétine : c'est ce qui se produit naturellement et sans un effort dans un œil *normal* (*fig*. 166), pour tous les objets compris entre l'infini et environ 65 mè- tres. A mesure que l'objet s'approche de l'œil, son image va en s'éloignant de la rétine, mais l'accommodation l'y ramène. C'est la propriété que possède le cristallin, de modi- fier la courbure de sa face antérieure (*fig*. 165), de façon que l'image tombe toujours sur la ré- tine, quelle que soit la distance de l'objet ; ce résultat est obtenu par la contraction du muscle ciliaire.

Quand l'objet est à environ 15 ou 20 centi- mètres de l'œil, le cristallin a atteint son maximum de courbure et l'image ne peut plus être ramenée sur la rétine ; l'objet est vu in- distinctement ; c'est ce qu'on appelle la dis- tance *minimum* de vision distincte.

※ *L'œil est une chambre noire photogra- phique, avec objectif (cristallin), diaphragme (iris), plaque sensible (rétine), etc., et un dis- positif de mise au point, nommé* accommo- dation, *qui ramène l'image sur la rétine.*

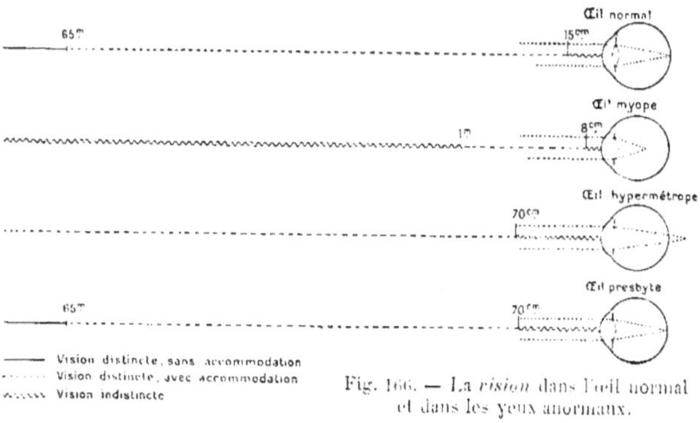

113. Défauts de l'œil.

— L'œil *myope* a le cristallin trop bombé ; les images des objets éloignés se forment en avant de la rétine ; ils sont donc vus indistinctement et l'accommodation n'y peut rien ; l'image, s'é- loignant à mesure que l'objet se rapproche, finit par tomber sur

Fig. 166. — La *vision* dans l'œil normal et dans les yeux anormaux.

Vision distincte, sans accommodation
Vision distincte, avec accommodation
Vision indistincte

ANATOMIE COMPARÉE

la rétine quand l'objet est assez près de l'œil, par exemple à 2 mètres, ou 1 mètre, suivant le degré de myopie. A partir de ce point l'objet est vu distinctement et la distance minimum de vision distincte est plus courte que pour l'œil normal. On remédie à la myopie par l'emploi de lunettes à verres biconcaves.

L'œil *hypermétrope* présente l'inconvénient inverse : le cristallin est trop plat ; l'image d'un objet éloigné tombe en arrière de la rétine et l'accommodation commence même pour la vision à l'infini : elle cesse, par suite, plus tôt que dans l'œil normal ; la distance minimum de vision distincte est reportée à 50 ou 70 centimètres, suivant les cas *fig.* 166 . On remédie à l'hypermétropie par l'emploi de lunettes à verres biconvexes.

L'œil *presbyte* est un œil normal, mais âgé et devenu incapable de s'accommoder pour les petites distances ; même résultat et même remède que dans le cas précédent. mais la cause est différente.

❧ *L'œil myope a le cristallin trop bombé et ne voit distinctement sans lunettes que les objets rapprochés ; l'œil hypermétrope présente le défaut inverse ; l'œil presbyte est âgé, non accommodable pour les petites distances.*

114. Phénomènes divers relatifs à la vision. — L'image d'un objet ne s'efface pas instantanément sur la rétine. Si l'on fait tourner rapidement un morceau de bois dont une extrémité est incandescente, on voit un cercle lumineux ; donc l'impression que ce point lumineux a produite sur la rétine persiste encore au moment où son image y revient. Sur la *persistance* des impressions lumineuses reposent de nombreux jouets et le *cinématographe*.

L'*appréciation des distances* résulte surtout de la comparaison que nous établissons entre les dimensions réelles des objets et la grandeur de leur image rétinienne. La perception des couleurs semble être due aux cônes, car chez les animaux nocturnes, comme les chauves-souris, la rétine n'offre que des bâtonnets.

Le *daltonisme* est l'infirmité qui consiste à être aveugle pour certaines couleurs, notamment pour le rouge, que certains daltoniens confondent avec le vert. On s'assure de l'excellence de la vue chez les marins et les employés de chemins de fer.

❧ *Les images persistent sur la rétine pendant une fraction de seconde. L'appréciation des distances résulte de la comparaison entre les dimensions des objets et celles de leur image.*

VII. — TABLEAU-RÉSUMÉ DU SYSTÈME NERVEUX ET DES ORGANES DES SENS.

	CENTRES NERVEUX.	FONCTIONS des CENTRES NERVEUX.	NERFS.	ORGANES DES SENS.
SYSTÈME CÉRÉBRO-SPINAL.	ENCÉPHALE. CERVEAU Écorce grise.	Sensibilité, intelligence, mémoire, volonté.	12 paires de *nerfs crâniens* ; ils sont sensitifs, moteurs ou mixtes : il sont reliés aux organes de la tête et du tronc.	PEAU : corpuscules du *tact* ; sensations de contact et de température.
	CERVELET Écorce grise.	Coordination des mouvements.		LANGUE : corpuscules du *goût* dans les papilles ; ils sont sensibles aux saveurs.
	BULBE Axe gris : cordons blancs entre-croisés.	Conducteur par ses cordons : centre de réflexes importants.		FOSSES NASALES : cellules *olfactives*, sensibles aux odeurs.
	MOELLE ÉPINIÈRE Axe gris : cordons blancs	Conductrice par ses cordons : centre des réflexes.	31 paires de *nerfs rachidiens*, mixtes, reliés aux membres et aux muscles du tronc.	OREILLE interne : cellules *auditives*, impressionnées par les vibrations sonores.
SYSTÈME DU GRAND SYMPATHIQUE.	2 longs *cordons nerveux*, avec 23 paires de *ganglions* reliés aux nerfs rachidiens.	Sensibilité et mouvements des organes internes de la vie végétative.	*Nerfs sympathiques* : tous sont mixtes : ils sont reliés aux organes internes du tronc.	ŒIL : *cônes* et *bâtonnets*, terminaisons du nerf optique, sensibles aux impressions lumineuses.

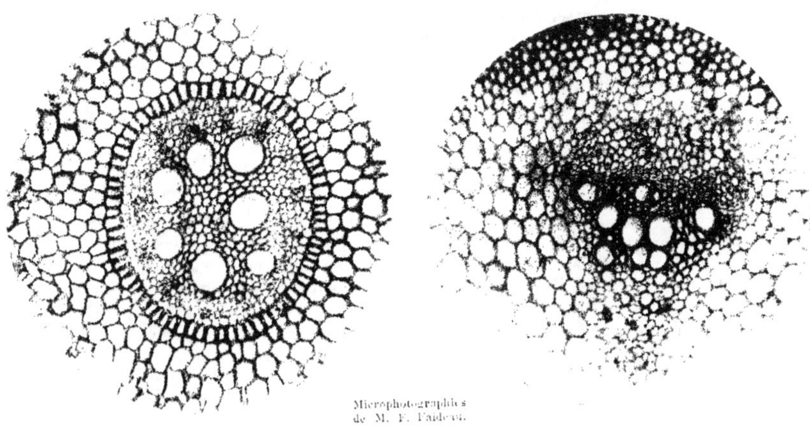

Fig. 167. — Section grossie de *racine* d'Iris.
(Cylindre central.)

Fig. 168. — Section grossie de *tige* d'Aristoloche.
(Un faisceau libéro-ligneux.)

LES PLANTES

X. TISSUS VÉGÉTAUX

115. La cellule végétale. — Le corps des plantes, comme celui des animaux, est formé de *cellules*, qu'on aperçoit en examinant au microscope un très mince fragment de leur substance. Les formes des cellules sont très variables avec la nature de l'organe choisi. La cellule végétale *fig.* 169 est formée, comme la cel-

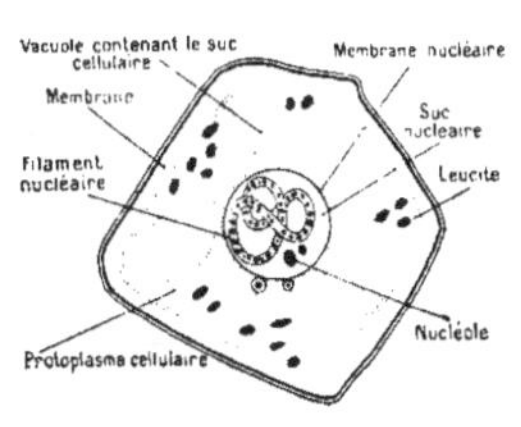

Fig. 169. — *Cellule végétale.*

lule animale (1), de protoplasme et d'un noyau, mais elle en diffère par sa membrane d'enveloppe qui est épaisse, rigide et composée de *cellulose* (117), tandis qu'elle est protoplasmique et mince chez les animaux. Le *noyau* apparaît comme une tache sombre, si le grossissement est faible; il se compose en réalité d'un filament pelotonné qui absorbe fortement les matières colorantes; il baigne dans un liquide, le suc nucléaire, et une mince membrane l'entoure; à côté du noyau sont souvent de petits corps arrondis, que l'on nomme les *nucléoles*.

Le protoplasme de la cellule végétale est remarquable par la grande variété des produits qu'il peut renfermer et qui résultent de l'activité cellulaire.

❀ *La cellule végétale diffère de la cellule animale par la membrane de cellulose qui l'entoure, par le nombre et la variété des produits que renferme son protoplasme.*

116. Produits de l'activité cellulaire. — Les produits de l'activité cellulaire sont insolubles ou solubles dans l'eau. Dans le premier cas, ils se trouvent en granulations dans le protoplasme: tels sont les *leucites*, petits corps ayant la même composition que le protoplasme et qui abondent dans toutes les cellules; tels sont encore les *grains de chlorophylle*, granulations vertes en nombre immense dans les cellules des feuilles, les grains d'*amidon* des cellules d'une pomme de terre ou d'un haricot, et même les gouttelettes huileuses des cellules d'une noix ou d'une graine de lin. Beaucoup de ces matières forment des réserves utilisables.

Les produits solubles sont contenus dans le *suc cellulaire*, liquide diffus dans la masse protoplasmique ou rassemblé en gouttelettes plus ou moins volumineuses nommées *vacuoles* (fig. 169). Sa composition est variable avec chaque plante; il est riche en eau, et renferme des sels, des acides, du tanin; le suc cellulaire du raisin mûr est très riche en un sucre nommé glucose; celui de l'écorce des Quinquinas renferme de la quinine, etc.

En examinant au microscope les poils minuscules qui garnissent beaucoup de plantes, on voit dans leurs cellules le déplacement continuel des granulations autour des vacuoles: c'est une preuve de l'activité cellulaire.

❀ *Les produits insolubles de l'activité cellulaire sont les leucites, les grains de chlorophylle ou d'amidon; les autres sels, sucres, acides sont dissous dans le suc cellulaire, qui forme les vacuoles.*

117. Membrane cellulaire. — La *cellulose*, qui compose cette membrane, est un hydrate de carbone ayant la même composition que l'amidon, mais beaucoup plus condensé; elle n'est soluble que dans le réactif de Schweitzer, qui est une solution ammoniacale d'oxyde de cuivre obtenue en versant de l'ammoniaque concentrée sur de la tournure de cuivre. Bouillie dans les acides, la cellulose s'hydrate et donne du glucose; elle bleuit par le chlorure de zinc iodé. La membrane cellulaire s'*épaissit* en vieillissant, parfois totalement,

plus souvent partiellement: les parties res[tées] minces permettent les échanges nutritifs e[ntre] cellules voisines; l'épaississement peu[t se] faire en anneaux ou suivant des lignes [spi]rales (*fig.* 172, G), ou encore les rares pa[rties] restées minces sont arrondies, formant [une] série de points (cellules *ponctuées*) ou [des] dessins divers.

La membrane ne reste formée de cellu[lose] pure que quand elle est jeune; cependant [les] membranes cellulaires des filaments bla[ncs] ou *coton*, qui entourent la graine du Cot[on]nier demeurent composées de cellulose p[endant] pendant toute leur vie.

Dans les cellules superficielles des pla[ntes] la cellulose se transforme en *cutine* ou s[ubé]*rine*, substance qui ne se colore plus en b[leu] mais en jaune par le chlorure de zinc io[dé;] elle est insoluble dans le réactif de Schweit[zer;] elle est élastique et imperméable; elle co[ns]titue aussi presque entièrement le liège. [Il se] dépose souvent dans la membrane du *lign*[eux] matière dure se colorant par le vert d'io[de;] elle donne la rigidité, sert de squelett[e,] forme le bois; ou bien encore des *mati*[ères] *minérales* apparaissent, principalement la [si]lice, qui joue le même rôle de soutien pou[r les] herbes que le bois pour les arbres.

❀ *La cellulose est voisine de l'amidon [par] sa composition chimique; elle s'épaissit c[om]plètement ou en partie avec l'âge; ell[e se] transforme en cutine imperméable dans [les] cellules superficielles; il s'y dépose du [li]gneux ou des matières [mi]nérales qui sont chargé[es de] soutenir la plante.*

118. Origine des cellu[les.] — Toutes les plantes so[nt à] l'origine formées d'une [cel]lule unique ou *œuf* qui, [à un] certain moment, se di[vise] en deux cellules. Le no[yau] joue le principal rôle dan[s la] division cellulaire (*fig.* 1[70]) sa membrane disparaît et [le] filament se partage en un [cer]tain nombre de fragme[nts]

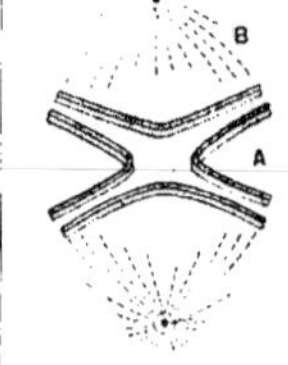

Fig. 170. — *Division* d'une cellule: A. segments dédoublés du filament nucléaire; B. filaments méridiens de protoplasme.

toujours le même pour les cellules d'une même plante ; chacun de ces fragments se fend bientôt en deux dans le sens de sa longueur et chaque moitié se dirige vers un des pôles opposés de la cellule et se soude à ses voisines ; ainsi se trouvent constitués deux filaments nucléaires aux deux extrémités de la cellule ; chacun d'eux s'entourant d'une membrane, la cellule renferme deux noyaux ; bientôt une cloison de cellulose apparaît au milieu de la cellule.

Chez un certain nombre de plantes inférieures, ces deux cellules se séparent pour vivre d'une vie indépendante, mais le plus souvent elles se divisent de nouveau et donnent quatre, huit, seize, etc., cellules qui restent unies entre elles ; le nombre bientôt en est immense. Toutes sont d'abord absolument semblables, mais il ne tarde pas à s'y produire une *division* du travail, et la diversité des fonctions a pour conséquence la variété des formes.

✿ *La plupart des végétaux sont formés d'un nombre immense de cellules accolées, provenant par division d'une cellule initiale ; le noyau joue le principal rôle dans la division ; son filament se sectionne, chaque fragment se fend en long et ses deux moitiés s'éloignent puis se soudent pour constituer deux noyaux.*

119. Tissus végétaux. — Un tissu est un ensemble de cellules différenciées de la même

manière pour accomplir un même travail. On nomme *parenchyme* (*fig.* 171) un tissu formé de cellules devenues polyédriques par pression réciproque et dont les parois minces sont formées de cellulose ; il réunit entre eux les autres tissus : c'est une sorte de tissu conjonctif ; il abonde dans les feuilles, il forme la moelle des tiges, la chair des fruits, etc. Parfois il existe entre les cellules du parenchyme de petits espaces vides nommés *méats*, ou de plus grands nommés *lacunes*. Le tissu *fibreux* est formé de cellules mortes, c'est-à-dire sans protoplasme et sans noyau ; on les nomme *fibres* ; elles sont allongées, pointues aux deux bouts et leur membrane est ordinairement lignifiée (*fig.* 172, D) ; elles forment le squelette.

Le tissu *vasculaire* est formé de *vaisseaux*, c'est-à-dire de tubes constitués par des cellules cylindriques placées bout à bout, en files longitudinales (*fig.* 172, E à G) : le vaisseau est imparfait quand les cloisons de séparation des cellules subsistent ; *parfait* dans le cas contraire. Chez la plupart des plantes, le vaisseau, d'abord imparfait quand il est jeune, devient ensuite parfait ; ses cellules sont mortes ; leur paroi est lignifiée ; elles conduisent la sève brute. Le tissu *criblé* (*fig.* 172, H) résulte de la superpo-

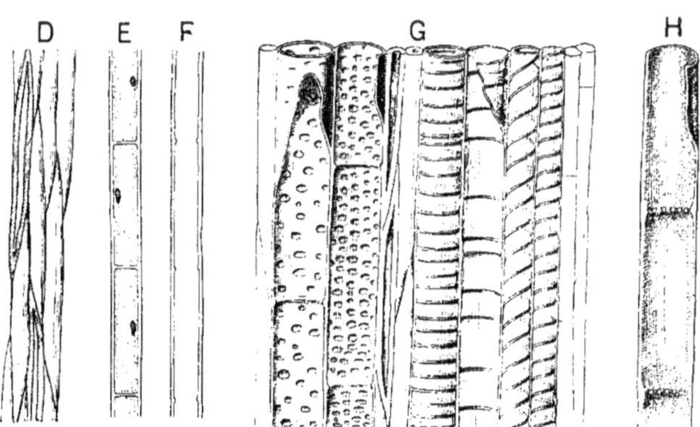

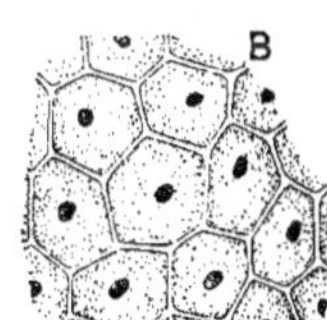

Fig. 171.
Parenchyme de la moelle de la tige.

Fig. 172. — *Éléments* d'une plante vus au microscope :
D, groupe de fibres du bois ; E, vaisseau imparfait ; F, vaisseau parfait ; G, groupe de vaisseaux du bois ponctués, annelés, spiralés ; H, tube criblé.

sition de cellules prisma-
tiques, ou tubes criblés,
à membrane cellulosique
formant des parois
trouées ou présentant des
parties plus minces qui
permettent la circulation
de la sève élaborée.

❀ *Les principaux tis-
sus sont le parenchyme,
formé de cellules à parois
minces, le tissu fibreux
servant de soutien, le
tissu vasculaire condui-
sant la sève brute et le
tissu criblé conduisant la
sève élaborée.*

**120. Les différents ty-
pes de plantes.** — Chez les
plantes, comme
chez les animaux,
on observe de nom-
breux degrés dans
la perfection de l'or-
ganisation. Il nous
suffit, pour l'ins-
tant, d'en considé-
rer deux.

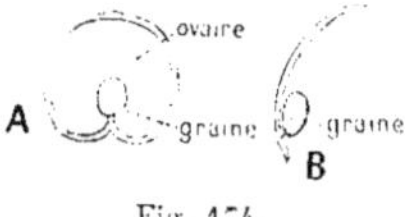

Fig. 173.
Giroflée entière.

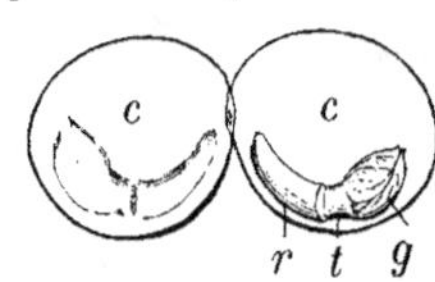

Fig. 174.
Feuilles carpellaires :
A, d'une *Angiosperme*; B, d'une
Gymnosperme.

La Giroflée *fig.* 173 est fixée au sol par
des *racines*, au-dessus desquelles est une *tige*
se terminant par des lames vertes ou *feuilles*.
Ces trois membres : racine, tige, feuille,
entretiennent la vie de la plante ; ils sont
nécessaires à sa nutrition. Au printemps
apparaissent de nouvelles parties, les *fleurs*,
non indispensables à l'existence de la plante,
mais chargées de la perpétuer; ce sont des
membres temporaires, qui résultent de la
transformation des feuilles et sont chargés
de la *reproduction*. La fleur donnera le *fruit*,
qui contient les *graines*. Celles-ci donneront
plus tard de nouvelles Giroflées.

Les plantes à fleurs ou *Phanérogames* sont
les plus élevées en organisation. On les divise
en deux groupes : 1° les *Angiospermes*, chez
lesquelles les graines sont enfermées dans un
ovaire clos (*fig.* 174, A) : tels sont le Pavot,

la Giroflée : 2° les *Gymnospermes*, à graines
non enfermées (*fig.* 174, B) : tel est le Pin.

Toutes les plantes dépourvues de fleurs
comme les Fougères, les Mousses, les Algues,
les Champignons, sont des *Cryptogames*.
Elles forment un groupe immense que nous
sectionnerons plus tard.

❀ *Les Phanérogames ou plantes à fleurs
se nourrissent à l'aide de trois membres :
racine, tige, feuilles : elles se reproduisent par
des fleurs. On les divise en Angiospermes et
en Gymnospermes. On nomme Cryptogames
les plantes dépourvues de fleurs.*

121. Notions sur la graine. — La structure de la graine sera étudiée plus loin avec
détails (196). Il est cependant nécessaire
d'avoir dès maintenant quelques notions sur
les différentes parties dont est formée la
graine d'une plante Phanérogame (*fig.* 175).
Elle se compose essentiellement de l'embryon,
petite plante en miniature, ou plantule, qui
donnera une plante nouvelle, semblable à la
plante mère, quand on la mettra dans des conditions favora-
bles à sa *germi-
nation*, c'est-à-
dire quand on
lui fournira de
l'humidité, de
l'oxygène et une
température
convenable. Le
corps de l'em-
bryon com-

Fig. 175.
Graine de Pois ouverte :
c c, cotylédons ; g, gemmule ;
t, tigelle ; r, radicule.

prend les trois membres de la plante future :
la *radicule*, qui deviendra la racine ; la *tigelle*,
qui donnera la tige ; les *cotylédons*, ou premières feuilles. Chez certaines Phanérogames
Angiospermes la plantule n'a qu'un seul cotylédon : ce sont les *Monocotylédones* ; chez
d'autres, deux : ce sont les *Dicotylédones*.
Nous nous occuperons surtout, dans ce qui va
suivre, des Angiospermes dicotylédones.

❀ *La partie essentielle d'une graine est
l'embryon ou plantule qui comprend trois
parties : la radicule, la tigelle, et une ou
deux feuilles primitives, les cotylédons.*

Fig. 176. — Figuier banian de Ceylan, avec ses nombreuses *racines adventives*.

XI. LA RACINE

CARACTÈRES EXTÉRIEURS

122. Coiffe, poils absorbants. — La *racine principale* est le développement de la radicule de l'embryon. Elle est ramifiée, généralement souterraine, de forme plus ou moins conique. Elle ne porte jamais de feuilles et sa croissance est illimitée. La pointe de la racine est recouverte et protégée par un petit corps jaunâtre, la *coiffe* (*fig.* 177). Un peu au-dessus est un manchon conique de fins filaments, les *poils absorbants* ou *poils radicaux*. Les plus

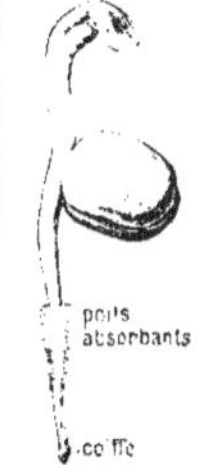

Fig. 177.
Germination
d'une fève.

jeunes sont près de la pointe. A mesure que la racine grandit, les filaments du haut se flétrissent et tombent, ceux qui sont au-dessous s'allongent et il s'en forme d'autres plus bas. Ce manchon velu ou *région pilifère*, haut de 2 centimètres, se déplace donc, pour ainsi dire, le long de la racine en restant toujours à la même distance de la pointe. Tout le reste de la racine est nu jusqu'au *collet*, c'est-à-dire jusqu'à la région qui sépare la tige de la racine.

On voit nettement à l'œil nu, encore mieux en s'aidant d'une loupe, les poils absorbants des racines provenant de graines semées sur de la mousse qu'on maintient humide. Les racines qui baignent dans l'eau (*fig.* 209) en sont complètement dépourvues ; on ne voit pas non plus ces filaments sur les racines qu'on déterre, car, soudés aux particules du sol, ils se brisent.

❀ *Toute racine est dépourvue de feuilles, se termine par une coiffe protectrice et porte, près de sa pointe, un manchon de poils absorbants.*

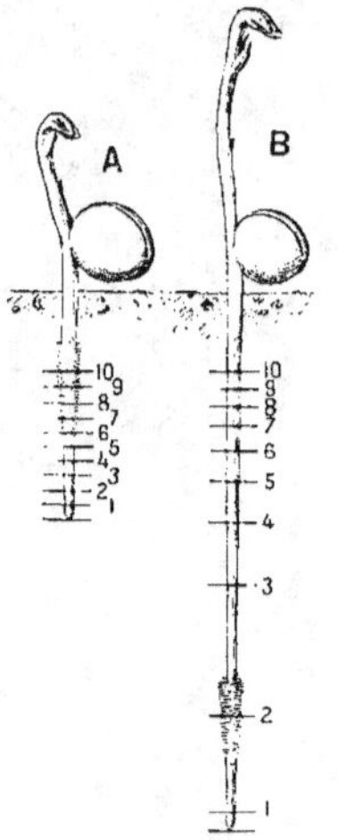

Fig. 178.
Croissance en longueur de la racine :
A, jeune racine avec traits équidistants ; B, la même au bout de 24 heures.

123. Croissance en longueur. — La croissance d'un organe résulte en partie de la croissance des cellules qui le composent, mais surtout de la formation de nouvelles cellules. En ce qui concerne la racine, on peut se demander où celle-ci se forme. Sur une jeune racine poussée dans la mousse humide, on trace au vernis noir, à partir de la pointe, deux traits distants d'un centimètre ; on divise en millimètres le centimètre voisin de la pointe et on remet la graine en place (*fig.* 178, A). Dès le lendemain on voit que le centimètre voisin de la coiffe a presque doublé de longueur : l'autre n'a pas grandi. L'allongement des diverses tranches du centimètre initial est fort inégal (*fig.* 178, B). Son premier millimètre, à partir de la pointe, ne s'est pas accru : le deuxième a grandi beaucoup ; le troisième, encore plus ; le quatrième, moins ; les autres, à peine. La croissance en longueur de la racine est donc localisée dans une région très voisine de la pointe : elle est *subterminale*, c'est-à-dire presque terminale. Il en résulte que, si l'on coupe la pointe d'une jeune racine, elle cesse de croître en longueur.

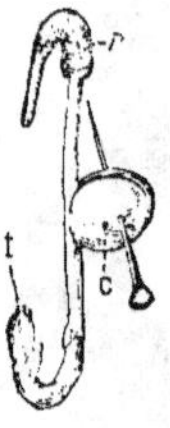

Fig. 179.
Plantule de Pois *retournée :*
r, racine se recourbant vers le sol ; *c*, cotylédons ; *t*, jeune tige se relevant.

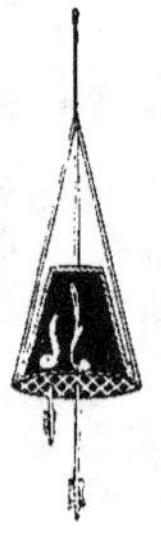

Fig. 180.
Expérience du *pot retourné.*

❀ *La croissance en longueur de la racine est localisée au voisinage de sa pointe.*

124. Direction de la racine principale. — La racine principale, plongée dans un milieu homogène, l'eau, par exemple, se dirige toujours verticalement dans le sens de la pesanteur. On le montre en faisant développer des graines dans de la mousse humide contenue dans une sorte de tamis placé au-dessus d'un verre maintenu plein d'eau. Qu'on la retourne la pointe en l'air, qu'on la pose horizontalement, dans une atmosphère humide, les parties nouvellement formées reprennent, dès qu'elles le peuvent, la direction de la pesanteur et se recourbent vers le sol (*fig.* 179). On nomme *géotropisme* cette action de la pesanteur ; le géotropisme de la racine est positif.

On pourrait croire que cette direction est tout indiquée par la fonction de la racine, qui est de s'enfoncer dans la terre pour y chercher la nourriture. L'expérience dite *du pot retourné* montre qu'il n'en est rien. On sème des graines dans la terre humide d'un vase qu'on suspend retourné ; on retient la terre avec un treillis métallique. Les graines germent, les jeunes racines *sortent du sol* et pendent verticalement dans l'air où elles vont bientôt périr, tandis que la tige se dresse dans la terre (*fig.* 180).

Plongée dans un milieu non homogène, comme le sol, la racine se dirige toujours vers l'endroit le plus humide. Quand des arbres sont plantés au bord d'un cours d'eau, les racines sont toujours beaucoup plus nombreuses et plus fortes vers l'humidité.

❀ *La racine principale se dirige verticalement dans le sens de la pesanteur quand le milieu est homogène. Sinon, sa croissance a lieu de manière à la conduire vers l'humidité.*

Fig. 181. — Racine portant des *radicelles*.

125. Ramification ; racines adventives. — On nomme *radicelles* toutes les racines qui se développent sur la racine principale ou *pivot*. Les radicelles de premier ordre, c'est-à-dire développées directement sur le pivot, en portent elles-mêmes de second ordre, etc. (*fig.* 181). Le *chevelu* est l'ensemble de leurs plus fines ramifications. La structure des radicelles est la même que celle de la racine principale : chacune a sa coiffe et ses poils absorbants. Les radicelles ne suivent pas, comme la racine principale, la direction de la pesanteur ; elles s'écartent les unes des autres ; cette disposition est évidemment très avantageuse pour la fixation et la nutrition de la plante.

On nomme *racines adventives* celles qui se développent en des points variables dépendant des conditions extérieures : sur une tige, sectionnée ou non, mise dans la terre humide, à la face inférieure des bulbes placés en contact avec l'eau, etc. (*fig.* 209).

✿ *Une plante à fleurs présente : 1° une racine principale ou pivot, développée à l'extrémité de la tige et déjà formée dans la graine ; 2° ses ramifications ou radicelles. Des racines adventives peuvent naître en des points qui sont très variables avec les conditions extérieures.*

126. Formes des racines. — Suivant l'importance relative de la racine principale et des radicelles, on distingue deux sortes de racines : 1° les racines *pivotantes* chez lesquelles la principale est beaucoup plus grosse que les autres : tels sont le Salsifis (*fig.* 182) et les racines de la plupart de nos arbres ; 2° les racines

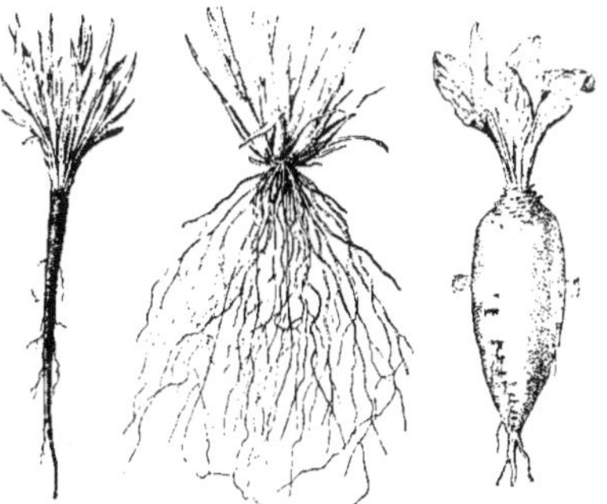

Fig. 182. Racine *pivotante* de Salsifis.

Fig. 183. Racine *fasciculée* du Blé.

Fig. 184. Racine *tuberculeuse* de la Betterave.

fasciculées ou *fibreuses* chez lesquelles on ne distingue pas la racine principale des autres : Blé (*fig.* 183), Palmiers et la plupart des Monocotylédones. Quand elle est gorgée de sucre, d'amidon ou de toute autre matière mise en réserve par la plante, une racine est dite *tuberculeuse*, qu'elle soit pivotante comme la carotte ou la betterave (*fig.* 184) ou fasciculée comme la racine du Dahlia (*fig.* 185).

Les racines pivotantes, s'enfonçant dans le sol, en épuisent les parties profondes ; les racines fasciculées, plus étalées, en épuisent la surface ; on tient compte de cette conformation dans la pratique agricole nommée *assolement*. On fera se succéder, d'année en année, dans un même champ, de la Betterave et du Blé, par exemple, afin de ne pas épuiser toujours la même portion du sol.

✿ *Une racine est pivotante quand la racine principale se distingue nettement des autres ; elle est fasciculée dans le cas contraire. Dans les deux cas, elle est dite tuberculeuse lorsque des matières de réserve la gonflent.*

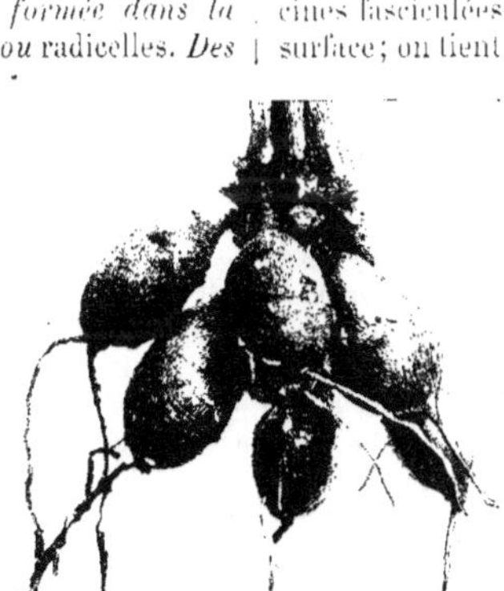

Fig. 185. — Racine *fibreuse tuberculeuse* du Dahlia.

STRUCTURE INTERNE

127. Structure primaire. — La structure interne d'une racine n'est pas la même à tous ses niveaux; elle varie avec l'âge de la région considérée. On y distingue : la structure *homogène* des parties très jeunes, voisines de la coiffe, et à cellules non différenciées 119 : la structure *primaire*, dans la région des poils absorbants; enfin la structure *secondaire* 145, dans les régions plus âgées, situées au-dessus de l'assise pilifère. Étudions, pour l'instant, la structure primaire.

Une section très mince pratiquée dans la région pilifère perpendiculairement à l'axe de la racine (*fig.* 186), et vue au microscope, se montre formée de deux cercles concentriques : l'écorce et le cylindre central.

L'écorce comprend : 1° l'*assise pilifère*, composée d'une seule rangée de cellules à

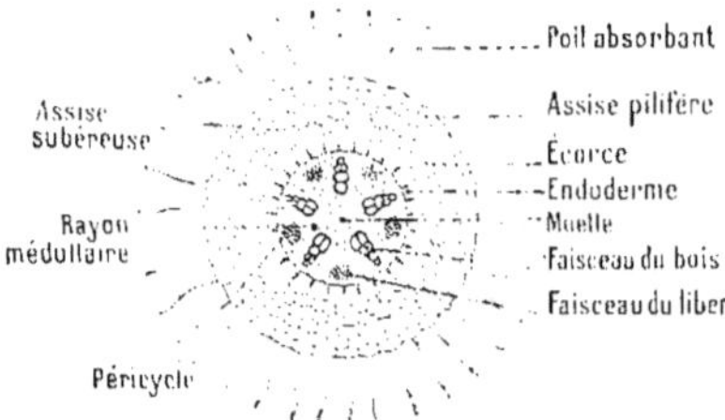

Fig. 186. — *Structure* d'une racine dans la région des *poils absorbants*.

paroi mince et dont beaucoup présentent un prolongement ou poil absorbant: 2° le *parenchyme cortical*, formé de plusieurs rangées de cellules. L'*assise subéreuse* est la plus externe : ses parois cellulaires sont subérifiées afin de protéger l'écorce après la chute de l'assise pilifère: l'*endoderme* est la plus interne; elle est formée de cellules cubiques solidement engrenées entre elles par des plissements subéreux (*fig.* 187).

Le *cylindre central* est formé d'une masse de cellules dans laquelle on distingue des taches sombres régulièrement disposées et en nombre constant chez une même espèce : il en est de deux sortes qui alternent entre elles : ce sont les *faisceaux du bois*, groupes de vaisseaux (*fig.* 167) dont les plus petits sont vers l'extérieur, et les *faisceaux du liber*, formés de tubes criblés 119 et de cellules libériennes. La région cellulaire placée au centre de la racine est la *moelle*; celle qui entoure les faisceaux est le *péricycle*; les *rayons médullaires* relient le péricycle et la moelle.

❀ *La structure des diverses parties de la racine varie avec leur âge. La structure primaire s'observe dans la région pilifère; elle comprend : 1° l'écorce, avec l'assise pilifère, le parenchyme cortical et l'endoderme ; 2° le cylindre central, avec les faisceaux du bois et du liber alternant entre eux.*

128. Structure de la pointe; origine des radicelles. — Le mode de croissance en longueur de la racine (123) laisse deviner qu'il existe près de la coiffe une région formée de cellules jeunes, constamment en voie de division: on les nomme cellules initiales (*fig.* 188). Les Phanérogames en possèdent trois groupes, dont l'un donne l'écorce, l'autre le cylindre central et le troisième la coiffe. Celle-ci conserve toujours à peu près la même épaisseur; elle s'use constamment par la surface, se renouvelle par sa partie profonde; son rôle est important, car elle protège les cellules initiales.

Ajoutons que les radicelles naissent en face des faisceaux du bois dans le péricycle; en se développant, elles détruisent, par une sorte de digestion, les cellules de l'écorce placées devant elles et apparaissent au dehors; elles forment des rangées longitudinales en nombre égal à celui des faisceaux de bois.

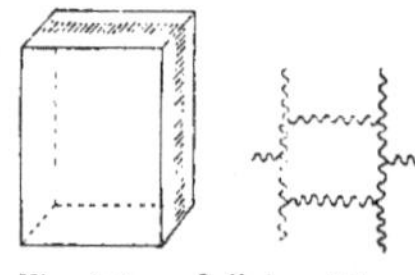

Fig. 187. — Cellule cubique de l'*endoderme* avec ses plissements.

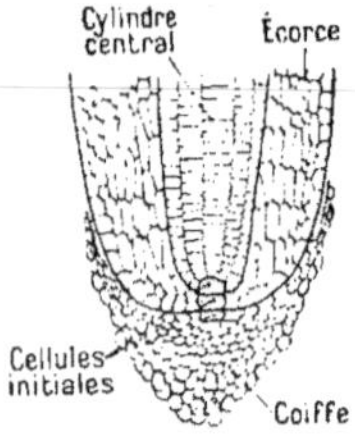

Fig. 188. — Structure de la *pointe de la racine*.

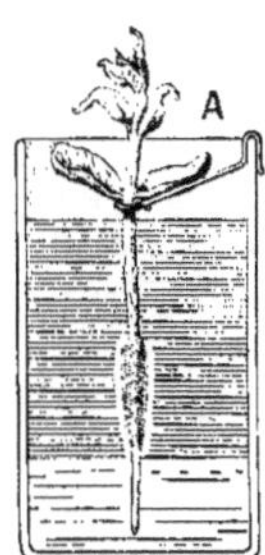

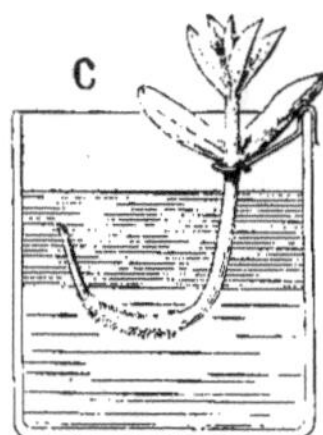

Fig. 189. — Expérience montrant l'*absorption* :
A et B, la plante dont les poils absorbants sont dans
l'huile se flétrit; C, celle dont les poils absorbants sont dans l'*eau* reste fraîche.

❀ *Chez les Phanérogames*, trois *groupes de cellules* initiales *voisins de la pointe donnent*, *par division, l'écorce, le cylindre central et la coiffe. Les radicelles naissent dans le cylindre central, en face des faisceaux du bois.*

FONCTIONS ET UTILISATION

129. Absorption. — La fonction essentielle de la racine est l'*absorption* de l'eau et des matières minérales destinées à nourrir la plante. L'absorption a lieu uniquement par les poils absorbants. Pour le montrer, on prend trois jeunes plantes provenant d'une récente germination ; on met chacune d'elles dans un vase contenant de l'eau recouverte d'une couche d'huile, de façon que la racine de la première n'ait dans l'eau que sa pointe (*fig.* 189, A), celle de la seconde, que la pointe et la région située au-dessus des poils absorbants (*fig.* 189, B), et celle de la troisième, que la région des poils absorbants (*fig.* 189, C). Les autres parties des jeunes racines plongent dans l'huile, dont le rôle est d'empêcher l'évaporation de l'eau du vase et la dessiccation des régions non en contact avec ce liquide. La première et la deuxième plante se dessèchent et meurent : l'eau ne diminue pas dans les vases qui les contiennent : il n'y a pas d'absorption. La troisième seulement absorbe l'eau et reste fraîche.

L'absorption des matières minérales dissoutes, à travers la mince paroi des poils absorbants, est un phénomène analogue à l'absorption des aliments digérés à travers la paroi de l'intestin. C'est un phénomène d'*osmose* (*fig.* 258). On nomme *sève brute* l'ensemble des matières absorbées : nous suivrons plus loin (170) son trajet dans le corps de la plante.

La racine forme une substance acide qui exerce une sorte de digestion sur les matières insolubles du sol, comme le phosphate et le carbonate de chaux. On sème des graines dans du sable recouvrant une plaque de marbre poli. On arrose ; les graines germent et, au bout de quelques jours, les jeunes racines rampent à la surface de la plaque. On enlève le sable : on aperçoit la trace en creux de toutes les racines ; elles ont dissous le calcaire.

❀ *La fonction essentielle de la racine est l'absorption de l'eau, des sels solubles et même des sels insolubles qu'elle modifie par l'action d'un liquide acide.*

130. Autres fonctions de la racine. — Les racines fixent la plante au sol. Les racines pivotantes, qui s'enfoncent profondément, sont

Fig. 190.   *Phot. de M. P. Faideau.*
Racines-suçoirs du Gui dans une tige d'Aubépine.

bien supérieures comme organes de fixation aux racines fasciculées.

Comme toutes les autres parties de la plante, la racine *respire*, c'est-à-dire qu'elle absorbe de l'oxygène et dégage du gaz carbonique. Une plante meurt lorsque ses racines sont enfoncées dans une terre trop tassée ou dont l'air est vicié. Les arbres des boulevards, dans les villes, sont placés, à ce point de vue, dans des conditions détestables.

Par ses faisceaux du liber et du bois, la racine est aussi un organe *conducteur* de la sève.

La racine peut devenir un organe de *réserves*, comme les racines tuberculeuses, dans lesquelles s'accumulent des matières qui seront utilisées plus tard par la plante.

Les racines adventives surtout ont des fonctions variables. Elles s'enfoncent dans les tissus d'une autre plante, comme les racines-suçoirs du Gui, parasite de plusieurs espèces d'arbres *fig.* 190; leur pointe est alors privée de coiffe; ou bien elles font grimper la plante, telles les racines-crampons du Lierre *fig.* 202 qui sécrètent un principe agglutinant à leur point de contact avec le support; ou celles qu'en face de ses feuilles émet le Vanillier *fig.* 191, Orchidée des régions chaudes, et qui s'enroulent autour du support. Chez le Figuier banian, arbre de l'Inde *fig.* 176, les branches émettent des racines adventives qui pendent, s'allongent, se fixent au sol et forment de gros piliers qui soutiennent les maîtresses branches et contribuent à les nourrir. Certains de ces vieux arbres à troncs multiples forment à eux seuls toute une forêt.

❀ *La racine fixe solidement la plante au sol; elle respire; elle peut enfin devenir un organe de réserves. Les racines adventives surtout ont des fonctions variables. (Voir le Tableau-résumé de la RACINE, p. 88.)*

Fig. 191.
Racines
adventives du
Vanillier.

131. Utilisation des racines.

— Les racines ont de très nombreuses applications. Pour l'*alimentation* de l'homme : citons la carotte (*fig.* 192), le panais (*fig.* 193), le navet (*fig.* 194), le radis (*fig.* 195), la betterave potagère rouge, le salsifis blanc (*fig.* 182) et la Scorsonère ou salsifis noir. La racine d'une Euphorbiacée de l'Amérique du Sud fournit

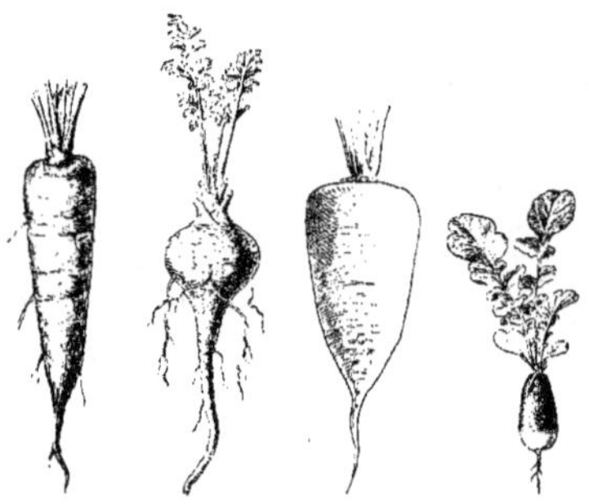

Fig. 192.   Fig. 193.   Fig. 194.   Fig. 195.
Carotte.   Panais.   Navet.   Radis.

une fécule, le manioc, qui sert à préparer le tapioca. Pour l'*alimentation des animaux*, on utilise la betterave fourragère et aussi le chou-navet et le rutabaga, qui sont de simples variétés du navet.

Dans l'*industrie* : la Betterave (*fig.* 184) à sucre est une plante dont la culture a pris une grande extension ; elle fournit près de la moitié du sucre consommé dans le monde entier. On en retire aussi de l'alcool par fermentation. La pulpe, résidu laissé par la fabrication du sucre, sert durant l'hiver à nourrir le bétail. La chicorée à café, employée pour colorer le café, provient aussi d'une racine.

En *médecine*, on emploie le raifort, antiscorbutique ; la gentiane, amère, apéritive ; la guimauve, adoucissante. L'*ipéca* est la racine d'une plante. l'Ipécacuanha de l'Amérique du Sud ; elle contient des principes vomitifs.

❀ *On utilise les racines pour l'alimentation de l'homme et des animaux. La plus importante est celle de la Betterave, qui fournit du sucre ou de l'alcool et nourrit le bétail.*

Fig. 196. — Un *Baobab*, au Sénégal (Afrique occidentale).

XII. LA TIGE

CARACTÈRES EXTÉRIEURS

132. Feuilles et bourgeons. — La tige principale résulte du développement de la tigelle de l'embryon. Elle est généralement aérienne, de forme plus ou moins cylindrique. Elle porte toujours des feuilles et des bourgeons ; sa croissance est illimitée.

Au point où une feuille s'attache est un renflement ou *nœud* (*fig.* 197). Plus on va vers le sommet de la tige, plus les feuilles sont jeunes, petites et rapprochées. Finalement elles se recouvrent les unes les autres, formant ainsi un petit corps conique, le *bourgeon termi-nal*, dont l'origine et la structure n'ont aucune analogie avec celles de la coiffe, mais qui joue vis-à-vis du sommet délicat de la tige le même rôle protecteur que la coiffe pour la pointe de la racine.

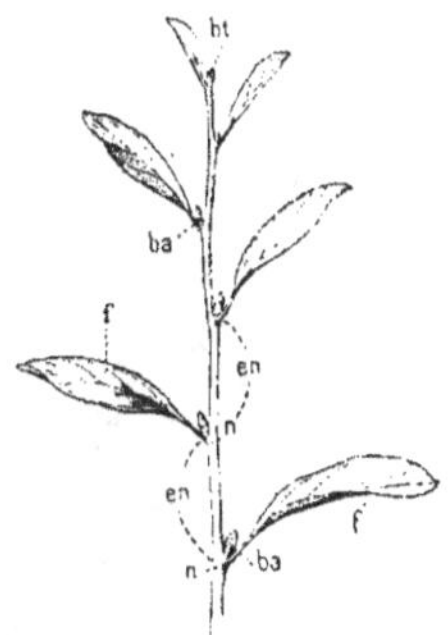

Fig. 197. — *Tige* :
f, feuille ; *ba*, bourgeon axillaire ; *bt*, bourgeon terminal ; *n*, nœud ; *en*, entre-nœud.

A l'*aisselle* de chaque feuille, il y a *toujours* un bourgeon *axillaire* ou *latéral* ; c'est un petit organe qui, en se développant, donnera une branche avec ses feuilles.

❀ *Toute tige porte des feuilles qui s'attachent aux nœuds. A l'aisselle de chaque feuille est un bourgeon latéral dont le développement donnera une branche. La tige porte à son sommet un bourgeon protecteur, le bourgeon terminal.*

133. Croissance en longueur. — Si, comme on l'a déjà fait pour la racine, on trace sur une jeune tige, à partir de la pointe de son bourgeon terminal, des traits équidistants de 1 centimètre, on voit au bout de quelques jours que tous les intervalles ont grandi, jusqu'à une certaine distance du sommet. Si l'on divise en millimètres le centimètre le plus rapproché du sommet, toutes les divisions augmentent. L'accroissement en longueur de la tige est donc à la fois *terminal* et *intercalaire*, puisqu'il continue à se produire dans les entre-nœuds déjà bien marqués. Au lieu de tracer des traits, on peut mesurer les entre-nœuds du sommet : on voit leur longueur augmenter jusqu'à ce qu'ils soient égaux à ceux dont la croissance est déjà terminée. Si l'on coupe le bourgeon terminal d'une tige, elle cesse au bout de peu de temps de croître en longueur, puisque c'est dans cette région que se forment les nouvelles cellules (**140**).

❀ *La croissance en longueur de la tige est à la fois terminale et intercalaire.*

134. Direction de la tige principale. — La tige principale, lorsqu'elle est également éclairée de tous côtés, se dirige verticalement en sens inverse de la pesanteur ; son *géotropisme* est négatif. Rappelons, à ce sujet, l'expérience de la plantule renversée *fig.* 179 et celle du pot retourné *fig.* 180. Si l'éclairement est inégal, le sommet de la tige se dirige toujours vers l'endroit le plus éclairé. Quand on cultive des plantes sur une fenêtre, toutes les tiges se dirigent vers l'extérieur. La lumière, en effet, retarde la croissance en longueur ; la tige éclairée inégalement s'accroît plus vite du côté sombre, ce qui la force à s'incliner vers la lumière ; on nomme *héliotropisme* cette propriété.

❀ *La tige principale se dirige verticalement en sens inverse de la pesanteur quand elle est partout également éclairée ; sinon, sa croissance a lieu de manière à la conduire vers la lumière (héliotropisme).*

135. Ramification. Rameaux adventifs. — La tige principale porte ordinairement des tiges de second ordre, qui en portent elles-mêmes de troisième ordre, etc. (*fig.* 196) ; on les nomme *branches* ou *rameaux* ; leur structure est la même que celle de la tige principale. Les branches ne suivent pas aussi exactement que la tige principale la direction verticale, elles s'écartent les unes des autres de manière à occuper dans l'air un vaste espace, disposition avantageuse pour porter les feuilles à la lumière.

On nomme *bourgeons adventifs* ceux qui ne naissent pas à l'aisselle d'une feuille, mais sur une tige blessée, sectionnée, ou sur une racine dans les mêmes conditions ; ils donnent des *rameaux adventifs*. La taille des arbres amène la formation de rameaux

Fig. 198. — Saules exploités en *têtards*.

adventifs. On taille les arbres des promenades pour en rectifier la forme et les forcer à donner de l'ombre; on coupe souvent la tête des Saules, des Frênes, etc., pour faire naître de nombreuses branches qu'on coupe de nouveau et qui, de grosseur égale, sont propres à faire des fagots. C'est ce qu'on appelle exploiter en *têtard*, parce que la sève, montant toujours au même point du tronc, amène la formation d'une sorte de renflement ou tête (*fig.* 198).

❁ *L'appareil de support des feuilles comprend :* 1° *la tige principale, qui continue la racine principale et qui est déjà formée dans la graine ;* 2° *ses ramifications ou branches, normalement développées à l'aisselle des feuilles ;* 3° *les rameaux adventifs, qui naissent en des points variables.*

136. Port des plantes. — La tige peut être extrêmement réduite, chez le Fraisier (*fig.* 205), par exemple, ou, au contraire, très développée; il est des Baobabs de 30 mètres de circonférence à la base (*fig.* 196);

Fig. 199. — Stipe d'un Palmier dattier (10 à 20 m.).

Fig. 200. — Peupliers :
A. Tremble (15 à 20 m.); B. Peuplier noir (35 m.);
C. Peuplier pyramidal ou d'Italie (40 m.).

certains Séquoias de Californie atteignent plus de 130 mètres de hauteur.

Une tige est *herbacée* quand elle est verte, flexible et ne dure qu'une saison; une tige *ligneuse*, comme celle des arbres, peut, au contraire, acquérir un grand développement et durer un nombre d'années considérable.

Le *port* d'une plante, c'est-à-dire son aspect, résulte surtout des proportions relatives de la tige principale et des rameaux, ainsi que de la direction de ces derniers. Parfois la tige n'est pas ramifiée: elle est cylindrique, à surface rugueuse portant les restes des feuilles anciennes, et se termine brusquement par une couronne de feuilles : c'est un *stipe*; on l'observe chez tous les Palmiers (*fig.* 199). Lorsque la tige principale est plus grosse que les autres et dépourvue de feuilles, on la nomme *tronc* (*fig.* 196). Parfois les rameaux sont petits et dressés verticalement le long du tronc, comme chez le Peuplier d'Italie (*fig.* 200) : ils sont obliques chez le Chêne, horizontaux et régulièrement décroissants jusqu'au sommet chez le Sapin, ou minces et flexibles chez le Saule pleureur.

✿ *Les tiges sont* herbacées *ou* ligneuses. *Le port des plantes résulte de la* direction *des rameaux et de leurs* dimensions *par rapport à la tige principale.*

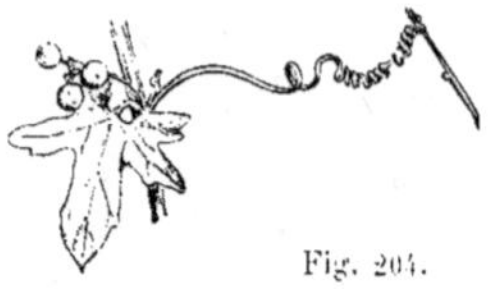

Fig. 204. *Vrille* de la Bryone.

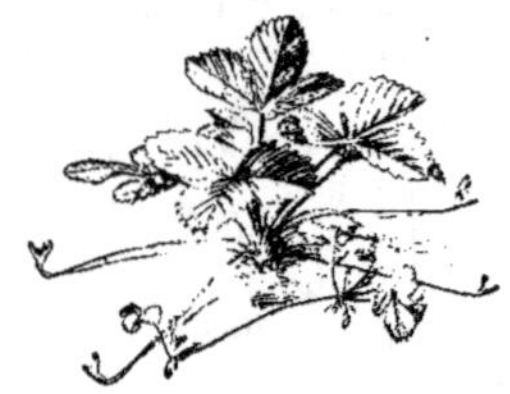

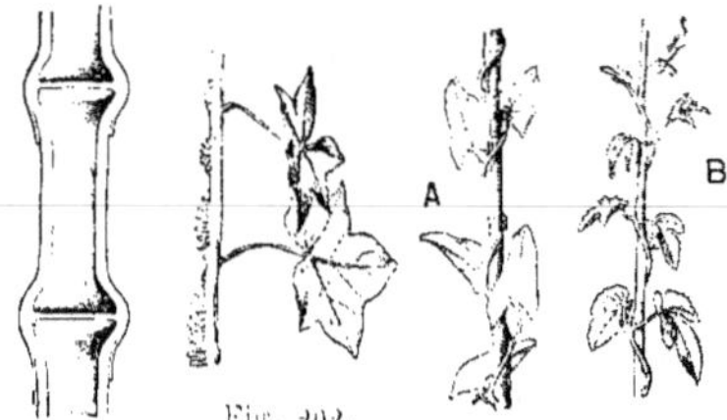

Fig. 205. — *Coulants* du Fraisier.

137. **Tiges aériennes.** — La plupart des tiges sont aériennes ; beaucoup cependant sont souterraines, au moins en partie. Des premières on peut faire trois groupes : elles sont dressées, grimpantes ou rampantes.

Les tiges *dressées* sont celles qui sont assez fortes pour se soutenir par elles-mêmes. Un *chaume* est une tige dressée, cylindrique, creuse, sauf à la hauteur des nœuds, où elle présente des cloisons ; telle est la *paille* des Graminées (*fig.* 201).

Les tiges *grimpantes* sont trop faibles pour se soutenir ; elles parviennent cependant à une grande hauteur en s'aidant d'un support. Certaines s'appuient sur les corps voisins à l'aide d'aiguillons crochus (Églantier). Le Lierre grimpe en fixant solidement ses racines crampons (*fig.* 202). Les tiges *volubiles* s'enroulent en hélice autour d'un support ; les tissus en contact avec le corps solide croissent moins vite que les autres, d'où une courbure qui applique la tige contre le tuteur. Le sens de l'enroulement est toujours le même pour une même espèce ; le plus souvent de gauche à droite pour l'observateur placé en face et regardant le bourgeon terminal (Haricot, Liseron, *fig.* 203, A) ; quelquefois il est de droite à gauche (Chèvrefeuille, Houblon, *fig.* 203, B). Il est enfin des plantes qui grimpent à l'aide d'organes mous, enroulables, nommés *vrilles*. La vrille est une tige modifiée (Vigne) ou une feuille modifiée (Bryone, *fig.* 204). On la reconnaît pour une tige si elle est à l'aisselle d'une feuille. La Clématite utilise, pour grimper, les pétioles enroulables de ses feuilles.

Fig. 201. Tige *dressée* : coupe d'un chaume.

Fig. 202. Tige *grimpante* et racines crampons du Lierre.

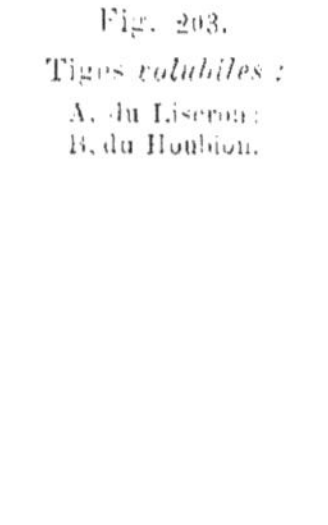

Fig. 203. Tiges *volubiles* : A, du Liseron ; B, du Houblon.

Les tiges *rampantes*, comme celles qu'émettent beaucoup de plantes (Pervenche, Fraisier, *fig.* 205) sont molles et grêles ; on les nomme aussi *coulants*. Elles forment de distance en distance des racines adventives d'où proviennent des pieds nouveaux de la plante.

✿ *Les tiges dressées se soutiennent par elles-mêmes ; les tiges grimpantes s'appuient contre un support à l'aide d'*aiguillons, *s'y fixent à l'aide de* racines crampons, *s'enroulent autour de lui (tiges volubiles) ou détachent des* vrilles *enroulables. Les tiges rampantes multiplient la plante.*

138. **Tiges souterraines.** — D'après leur forme on les nomme rhizomes, tubercules ou bulbes. Les *rhizomes* sont semblables d'aspect aux racines, mais ils s'en distinguent par la présence de feuilles peu développées, ou *écailles*, dont chacune porte à son aisselle un bourgeon qui donnera une tige aérienne (Carex, Iris, *fig.* 206, A et B). L'un des rhizomes les plus intéressants est celui du Sceau-de-Salomon (*fig.* 206, C), commun dans nos bois. Sa tige se flétrit chaque année à l'automne et laisse sur le rhizome une cicatrice arrondie.

Les tiges, comme les racines, peuvent se

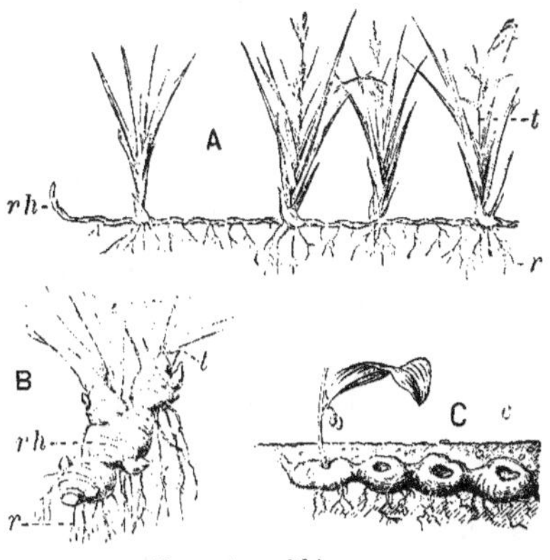

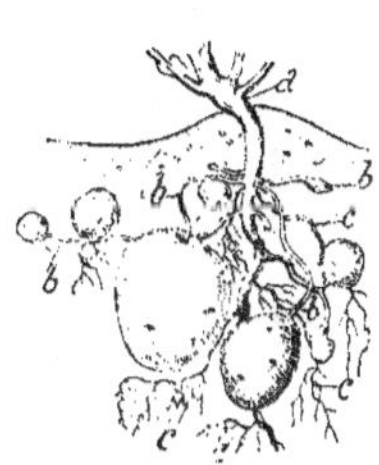

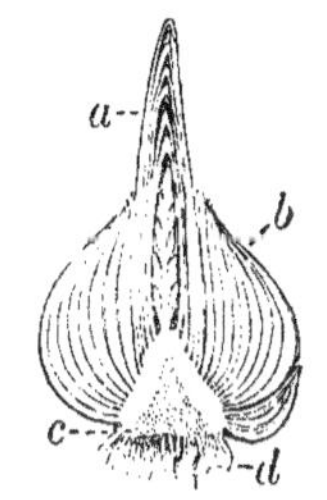

Fig. 206. — *Rhizomes* :

A. Carex; B. Iris; C. Sceau de Salomon : *t*, tige aérienne ;
rh, rhizome ; *r*, racines adventives ; *c*, cicatrices formées
par la chute des tiges aériennes.

Fig. 207.
Tubercules de la Pomme
de terre :

a, tige aérienne ; *b*, rhizome
portant des tubercules ;
c, racines adventives.

Fig. 208.
Coupe d'un *bulbe* :

a, tige aérienne ;
b, écailles ;
c, plateau ou rhizome ;
d, racines adventives.

renfler en *tubercules* : topinambour (*fig.* 225),
pomme de terre (*fig.* 207). A leur surface sont
de petites dépressions et, au fond de chacune
d'elles, est une écaille avec son bourgeon.

Les *bulbes* ou *oignons* sont des bourgeons
souterrains. Chacun d'eux comprend un court
rhizome ou *plateau* qui porte à sa face inférieure des racines adventives et, sur ses
flancs, des *écailles* ou feuilles blanchâtres
(*fig.* 208). A l'aisselle de chaque écaille est un
bourgeon latéral. Ici la nourriture mise en ré-

serve existe sur-
tout dans les feuil-
les. Pour qu'un
bulbe développe
une plante, il suffit
de mettre sa base
en contact avec
l'eau (*fig.* 209).

❀ *Il y a trois
sortes de tiges
souterraines : les
rhizomes, qui se
distinguent des
racines par la
présence d'écailles
et de bourgeons ;
les tubercules ou
portions de rhi-
zome renflées ; les
bulbes, qui sont
des sortes de bour-
geons souterrains.*

Fig. 209. — *Racines adventives d'un bulbe de Ja-
cinthe cultivé sur carafe.*

STRUCTURE INTERNE

139. Structure primaire. — La structure
de la tige, comme celle de la racine, n'est pas
la même à tous les niveaux ; elle varie avec
l'âge de la région considérée ; on y distingue
la structure *homogène* des parties très jeunes,
comme le bourgeon terminal (*fig.* 214), la
structure *primaire* au voisinage du sommet,
enfin la structure *secondaire*, qu'on observe
dans les régions plus âgées.

Étudions d'abord la structure primaire. Une
section très mince, pratiquée au milieu d'un
entre-nœud
encore en voie
de croissance
et perpendicu-
lairement à
l'axe de la tige,
se montre for-
mée de deux ré-
gions concen-
triques ; l'é-
corce et le cy-
lindre central.

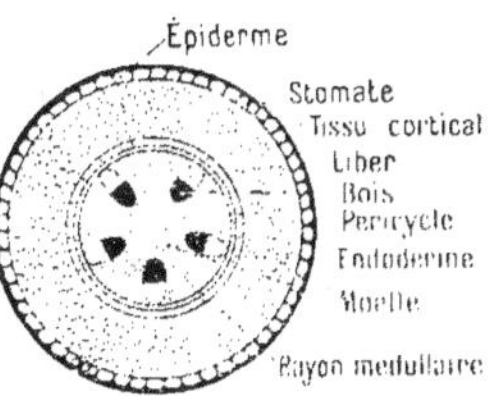

Fig. 210. — Coupe de la tige
d'une Dicotylédone montrant la
structure primaire.

La rangée la plus externe de l'écorce est *l'épiderme* ; la paroi externe de ses cellules est épaisse et riche en *cutine* imperméable ; elle ne renferme pas de chlorophylle ; l'épiderme est percé de nombreux orifices ou *stomates* 157 qui permettent les échanges gazeux

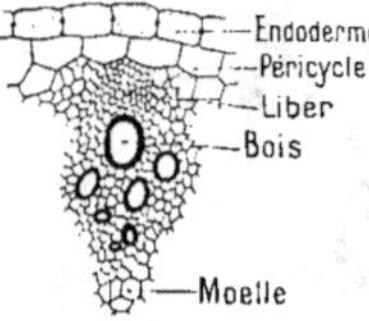

Fig. 211.
Détail d'un *faisceau libéro-ligneux.*

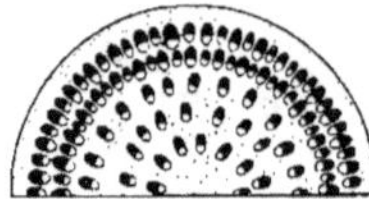

Fig. 212. — Coupe d'un faisceau libéro-ligneux d'un *Palmier.*

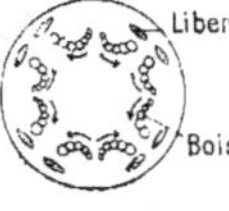
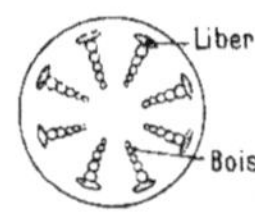

Fig. 213. — Coupe du *collet* chez le Haricot : passage de la structure de la tige à la racine.

avec l'atmosphère ; le *tissu cortical* proprement dit comprend plusieurs rangées de cellules polyédriques, dont au moins les plus externes renferment de la chlorophylle ; la rangée la plus interne est un *endoderme,* formé de cellules riches en amidon. Le *cylindre central* est beaucoup plus développé que dans la racine ; son parenchyme renferme des *faisceaux libéro-ligneux* à liber externe et à bois interne (*fig.* 168). A l'inverse de la racine, les vaisseaux les plus jeunes sont les plus rapprochés du centre (*fig.* 211).

Chez les *Monocotylédones,* un Palmier, par exemple, les faisceaux libéro-ligneux sont très nombreux et disséminés irrégulièrement dans le parenchyme (*fig.* 212). Dans la région du collet se fait le raccordement entre les faisceaux de la racine et ceux de la tige. Il a lieu de la manière suivante, chez le *Haricot,* pris pour exemple (*fig.* 213) : les quatre faisceaux du liber se dédoublent ; les vaisseaux composant chacun des quatre faisceaux du bois se séparent, s'écartent à partir du centre, pivotent autour de leur bord externe et viennent appli-

quer leur bord interne contre l'un des faisceaux libériens dédoublés.

❀ *La structure des diverses parties de la tige d'une Dicotylédone varie avec leur âge. La structure primaire s'observe dans un entre-nœud encore en croissance ; elle comprend : 1° l'écorce, avec l'épiderme, le parenchyme cortical et l'endoderme ; 2° le cylindre central, avec les faisceaux libéro-ligneux, à liber externe.*

140. Structure du sommet; origine des branches. — Au sommet de la tige des *Phanérogames* on trouve trois groupes de cellules initiales 128, donnant respectivement, en se divisant, l'épiderme, l'écorce et le cylindre central (*fig.* 214). Chez les *Fougères,* la pointe de la racine, comme le sommet de la tige, ne porte qu'une seule cellule initiale.

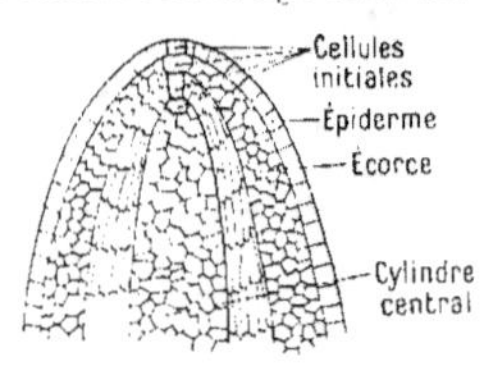

Fig. 214.
Structure du *sommet* de la tige chez une Dicotylédone.

Les *branches* proviennent des bourgeons latéraux et naissent, par suite, tout près de la surface de la tige, contrairement aux radicelles, qui naissent dans le péricycle.

❀ *Chez les Phanérogames, trois groupes de cellules initiales voisines du sommet forment les tissus par leurs divisions. Les branches naissent superficiellement.*

141. Structure secondaire. — La structure secondaire est caractérisée par des tissus nouveaux dont l'ensemble constitue les *formations secondaires;* leur apparition détermine la croissance en épaisseur. Les formations secondaires ne se rencontrent guère que chez les Dicotylédones et les Gymnospermes : elles résultent du cloisonnement continuel de deux assises de cellules : la *couche génératrice interne* ou *libéro-ligneuse,* qui apparaît dans le cylindre central (*fig.* 215), et forme le bois secondaire et le liber secondaire : la couche génératrice *externe* ou *du liège,* qui apparaît dans l'écorce et donne le liège et l'écorce secondaire. La croissance en épaisseur, chez les autres plantes, les Monocotylédones, par exemple, a lieu par un

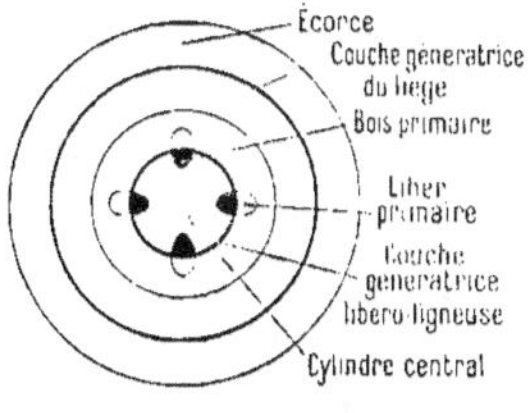

Fig. 215. — *Formations secondaires de la tige des Dicotylédones : apparition des deux couches génératrices.*

procédé différent. Nous allons étudier successivement le fonctionnement des deux assises génératrices interne et externe.

❊ *La croissance en épaisseur, chez les Dicotylédones et les Gymnospermes, est due au cloisonnement de deux assises génératrices qui déterminent les formations secondaires.*

142. Couche génératrice libéro-ligneuse.

— Dans le courant de la première année apparaît, entre le bois et le liber de chaque faisceau libéro-ligneux de la tige, une assise de cellules qui forme bientôt un cercle continu : c'est la couche génératrice libéro-ligneuse. Chacune des cellules qui la composent se cloisonne et, par suite, de nouvelles cellules naissent alternativement sur sa face interne et sur sa face externe *fig.* 216 : ainsi se forme une région circulaire toujours riche en cellules jeunes non différenciées : c'est le *cambium*. Les cellules qui sont chassées vers l'extérieur conservent leur membrane de cellulose, ainsi que leur protoplasme, et deviennent du *liber secondaire*; celles qui sont chassées vers l'intérieur lignifient et épaississent leurs membranes et forment le *bois secondaire*. Ajoutons cependant que, de place en place, la couche génératrice, au lieu de former du bois et du liber secondaires, donne des rangées de cellules qui ne se différencient pas et cons-

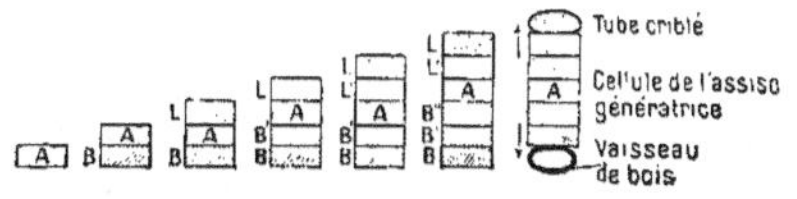

Fig. 216. — *Fonctionnement de la couche génératrice libéro-ligneuse.*

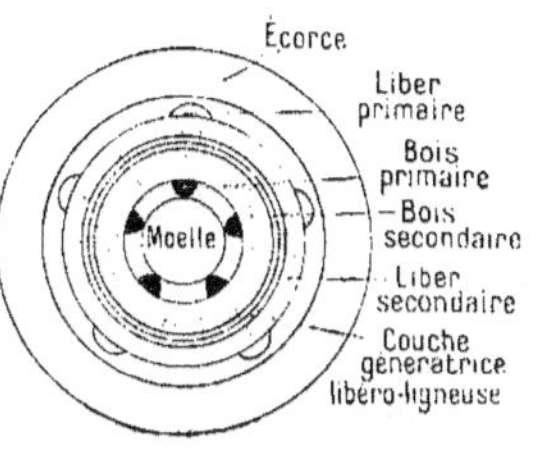

Fig. 217. — Résultat du fonctionnement de la couche génératrice libéro-ligneuse *au bout d'un an.*

tituent les *rayons médullaires secondaires.*

L'activité de la couche génératrice ne cesse que pendant la mauvaise saison, pour reprendre au printemps ; elle forme donc chaque année une couche de bois secondaire et une couche de liber secondaire (*fig.* 217); le bois le plus âgé est chassé vers le centre, et le liber le plus âgé vers l'extérieur. Le bois secondaire est formé de vaisseaux ponctués et de fibres ligneuses très résistantes ; le liber secondaire comprend des tubes criblés et aussi des fibres libériennes, allongées, à paroi non lignifiée, et, par suite, flexibles.

❊ *La couche génératrice libéro-ligneuse apparaît entre le bois et le liber primaires ; ses cellules se divisent et donnent chaque année une couche de liber secondaire vers l'extérieur, une couche de bois secondaire vers le centre. Le cambium est la région à cellules jeunes, avoisinant la couche génératrice.*

143. Couche génératrice du liège.

— La tige croissant en diamètre par le fonctionnement de la couche génératrice interne, l'épiderme devient trop étroit et se crève. La couche génératrice externe, qui a fait son apparition dans l'écorce, se

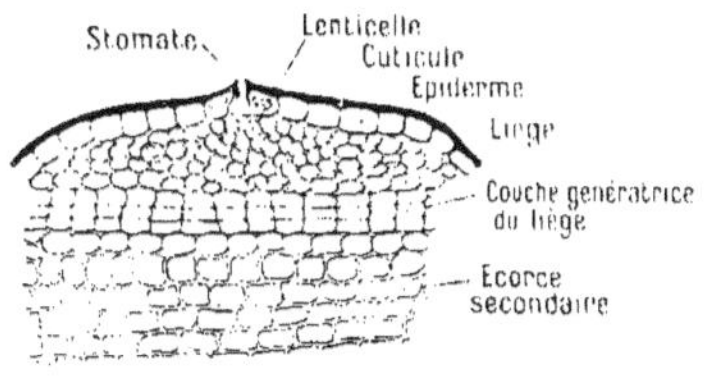

Fig. 218. — Fonctionnement de la *couche génératrice du liège.*

divise activement par le même mécanisme que l'assise libéro-ligneuse et donne du *liège* vers l'extérieur et de l'*écorce secondaire* ou *phelloderme* vers le centre *fig.* 218 . Les cellules du liège perdent leur protoplasme et leur noyau, et sont bientôt réduites à une membrane de subérine entourant une petite masse d'air. Le liège est absolument imperméable et, par suite, s'oppose aux échanges gazeux. A la place même où l'épiderme portait des stomates apparaissent de petites taches brunes, les *lenticelles*, régions perméables permettant les échanges gazeux *fig* 218 .

Le liège se détache périodiquement par larges plaques de la surface du Platane, par minces feuillets annulaires sur le tronc du Bouleau, etc. Tous les arbres ont du liège, mais il ne devient assez épais et élastique pour être utilisé que chez le Chêne-liège, arbre de la région méditerranéenne *fig.* 223 .

※ *La couche génératrice du liège donne, par division de ses cellules, du liège vers l'extérieur et de l'écorce secondaire vers le centre. A la surface du liège, imperméable, les lenticelles permettent les échanges gazeux.*

144. Structure d'une tige âgée.

— Sur la section transversale d'un tronc d'arbre *fig.* 219 , on distingue deux parties concentriques, l'écorce et le bois. Ce qu'on nomme écorce, et qu'on enlève aisément d'une branche au moment où elle est en sève, comprend en réalité l'écorce proprement dite et le liber. Ce dernier est formé de couches minces, appliquées les unes contre les autres.

Le *bois* constitue la plus grande partie du tronc. On y compte, en nos pays, autant de couches distinctes que l'arbre a d'années. Chaque couche, dont l'épaisseur est ordinairement de quelques millimètres, comprend une partie claire, et riche en gros vaisseaux, qui est le bois formé au printemps, et une plus foncée, le bois d'automne, composé de vaisseaux plus étroits, et surtout de cellules et de fibres ligneuses *fig.* 220 . Les couches les plus âgées sont voisines du centre; elles sont dures, foncées, résistent bien à l'attaque des insectes; la sève n'y circule plus : c'est le *cœur* ou *bois par-*

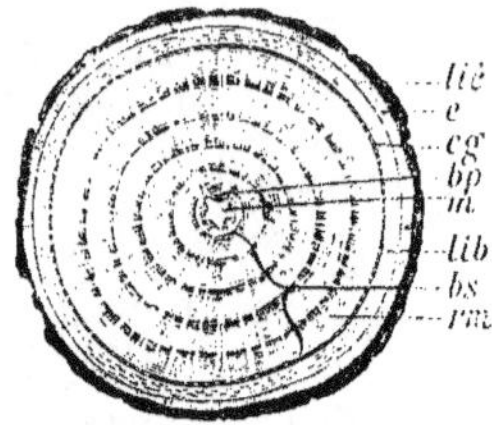

Fig. 219. — Coupe transversale d'un *tronc d'arbre*.

m. moelle; *bp.* bois primaire; *bs.* bois secondaire; *rm.* rayons médullaires; *cg,* couche génératrice; *lib.* liber; *e,* écorce; *liè,* liège.

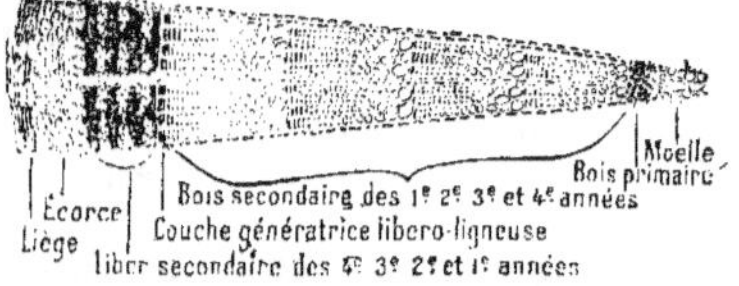

Fig. 220. — *Coupe d'une tige âgée de 4 ans.*

fait, recherché pour l'ébénisterie et la construction : le bois le plus jeune ou *aubier*, voisin du cambium, est blanc, riche en eau.

※ *Le jeu des saisons modifie la nature des éléments du bois* secondaire et permet sa séparation en couches annuelles; le cœur ou bois central est dur et foncé; l'aubier, plus jeune, est riche en eau.

145. La croissance dans la tige et dans la racine.

— Nous pouvons maintenant jeter un coup d'œil d'ensemble sur les phénomènes de *croissance* dans la tige et dans la racine, et les comparer; il faut envisager successivement la croissance en longueur et celle en épaisseur.

La croissance en *longueur* résulte : 1° de la formation de nouvelles cellules par division de cellules initiales, placées au sommet de la tige ou à la pointe de la racine; 2° de l'agrandissement des cellules déjà formées, sous l'influence de la nutrition. Dans la racine, la croissance a lieu dans le sens de la pesanteur, et en sens inverse dans la tige; la croissance est retardée dans les tissus de la tige vivement éclairés ou en contact avec un corps solide; il en résulte des courbures vers la lumière ou vers le corps solide plantes volubiles .

La croissance en *épaisseur* résulte, chez la tige, du fonctionnement des deux assises génératrices. On retrouve celles-ci dans la racine

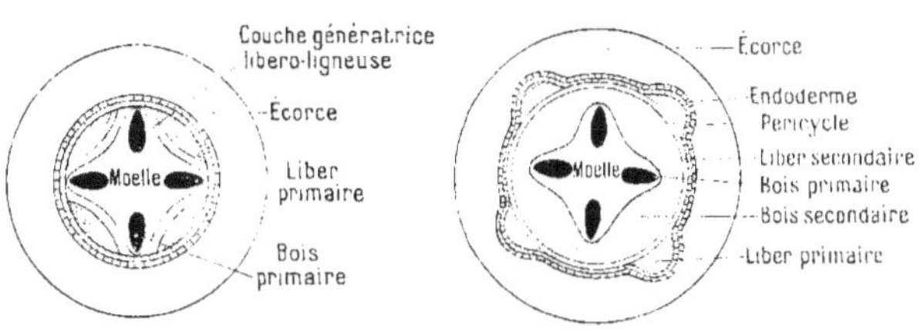

Fig. 221 et 222. — Apparition et fonctionnement des couches génératrices dans la *racine des Dicotylédones*.

✿ *Dans la tige et dans la racine, la croissance en longueur résulte de la division des cellules initiales du sommet, tandis que la croissance en épaisseur résulte de la division des cellules des deux assises génératrices.*

des Dicotylédones et des Gymnospermes, et elles fonctionnent de la même façon. Notons cependant que la couche génératrice passe ici en dehors du bois primaire et en dedans du liber primaire et forme d'abord une ligne sinueuse *fig. 221 et 222*. Au bout de peu de temps la structure secondaire d'une racine est semblable à celle de la tige de la même plante.

FONCTIONS ET UTILISATION

146. Fonctions de la tige. — Elle *supporte* les branches, les feuilles, les fleurs et les fruits. Par ses vaisseaux, elle *conduit* la sève. Elle peut devenir le siège de *réserves* nutritives qui, chez le Chou-rave *fig. 226*, ont lieu dans les parties aériennes, mais qui, plus

Fig. 223. — *Cactées* du Jardin botanique du Cap Afrique australe.

ordinairement, se déposent dans les rhizomes ou les tubercules. Chez les Cactus du Mexique, la tige devient un réservoir d'eau qui permet à ces plantes de résister à une sécheresse prolongée; les feuilles sont réduites à des faisceaux d'épines: les tiges, charnues et vertes, sont en colonne cannelée, en boule, en raquettes aplaties (*fig.* 223). La tige *respire* comme toutes les autres parties de la plante, et elle peut se transformer en *épine* pour sa défense (Aubépine); en *vrille* pour la faire grimper (Vigne).

※ *La tige a un rôle de soutien, elle conduit la sève; elle est un organe de réserve; elle respire; elle peut remplir divers rôles accessoires.* (Voir le *Tableau-résumé ci-dessous.*)

147. Utilisation des tiges. — Les tiges ont de très nombreux usages. On utilise pour l'*alimentation de l'homme :* la pomme de terre (*fig.* 207), les topinambours (*fig.* 225). Les crosnes du Japon sont des tubercules comestibles; l'asperge (*fig.* 224) est une jeune pousse et le chou-rave (*fig.* 226) est une tige renflée.

Pour l'*alimentation du bétail*, on utilise les Graminées qui forment l'herbe des prairies naturelles et les Légumineuses des prairies artificielles : sainfoin, trèfle, luzerne. On emploie aussi le topinambour et la paille des céréales.

Dans l'*industrie :* la canne à sucre, écrasée, donne le sucre, et, par fermentation du jus sucré, le *rhum;* la pomme de terre fournit la

Fig. 224. Asperge. Fig. 225. Topinambour. Fig. 226. Chou-rave.

VIII. — TABLEAU-RÉSUMÉ COMPARANT LA RACINE ET LA TIGE.

LA RACINE.		LA TIGE.
Provient de la *radicule* de l'embryon.	ORIGINE.	Provient de la *tigelle* de l'embryon.
Se termine par un étui protecteur, la *coiffe*. Près de la pointe sont les *poils absorbants*. Ne porte ni feuilles ni bourgeons. Est généralement souterraine.	CARACTÈRES EXTÉRIEURS.	Porte un *bourgeon terminal*. Jamais de poils absorbants. Porte des feuilles et des bourgeons. Est généralement aérienne.
Presque terminale sur une zone restreinte.	CROISSANCE EN LONGUEUR.	Elle est terminale sur une zone étendue.
En milieu homogène, la racine principale se dirige verticalement, dans le sens de la *pesanteur*; sinon, vers l'endroit le plus *humide*.	DIRECTION.	En milieu éclairé également, la tige principale se dirige verticalement, en sens *inverse* de la *pesanteur*; sinon, vers l'endroit le plus *éclairé*.
La racine principale se ramifie en *radicelles*. Des racines *adventives* naissent en des points variables. — Origine *profonde* des radicelles.	RAMIFICATION.	La tige principale se ramifie en *branches* d'où naissent des bourgeons latéraux. Des *bourgeons adventifs* naissent en des points variables. — Origine *superficielle* des branches.
La racine est *pivotante* ou *fasciculée*. Une racine, renflée par des matières de réserve, est *tuberculeuse*.	FORME ET MILIEU.	Les tiges aériennes sont *dressées*, *grimpantes* ou *rampantes*. Les tiges souterraines sont les *rhizomes*, les *tubercules* et les *bulbes*.
Faisceaux du bois *alternant* avec ceux du liber. Les jeunes vaisseaux du bois vers l'*extérieur*.	STRUCTURE PRIMAIRE.	Faisceaux du bois *réunis* à ceux du liber. Les jeunes vaisseaux du bois sont vers le *centre*.
Absorbe l'eau et les sels du sol (*sève brute*). *Fixe* la plante au sol. *Respire*. Peut devenir un organe de *réserve* ou se transformer en *crampon* fixateur, etc.	FONCTIONS.	*Conduit* la sève brute aux feuilles; ramène la *sève nourricière*. *Supporte* les feuilles, les fleurs, les fruits. *Respire*. Peut devenir un organe de *réserve* ou se transformer en *vrille*, en *épine*, etc.

Fig. 227. — Un coin de la *forêt* de Fontainebleau.

fécule qu'on transforme en glucose ou sucre d'amidon, puis en alcool: le topinambour est traité de la même façon; le lin, le chanvre, la ramie de Chine et d'Algérie, sont des fibres textiles retirées des écorces de ces plantes; le rhizome de l'Iris est employé en parfumerie: la paille des Graminées sert à faire du papier, du carton, des chapeaux, les toitures des chaumières, etc.

En *médecine* : le chiendent et la réglisse, adoucissante et pectorale, sont les rhizomes de ces plantes.

Les *écorces*, celles du Chêne et du Châtaignier surtout, fournissent des produits utiles pour le tannage. Le *liège* est enlevé tous les dix ans du tronc du Chêneliège (*fig.* **228**): l'ouvrier doit respecter la couche génératrice: le liège est léger, imperméable, mauvais conducteur de la chaleur et du son, d'où ses nombreux usages : bouchons, engins de sauvetage, semelles, briques. Le quinquina est l'écorce d'un arbre d'Amérique: on en retire la *quinine*, qui est employée en médecine contre la fièvre.

Produits divers : le *caoutchouc* est un suc laiteux qui s'écoule de plusieurs espèces de plantes herbacées ou ligneuses; il en est de même de la *gutta-percha*. La résine que laisse suinter le tronc des Pins, des Sapins, est la *térébenthine* d'où l'on retire l'essence de térébenthine, la colophane et des goudrons: le *camphre* est extrait de plantes habitant le Japon et Bornéo; la *gomme arabique*, la *gomme laque* sont aussi fournies par diverses espèces d'arbres.

❈ *Parmi les tiges, les plus importantes sont la* pomme de terre, *pour l'alimentation de l'homme, du bétail, la fabrication du glucose et de l'alcool;* la canne à sucre. *Des tiges on retire des fibres textiles, du caoutchouc, des résines, des gommes, le liège et les écorces tannantes.*

Fig. 228. — Récolte du *liège*.

148. Bienfaits des forêts ; usages du bois. — La forêt (*fig.* 227) met en valeur, par ses produits, les terrains pauvres ; assainit les régions marécageuses. Dans les plaines, elle brise la violence des vents et protège les cultures. Elle régularise la température et le régime des pluies ; dans les montagnes, elle empêche le ravinement et prévient, par suite, la formation des torrents temporaires si dévastateurs ; enfin, la forêt nous fournit le bois, substance précieuse entre toutes.

Malheureusement la pousse des forêts ne compense pas la destruction qu'on en fait, surtout depuis que le bois est devenu la matière première la plus importante pour la fabrication du papier. C'est là un grand danger. En France, la montagne surtout a souffert ; l'appauvrissement, la dépopulation ont suivi le déboisement.

Au point de vue des qualités que présentent les bois, on distingue les bois *blancs*, comme le peuplier, le bouleau ; les *durs*, comme le chêne ; les *résineux*, tels que le pin, le sapin. Les essences les plus importantes de nos forêts sont le chêne et le hêtre. Nous résumons ci-dessous les nombreux usages du bois.

✿ *La forêt* régularise *le climat et le régime des eaux, supprime le ravinement des montagnes et la formation des* torrents. *Elle fournit le* bois, *matière précieuse entre toutes.*

IX. — TABLEAU DES USAGES DU BOIS 1.

USAGES.	QUALITÉS EXIGÉES.	ESPÈCES UTILISÉES.
FABRICATION DU PAPIER. . .	Bois assez tendres, se laissant défibrer par les machines ; ils donnent la pulpe ou pâte de bois.	Épicéa, Pin, Sapin, Peuplier, Tremble, Tilleul, etc., etc.
CHARBON DE BOIS	1° *Par distillation* : le bois, chauffé en cylindres clos, donne du charbon ; les vapeurs, condensées, fournissent esprit de bois, goudron, etc.	Hêtre, Charme, Bourdaine, Peuplier, Aune, Fusain.
	2° *Par les meules*, en forêt ; sur place : tous les produits volatils sont perdus.	Chêne, Hêtre, Tilleul, Bouleau, Sapin, etc.
CHAUFFAGE.	Ne doit pas trop pétiller.	Charme, Chêne, Hêtre, Bouleau, etc.
CHARPENTE, CONSTRUCTION.	Bois durs, résistants.	Chêne, Châtaignier, Sapin, Mélèze.
MENUISERIE.	Qualités diverses, suivant la nature du travail.	Tous les bois. Chêne, Sapin, Hêtre.
ÉBÉNISTERIE	Bois durs, plus ou moins teintés, faciles à polir et à vernir.	Chêne, Noyer, Cerisier, Poirier, *Ébène, Acajou, Palissandre, Pitchpin.*
CHARRONNAGE.	Bois durs, se travaillant sans se fendre.	Charme, Orme, Frêne.
TONNELLERIE.	Ne doivent pas donner mauvais goût au vin.	Chêne, Châtaignier.
PAVAGE.	Bois rendu imputrescible par traitement chimique.	Pin maritime, Chêne, *Eucalyptus, Teck*
BOIS DE RÉSONANCE	Sonore, pour les instruments à cordes.	Épicéa, Merisier, Tilleul.
BOIS TINCTORIAUX	Contenant des matières colorantes ou pouvant le devenir par oxydation.	*Campêche* (violet). *Bois de Fernambouc* (rouge).
LAINE DE BOIS	Emballages, literie, bourrellerie, tapisserie.	Tous les bois. Sapin, de préférence.
SCIURE DE BOIS.	Emballages, fabrication d'agglomérés.	Tous les bois.
DIVERS.	*Gravures* : Buis ; *Sabots* : Aune, Bouleau ; *Balais* : Bouleau, Bruyère ; *Vannerie* (Saule) ; *Allumettes* : Sapin, Peuplier ; *Sculpture* : Tilleul ; *Bois pour tourneries* : Poirier, Cormier.	

1. Les noms des espèces exotiques sont en caractères *italiques*.

Fig. 229. — Le *Ravenala* ou Arbre du voyageur (8 à 15 m.).

XIII. LA FEUILLE

CARACTÈRES EXTÉRIEURS

149. Différentes parties d'une feuille. — La feuille est un organe généralement aérien, plat et vert, formé sur la tige et porté par elle. Sa symétrie est bilatérale, c'est-à-dire qu'elle a une moitié droite et une moitié gauche. Sa croissance est limitée. A son aisselle se trouve toujours un bourgeon.

Une feuille complète comprend trois parties : 1° le *limbe*, région large, plate et verte, essentielle; 2° le *pétiole* ou *queue* de la feuille, plus ou moins allongé, qui se ramifie en nervures dans le limbe et l'éloigne de la tige; 3° la *gaine*,

partie large, en forme de pelle, par laquelle, souvent, le pétiole s'attache au nœud (*fig.* 230).

La gaine et le pétiole manquent souvent (Lin. *fig.* 238, A); parfois, au contraire, la gaine est très développée et la feuille est dite *engainante* (Blé). La feuille varie beaucoup comme taille: l'Asperge a des feuilles minuscules; le Ravenala, de Madagascar, porte 20 à 30 feuilles énormes disposées gracieusement sur deux rangs, en éventail (*fig.* 229).

A la base du pétiole de certaines feuilles,

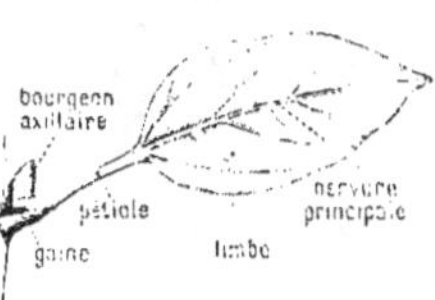

Fig. 230.
Parties de la *feuille*.

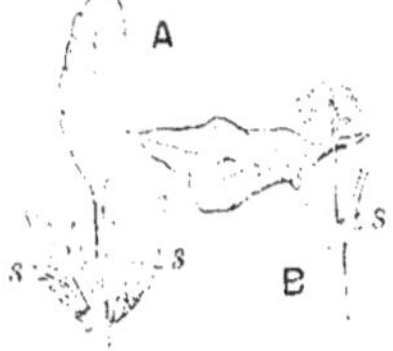

Fig. 231. — *Stipules* :
A, de Pensée; B, de Sarrasin.

comme la Pensée, le Sarrasin *fig.* 231, A
et B , on trouve de petites lames vertes ou *sti-*
pules; elles sont *caduques* chez beaucoup
d'arbres, c'est-à-dire qu'elles tombent à l'épanouissement du bourgeon.

❁ *La feuille est un organe porté par la*
tige; sa symétrie est bilatérale. Elle com-
prend le limbe, le pétiole et la gaine; ces deux
dernières parties peuvent manquer. A la
base du pétiole de certaines feuilles, on
trouve des stipules *persistantes ou caduques.*

150. Nervation. — On nomme ainsi la
disposition des nervures dans le limbe. Les
feuilles des Conifères n'ont pour la plupart
qu'une seule nervure. La nervation est *pen-*
née Noisetier, *fig.* 233, A quand la *nervure*
principale ou côte, continuation du pétiole, est
ramifiée latéralement comme une plume d'oiseau; *palmée* Vigne, *fig.* 233, B quand il y a
plusieurs nervures principales divergentes à
partir du sommet du pétiole; *parallèle* Blé,
fig. 233, C, quand les nervures, très peu

Fig. 232.
Phot. de M. F. Faideau
Feuille de Peuplier réduite à ses *nervures.*

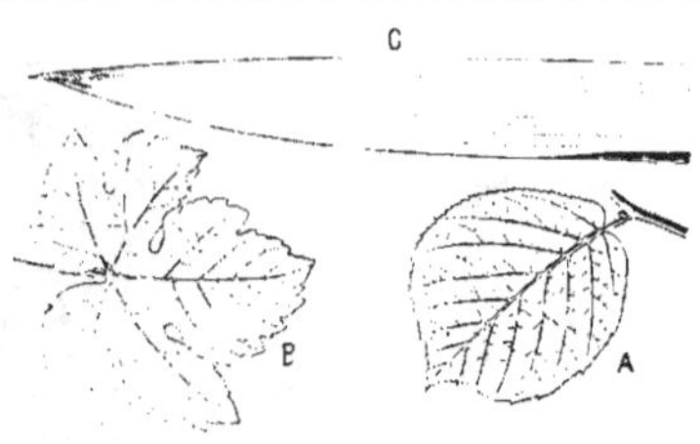

Fig. 233. — *Nervation* des feuilles :
A. de Noisetier; B. de Vigne; C, de Blé.

saillantes, sont presque parallèles. Sauf dans
la nervation parallèle, les nervures sont très
nombreuses et ramifiées abondamment. Elles
forment un réseau compliqué qui apparaît
comme une admirable dentelle sur les feuilles
tombées, pendant l'hiver *fig.* 232.

❁ *La plupart des feuilles ont un grand*
nombre de nervures très ramifiées. On distin-
gue les nervations pennée, palmée, parallèle.

151. Feuilles simples, feuilles composées.
— Une feuille est *entière* quand le bord de
son limbe n'a aucune découpure Laurier-rose,
fig. 238, C ; elle peut être *dentée* (Noisetier,
fig. 233, A , *crénelée* Chêne, *fig.* 235 ; elle
est *lobée fig.* 234 si les découpures atteignent environ la moitié du limbe. La feuille
est dite *simple*, tant que les découpures n'atteignent pas la nervure principale.

Elle est *composée* dans le cas contraire. On
nomme alors *foliole* chacune des parties séparées du limbe. Une feuille composée est *palmée*
Marronnier d'Inde, *fig.* 236 ou *pennée* Robinier faux-acacia, *fig.* 237. On pourrait

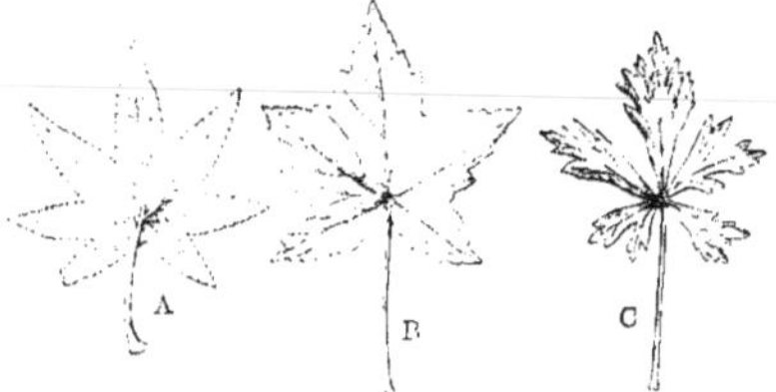

Fig. 234. — Feuilles *lobées* :
A. Ricin; B, Érable ; C, Aconit.

Fig. 235.
Feuille
crénelée
du Chêne.

Fig. 236. — Feuille
composée palmée du
Marronnier.

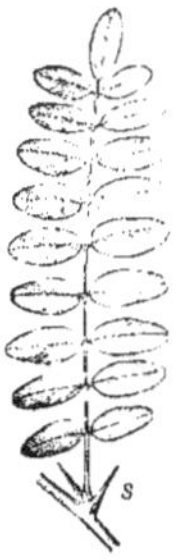

Fig. 237.
Feuille
composée
pennée
du Robinier.

prendre cette feuille de Robinier
comme représentant une branche
avec 19 feuilles; c'est en réalité
un seul limbe divisé en 19 fragments ou folioles, car leur aisselle est sans bourgeon: on
n'en trouve qu'à la base du pétiole principal.

❀ *Une feuille est* simple *quand les découpures du limbe n'atteignent pas la nervure
principale;* composée, *dans le cas contraire.*

152. Position des feuilles sur la tige. — Les
feuilles sont *solitaires* ou *alternes fig.* 238. A
quand elles sont toutes à des hauteurs différentes; mais elles n'en sont pas moins disposées
suivant un certain
ordre, toujours le
même pour une
même espèce. Si
on réunit tous les
points d'attache
sur la tige, on ob-

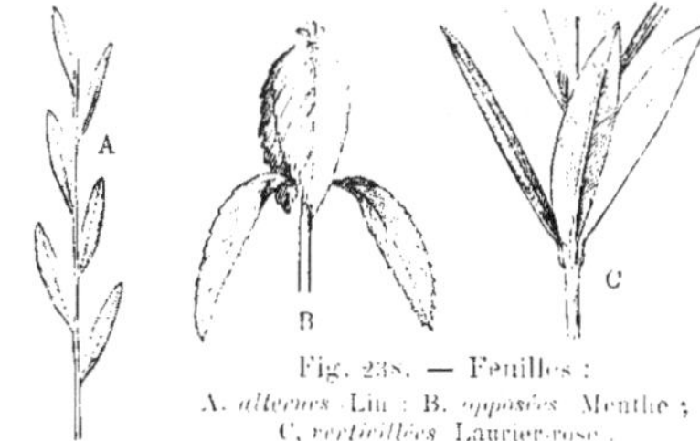

Fig. 238. — Feuilles :
A. *alternes* Lin ; B. *opposées* Menthe ;
C, *verticillées* Laurier-rose.

tient une hélice régulière (*fig.* 239, A . De
plus, les feuilles forment le long de la tige un
certain nombre de files : deux chez les Graminées, l'Orme; trois chez le Carex, etc. On
représente la disposition des feuilles par une
figure ou *diagramme foliaire* qui est une pro-
jection de la tige, supposée conique, sur un
plan horizontal; dans l'exemple figuré ici
(*fig.* 239, B , il y a cinq files. Les feuilles sont
opposées quand elles sont par deux à la même
hauteur Menthe, *fig.* 238. B . mais chaque
paire de feuilles est croisée à angle droit avec
celle du dessus et celle du dessous, afin de les
empêcher de se porter de l'ombre. Elles sont
verticillées quand il y en a plus de deux à
la même hauteur Laurier-rose. *fig.* 237. C .

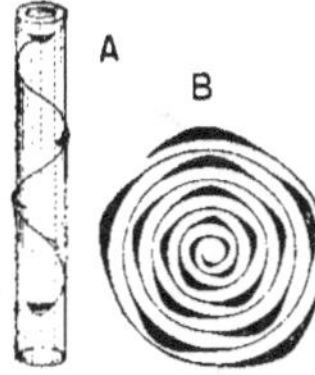

Fig. 239. — Disposi-
tion des *feuilles*
alternes :

A. hélice foliaire ;
B, diagramme foliaire.

Fig. 240. — Feuilles *flottantes* et fleurs de Nénuphar blanc.

❀ *Les feuilles sont solitaires quand elles sont toutes à des hauteurs différentes Orme; opposées quand elles sont par deux à la même hauteur Menthe; verticillées quand elles sont par plus de deux Laurier-rose.*

153. Plantes à feuilles polymorphes. —

Les feuilles d'une même plante ont parfois des formes très différentes. Chez le Lierre, les feuilles des rameaux grimpants sont lobées fig. 202; celles des rameaux libres avoisinant les fleurs sont en cœur. Chez les plantes aquatiques, le *polymorphisme* des feuilles est dû à la différence de milieu: ces plantes ont souvent trois sortes de feuilles: les feuilles *submergées*, entièrement plongées dans l'eau, les feuilles *flottantes* et les feuilles *aériennes*: les premières sont d'ordinaire molles et découpées en fines lanières; les feuilles *flottantes* ou *nageantes*, arrondies, en contact avec l'eau par leur face inférieure seulement, sont fermes et résistent au choc des gouttes de pluie sans se trouer fig. 240.

Chez la Sagittaire (fig. 241), les feuilles submergées sont en longs rubans: les nageantes, arrondies: les aériennes, en fer de flèche.

Certaines feuilles sont souterraines et, ne pouvant se développer dans ce milieu, sont réduites à de minces écailles (rhizome du Carex, fig. 206, A). Cependant, les écailles de certains bulbes, comme celui du Lis fig. 208) ou l'oignon ordinaire, sont développées et riches en matières de réserve. (Voir le Tableau-résumé, p. 97.)

❀ *La forme des feuilles varie surtout avec le changement de milieu. Les plantes aquatiques ont des feuilles qui peuvent être de trois sortes: submergées, flottantes, aériennes; les feuilles souterraines ou écailles sont d'ordinaire extrêmement réduites.*

154. Les bourgeons. —

Nous n'avons considéré jusqu'ici que la feuille adulte; c'est dans le bourgeon qu'a lieu son développement. Un bourgeon comprend un axe court, chargé de jeunes feuilles qui se recouvrent: d'où sa forme ovoïde fig. 242.

Les bourgeons des arbres de nos pays apparaissent aux branches en été, passent l'hiver dans un état stationnaire, et ne se développent qu'au printemps. Ils sont protégés contre le froid et l'eau par des écailles coriaces, souvent recouvertes d'un enduit résineux et munies intérieurement de poils coton-

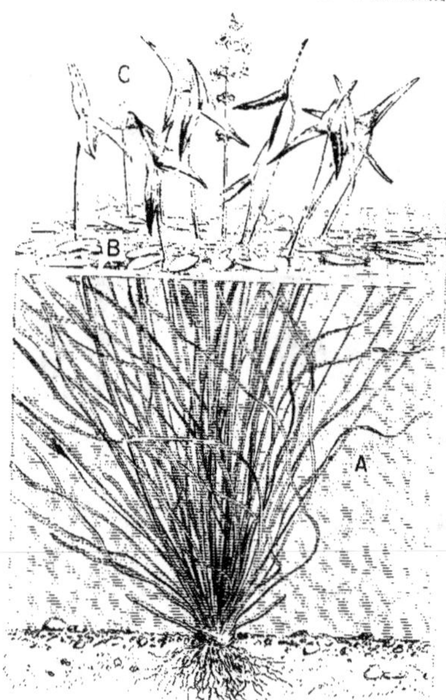

Fig. 241. — Sagittaire avec ses feuilles: A, *submergées*; B, *flottantes*; C, *aériennes*.

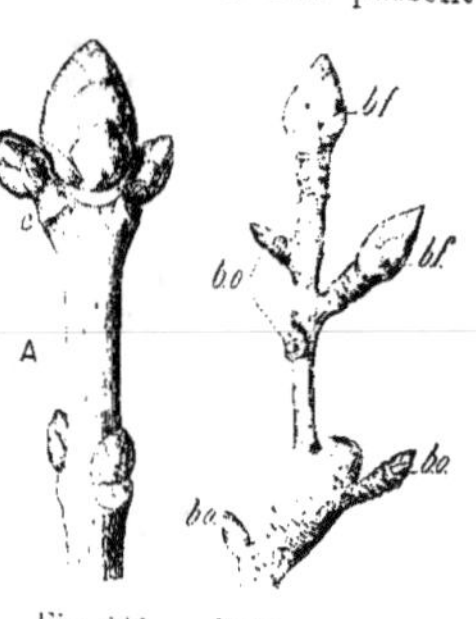

Fig. 242. — Bourgeons: A, de Marronnier; B, de Poirier; bo, bourgeons ordinaires; bf, bourgeons à fleurs; c, cicatrice.

neux. Quand le bourgeon s'épanouit, les écailles, devenues inutiles, tombent, laissant sur la tige des cicatrices en forme d'anneaux qui permettent plus tard de mesurer l'allongement de la tige en un an. On nomme *préfoliation* la façon dont les jeunes feuilles, en grandissant, se plissent et se recouvrent pour parvenir à se loger dans le bourgeon. Dans le Lilas, elles restent planes; dans l'Orme, le Marronnier d'Inde, elles se plissent en éventail et conservent longtemps ces plis *fig. 243*; les jeunes feuilles du Muguet sont enroulées en cornet; celles des Fougères sont recourbées en crosse.

Fig. 243.
Bourgeon de Marronnier.

✽ *Les jeunes feuilles sont protégées, dans les bourgeons, par des écailles résineuses et une bourre cotonneuse; la façon dont elles sont repliées se nomme* préfoliation.

STRUCTURE INTERNE

155. Pétiole et nervures. — Une coupe mince du pétiole, pratiquée transversalement et vue au microscope, montre un *épiderme fig. 244*, qui est la suite de celui de la tige. Il entoure un *parenchyme* formé de cellules arrondies, riches en chlorophylle 116), et dans lequel sont plongés des faisceaux libéro-ligneux dont le liber est externe et le bois interne, comme dans tige; mais ces derniers, au lieu d'être symétriques par rapport à un axe, comme ceux de la tige qu'ils continuent, le sont par rapport à un plan, comme la feuille elle-même; le faisceau médian est le plus développé. Dans le limbe, tous

ces faisceaux se séparent, se ramifient et forment les *nervures*, dont le bois est tourné vers la face supérieure de la feuille, tandis que le liber est tourné vers la face inférieure *fig. 245*).

✽ *Le pétiole comprend un épiderme, un parenchyme et des faisceaux libéro-ligneux, symétriques par rapport à un plan, et dont chacun devient une nervure à bois supérieur et liber inférieur.*

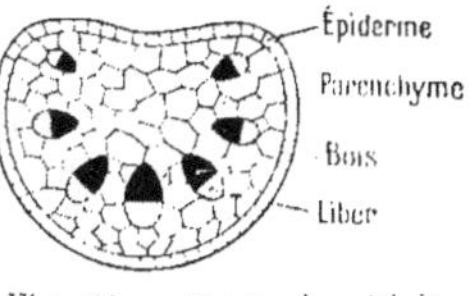

Fig. 244. — *Coupe du pétiole.*

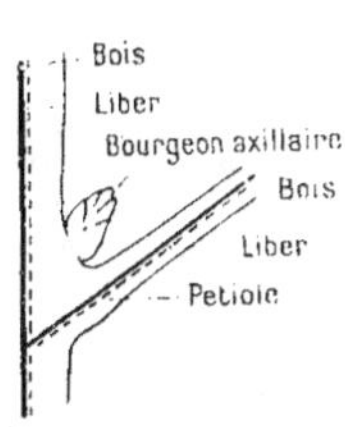

Fig. 245. — *Raccordement des faisceaux de la tige à la feuille.*

156. Limbe. — Prenons une feuille ayant une face dressée vers le ciel, et l'autre tournée vers le sol, comme celles de la plupart des arbres de nos forêts. Une mince tranche du limbe de cette feuille, coupée perpendiculairement à la nervure principale *fig. 246*, se montre formée d'un épiderme, entourant un parenchyme vert, avec les faisceaux libéro-ligneux des nervures. L'épiderme comprend une seule rangée de cellules sans chlorophylle et dont les parois sont épaissies; leur paroi externe est formée de *cutine* 117 constituant à la feuille un revêtement continu ou *cuticule*. Tandis que l'épiderme supérieur est lisse d'or-

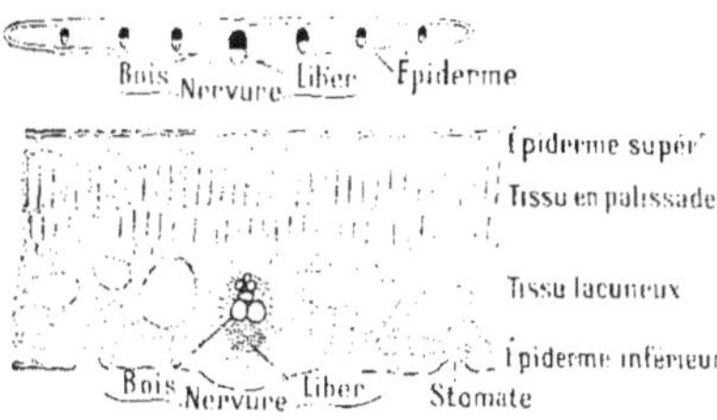

Fig. 246. — *Coupe du limbe d'une feuille.*

dinaire et sans stomates. l'épiderme inférieur est souvent velu et présente de nombreux stomates. Le parenchyme vert comprend deux parties distinctes : en haut, le *tissu en palissade*, formé de cellules allongées perpendiculairement à la surface et très riches en chlorophylle ; en bas, le *tissu lacuneux*, comprenant des cellules arrondies que séparent des espaces vides ; la chlorophylle est, en somme, moins abondante dans le parenchyme lacuneux, la face inférieure de la feuille est la plus pâle. Chez une feuille dressée et également éclairée sur ses deux faces, comme celles de l'Iris, le parenchyme vert est formé de cellules toutes semblables et il y a de nombreux stomates sur les deux faces. Enfin, le parenchyme vert d'une feuille submergée renferme de grandes lacunes sur toute son épaisseur.

❊ *Le limbe comprend d'ordinaire : 1° un épiderme formé d'une seule rangée de cellules ; l'épiderme inférieur est percé de stomates ; 2° un parenchyme vert à deux régions distinctes, qui sont le tissu en palissade et le tissu lacuneux. Le parenchyme des feuilles dressées est homogène.*

157. Stomates.

Les stomates servent aux échanges gazeux entre les tissus de la plante et l'atmosphère ; tous les organes en possèdent, sauf les racines. Un stomate se compose de deux cellules en forme de rein, laissant entre elles un orifice ou *ostiole* (*fig.* 247), qui s'ouvre dans une petite chambre, dite *sous-stomatique*, en relation elle-même avec les méats et les lacunes du parenchyme. Les deux *cellules stomatiques* ou de bordure renferment de la chlorophylle ; leur membrane

est plus épaisse en face de l'ostiole. L'ostiole s'agrandit par temps humide et aussi à la lumière, se rétrécit par temps sec ou à l'obscurité. On compte souvent plus de 100 stomates par millimètre carré ; une feuille de chou en présente plus de 10 millions.

Il existe de plus, à l'extrémité des vaisseaux du bois terminant les nervures, des *stomates aquifères*, d'une structure un peu différente (*fig.* 248). Leur chambre sous-stomatique est remplie d'un tissu spongieux dans lequel s'ouvrent les vaisseaux ; c'est par là que l'eau en excès peut, surtout pendant la nuit, s'échapper en gouttelettes qui sont souvent prises à tort pour de la rosée.

❊ *Le stomate sert aux échanges gazeux : il se compose de deux cellules en forme de rein limitant un orifice ou ostiole, en relation avec une chambre et avec les lacunes des tissus. Il existe aussi des stomates aquifères.*

158. Durée et chute des feuilles.

Chez la plupart des plantes ligneuses de nos pays, les feuilles tombent à l'automne ; elle sont *caduques*. Chez quelques autres, comme le Houx, le Pin, elles durent plusieurs années et ne tombent pas toutes à la fois ; ces plantes sont dites *toujours vertes* ou à feuilles persistantes. La chute est due à une couche de liège qui se forme à l'entrée du pétiole et arrête l'arrivée de la sève. La feuille, isolée de la tige, meurt et tombe.

❊ *D'après la durée de l'existence de leurs feuilles, les arbres sont dits à feuilles caduques ou à feuilles persistantes.*

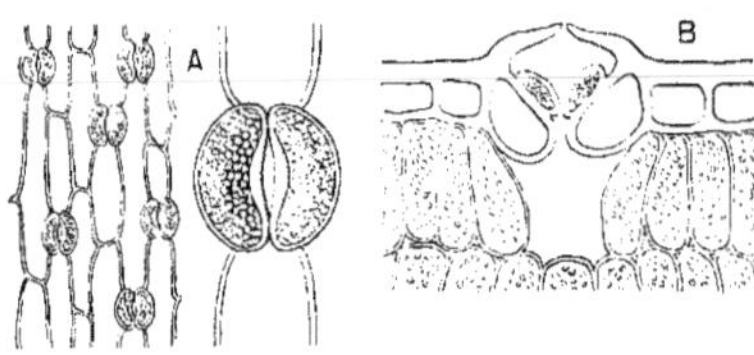

Fig. 247. — *Stomates* :
A, vus de face ; B, coupe.

Fig. 248.
Coupe d'un *stomate aquifère*.

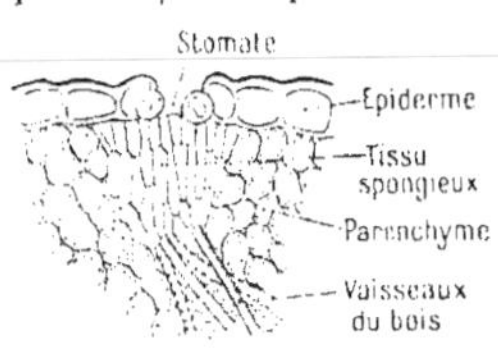

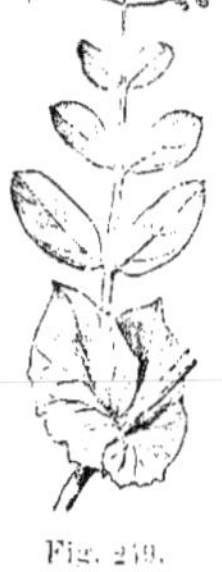

Fig. 249.
Feuille *composée pennée* du Pois :
Les dernières folioles sont transformées en vrilles ; *s*, stipule.

FONCTIONS ET UTILISATION

159. Fonctions des feuilles. — Les feuilles ont pour fonction essentielle les échanges gazeux avec le milieu extérieur (**163**); elles peuvent remplir d'autres rôles accessoires, et leurs formes changent en même temps que leurs fonctions. Elles peuvent se transformer en *écailles* coriaces, protectrices des bourgeons, ou en *épines* défensives : mais parfois (Robinier, *fig.* 237) ce sont seulement les stipules qui subissent cette transformation. Certaines se transforment en *vrilles*. Lorsque, dans une feuille composée, certaines folioles deviennent des vrilles, les stipules prennent un plus grand développement pour suppléer à l'insuffisance du limbe (Pois, *fig.* 249).

La feuille peut devenir un *organe de réserve :* telles sont les écailles des bulbes. Les *plantes grasses* de nos climats, Sédums, Joubarbes, qui vivent dans les lieux arides, toits ou rochers, font des réserves d'eau dans leurs feuilles épaisses et charnues. Enfin les pièces composant la fleur ne sont, comme nous le verrons (**175**), que des feuilles modifiées.

✿ *La feuille peut se transformer en écaille protectrice, en épine défensive, en vrille, en organe de réserve, enfin en pièce florale.*

X. — TABLEAU-RÉSUMÉ DES MODIFICATIONS DES FEUILLES

MODIFICATIONS DUES AU MILIEU	MODIFICATIONS DUES A LA FONCTION
FEUILLES AÉRIENNES. Elles ont parfois des formes différentes, suivant qu'elles occupent le haut ou le bas de la tige. (Lierre.)	Les feuilles externes des bourgeons sont coriaces, résineuses, transformées en ÉCAILLES PROTECTRICES. (Feuilles d'un bourgeon.)
FEUILLES FLOTTANTES. En contact avec l'air et l'eau, elles sont arrondies et fermes. (Nénuphar.)	Dans certaines plantes, des feuilles ou leurs stipules se transforment en ÉPINES DÉFENSIVES. (Groseillier.)
FEUILLES SUBMERGÉES. Longs rubans ou lames découpées, elles sont molles; l'eau les soutient. La Sagittaire a des *feuilles submergées*, en rubans; des *feuilles flottantes*, arrondies, et des *feuilles aériennes*, en fer de flèche. (Renoncule aquatique.)	Des feuilles, pour permettre à la plante de grimper, se transforment en VRILLES. (Bryone.)
FEUILLES SOUTERRAINES. Elles sont réduites ordinairement en *feuilles* très petites; cependant les écailles des bulbes sont parfois grandes (Oignon). (Rhizome de Carex.)	Les feuilles des plantes grasses, gorgées d'eau, les écailles des bulbes et les *cotylédons* de beaucoup de graines sont des ORGANES DE RÉSERVE. (Sedum.)
	Certains bourgeons donnent un ensemble de feuilles modifiées pour la reproduction ou PIÈCES FLORALES. (Pièces florales.)

160. Transpiration. — En dehors de ces fonctions accessoires, la feuille a trois fonctions principales : la *transpiration*, l'*assimilation chlorophyllienne*, la *respiration*. La transpiration est la perte d'eau, sous forme de vapeur, qui a lieu surtout par les feuilles. Elle peut aussi, pendant la nuit, se produire en gouttelettes liquides qui sortent par les stomates aquifères (**157**).

1° *Expérience montrant son existence.* — Dans un pot vernissé, dont la terre est recouverte d'une plaque de tôle, est une plante feuillée : sa tige passe par un trou de la plaque formée de deux parties. On recouvre d'une cloche de verre (*fig.* 250, A). La paroi interne de la cloche se couvre de buée.

La transpiration a lieu surtout par les stomates. On le montre en recouvrant les deux faces d'une large feuille, choisie sur une plante vivante (*fig.* 251), de deux cloches de verre

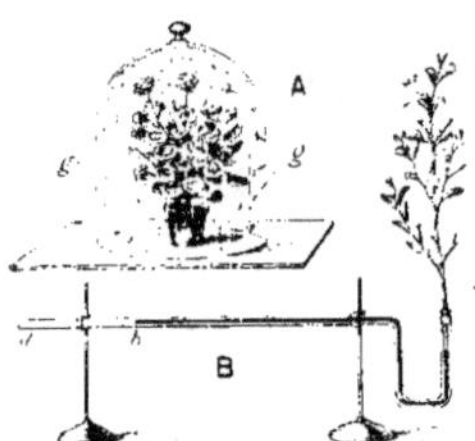
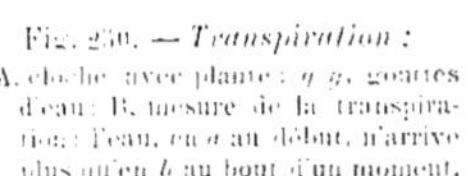

Fig. 250. — *Transpiration :*
A, cloche avec plante : *g g*, gouttes
d'eau ; B, mesure de la transpiration ; l'eau, en *a* au début, n'arrive
plus qu'en *b* au bout d'un moment.

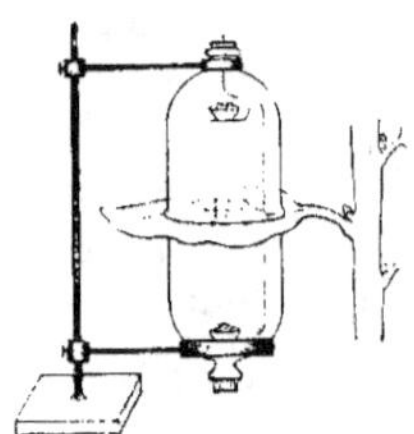

Fig. 251. — Expérience destinée à montrer que la
transpiration a lieu surtout
par les *stomates*.

semblables : un poids connu de chlorure de
calcium, corps très avide d'eau, augmente
beaucoup plus dans la cloche inférieure que
dans l'autre ; on sait que les stomates sont
plus abondants à la face inférieure des feuilles.

2° *Sa mesure*. On met une branche feuillée
dans l'eau d'un tube terminé par une partie
capillaire graduée *fig.* 250, B. L'eau, qui
était en *a* au début, est absorbée, trans-
pirée, et n'arrive plus qu'en *b* au bout de
quelques minutes. On peut aussi mesurer
avec la balance les variations de poids d'une
plante contenue dans un pot vernissé.

3° *Circonstances qui l'activent*. Ce sont
celles qui activent l'évaporation de l'eau à la
surface d'un vase, c'est-à-dire la chaleur, la
sécheresse de l'air, son agitation ; mais un
quatrième facteur, la lumière, qui n'a aucune
influence sur l'évaporation de l'eau, en a une
très grande sur la transpiration des *plantes
vertes*. Une même plante verte peut trans-
pirer cent fois plus à la lumière qu'à l'obscurité, toutes les autres conditions étant égales.
On attribue cette activité à une propriété spéciale de la chlorophylle, qui utiliserait une
partie de la radiation solaire pour vaporiser
de l'eau : c'est la *chlorovaporisation*.

❀ *La transpiration est la perte d'eau,
généralement sous forme de vapeur, qui se
produit par les stomates ; elle est activée
par la chaleur, la sécheresse et l'agitation
de l'air et, chez les plantes vertes, par la
lumière (chlorovaporisation).*

161. Utilité de la transpiration.

— Elle enlève l'excès d'eau de la sève
brute, préparant ainsi sa transformation en sève nourricière. Elle tend à
produire le vide dans les feuilles et
détermine une sorte de tirage qui active la montée de la sève brute ; plus
la transpiration est abondante, plus
la plante reçoit de matières minérales
dissoutes, venant du sol. Il faut, en
moyenne, que 300 litres d'eau aient
traversé une plante pour que son
poids de matière sèche augmente de
1 kilogramme. Les quantités d'eau
rejetées par les plantes sont considérables. Un plant de Blé, au cours de sa végétation, en rejette 7 litres ; un Chêne, pendant
la belle saison, en rejette 230 fois son propre
poids, un Érable plus de 400 fois, etc. En
été, au-dessus des forêts, on voit une brume
due à la vapeur d'eau qui s'en élève. Quand
les nuages, poussés par le vent, rencontrent
cette couche d'air plus froide, ils se résolvent
en pluie dont bénéficie toute la région.

❀ *La transpiration concentre la sève brute,
active son ascension dans les vaisseaux et
joue un grand rôle dans la nature.*

162. La chlorophylle.

— Les feuilles de la
plupart des plantes et certaines autres parties
aériennes doivent leur coloration à des granulations vertes, les *corps chlorophylliens*,
disséminés dans leur protoplasme (*fig.* 252 ;
ils proviennent des leucites **116**, peuvent
s'accroître, puis se multiplier par étrangle-
ments successifs. Dans l'obscurité, quelques
plantes, comme les Fougères, peuvent verdir,
mais les corps chlorophylliens de la plupart
des autres ne renferment dans ces conditions
qu'un pigment
jaune, l'étio-
line ou xantho-
phylle. Sous
l'action de la
lumière, la
chlorophylle
vient s'y ajou-
ter. C'est une

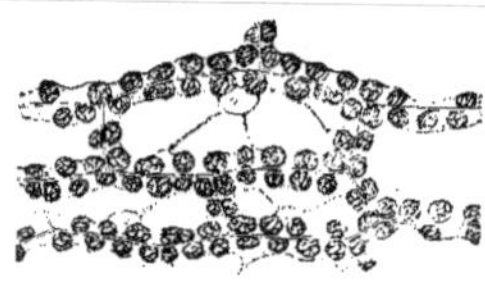

Fig. 252. — Corps *chlorophylliens*
(Très grossis).

matière quaternaire dont la composition varie un peu avec chaque plante. On sépare aisément les pigments vert et jaune en broyant des feuilles dans de l'alcool, puis en ajoutant de la benzine : celle-ci surnage et forme une couche verte au-dessus de l'alcool, qui est jaune. Les corps chlorophylliens ont pour propriété d'absorber une partie de la radiation solaire dont ils utilisent l'énergie pour vaporiser l'eau de la sève (chlorovaporisation) ou pour décomposer le gaz carbonique de l'air (**163**).

Les feuilles sont colorées par les corps chlorophylliens, contenant deux pigments séparables : l'un jaune, la xanthophylle, formé à l'obscurité ; l'autre vert, la chlorophylle, n'apparaissant qu'à la lumière.

163. Assimilation chlorophyllienne. —

C'est la propriété que possèdent les plantes vertes de décomposer, sous l'action de la *lumière*, le gaz carbonique contenu dans l'air en ses deux éléments, carbone et oxygène, de garder le carbone et de rejeter l'oxygène.

A l'eau contenue dans une éprouvette on ajoute un peu d'eau de Seltz et on y met de jeunes feuilles vertes, ou mieux une plante verte aquatique, et l'on retourne le bocal sur une assiette pleine d'eau. Au soleil il se dégage de nombreuses bulles d'oxygène ; à la lumière diffuse le dégagement est plus faible ; la nuit il est nul. Il l'est aussi si les feuilles mises dans l'eau ne sont pas vertes ou encore quand il ne reste plus de gaz carbonique dans l'eau.

Les corps chlorophylliens n'absorbent que certaines radiations solaires. Si l'on met sept petites feuilles semblables dans autant d'éprouvettes remplies d'eau, avec la même dose de gaz carbonique, et qu'on les expose aux diverses radiations d'un spectre solaire, on constatera un inégal dégagement d'oxygène ; il sera surtout abondant dans les régions rouge et violette du spectre.

La fonction chlorophyllienne est de première importance pour la nutrition des plantes vertes ; elle leur permet d'assimiler le carbone ; elle a aussi dans la nature une importance capitale. L'oxygène contenu dans l'air en disparaît chaque jour ; il entre en combinaison avec les métaux (oxydation), avec le charbon (combustion), avec les tissus des animaux et des plantes (respiration), et la plupart de ces phénomènes ont pour conséquence un dégagement d'acide carbonique. L'air serait bientôt irrespirable, mais les plantes vertes, à la lumière, le purifient et refont de l'oxygène.

L'assimilation chlorophyllienne consiste dans la décomposition, à la lumière, du gaz carbonique de l'air : la plante garde le carbone et rejette l'oxygène ; l'air est purifié.

164. Respiration. —

La respiration existe chez tous les êtres vivants. La feuille respire plus activement que la racine et que la tige. Si l'on met une plante sous une cloche, à côté d'un vase rempli d'eau de chaux, celle-ci blanchit, ce qui indique un dégagement de gaz carbonique. L'intensité respiratoire diminue avec la température, la sécheresse de l'air ; elle croît avec l'obscurité ; elle varie aux diverses phases du développement de la plante (germination, floraison, etc.). On nomme *quotient respiratoire* le rapport $\dfrac{CO_2}{O}$ entre les volumes du gaz carbonique dégagé et d'oxygène absorbé.

Pour les plantes vertes, la respiration, qui consiste en une absorption d'oxygène et un dégagement de gaz carbonique, est masquée, pendant le *jour*, par la fonction chlorophyllienne, beaucoup plus intense, qui consiste en une absorption de gaz carbonique et un dégagement d'oxygène. Pendant la *nuit*, au contraire, la respiration existe seule. Si, en plein jour, on soumet une plante verte à l'action des vapeurs d'éther ou de chloroforme, on suspend momentanément la fonction chlorophyllienne et la respiration seule subsiste.

De nombreuses conditions font varier l'activité respiratoire des plantes. La respiration des plantes vertes est masquée, pendant le jour, par la fonction chlorophyllienne.

165. Mouvements des feuilles. —

Les feuilles s'orientent perpendiculairement à la direction des rayons lumineux, de façon

Fig. 253. — *Sensitive :*
a, fleur ; *b*, fruit ; *c*, feuilles en
position de sommeil.

Fig. 254. — *Céleri.*

à recevoir et à utiliser la plus grande somme de lumière. Certaines feuilles ont, de plus, des mouvements dits de *veille* et de *sommeil*. Quand vient le soir, beaucoup de plantes, surtout parmi les Légumineuses, appliquent leurs folioles les unes contre les autres et restent ainsi toute la nuit : c'est leur position de sommeil. Au jour elles s'étalent de nouveau : c'est la position de veille. On attribue ces mouvements aux variations de la transpiration aux différentes heures de la journée. L'avantage pour la plante est que sa surface en contact avec l'air diminue pendant la nuit : elle perd moins de chaleur. Enfin les feuilles de quelques plantes sont douées d'une grande irritabilité. La plus connue est la Sensitive *fig*. 253 . Elle replie ses folioles au moindre choc et, en même temps, le pétiole s'abaisse. Un ébranlement plus fort cause le mouvement des feuilles voisines. Quelques instants après les feuilles reprennent la position de veille.

❀ *Les feuilles s'orientent de façon à recevoir perpendiculairement les rayons lumineux. La Sensitive est une plante irritable.*

166. **Usages des feuilles.** — Pour *l'alimentation* de l'homme, on cultive le chou et ses variétés, en particulier le chou de Bruxelles, dont on mange les bourgeons ; l'oseille, l'épinard. On mange les grosses nervures du céleri *fig*. 254 ; le cerfeuil et le persil sont des condiments ; le cresson, le pissenlit, la laitue, la chicorée, sont des salades. Dans les bulbes comme l'oignon l'ail, l'échalote, le poireau, ce sont surtout des feuilles qui forment la partie comestible. Le thé est la feuille d'un arbrisseau *fig*. 255 originaire de la Chine et du Japon.

L'*industrie* utilise l'*indigo*, matière colorante bleue fournie par les feuilles d'une plante des pays chauds ; le tabac est préparé avec les feuilles d'une herbe originaire d'Amérique. En *médecine*, contre les maladies du cœur, on emploie les feuilles de la Digitale.

❀ *Dans beaucoup de légumes comme le chou, les salades, on utilise les feuilles. Le thé et le tabac sont aussi des feuilles.*

Fig. 255. — Cueillette du *thé* à Ceylan.

Fig. 256. — *Pholiote écailleux*, champignon
saprophyte sur les souches.

Phot. de M. F. Faideau.

Fig. 257. — *Polypore*, champignon *saprophyte*
sur un tronc de Pommier.

XIV. NUTRITION

167. Composition chimique des végétaux.
— Les notions données sur la racine, la tige
et la feuille nous permettent maintenant d'étudier et de comprendre les phénomènes de
nutrition chez les plantes. L'analyse chimique
des tissus végétaux montre qu'ils sont formés
d'eau, d'hydrates de carbone, comme la cellulose, l'amidon, le sucre; de corps gras, de
matières albuminoïdes et de sels dont les
principaux sont des azotates, des phosphates
et des sels calcaires. Par ses feuilles et les
tissus verts de sa tige, la plante ne puise dans
l'*air* que l'oxygène et le carbone; elle retire
du *sol* tous les autres aliments par ses racines :
c'est le phénomène d'absorption (**129**).

La plante est composée d'eau, d'hydrates
de carbone, de matières grasses, albumi-
noïdes et salines dont elle puise les éléments
à la fois dans le sol et dans l'air.

**168. Aliments minéraux puisés dans le
sol.** — L'expérience suivante explique l'absorption. On ferme à sa base une cloche de
verre A par une mince membrane de baudruche (*fig.* 258); on la remplit d'eau sucrée jusqu'en B; on la surmonte d'un tube étroit et
on la plonge dans un
grand vase C conte-
nant de l'eau pure
jusqu'au même ni-
veau. On constate
bientôt que le niveau
de l'eau s'est élevé
en D dans le tube et
que l'eau pure du
vase C est un peu
sucrée : il y a donc
eu passage à travers

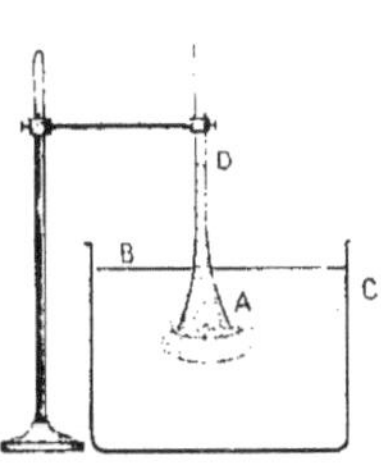

Fig. 258. — *Osmomètre.*

la membrane de l'eau pure vers l'eau sucrée (*endosmose*) et du sucre vers l'eau pure (*exosmose*). Il en serait de même d'une solution saline quelconque; les deux courants cesseront quand la proportion des matières dissoutes sera la même dans les deux vases. Si l'on remplace le sucre par de l'albumine ou blanc d'œuf, l'endosmose seule se produit; l'albumine et plusieurs autres corps non cristallisables ne sont pas osmotiques.

La mince membrane des poils absorbants joue le rôle de la baudruche: l'eau du sol et les sels en dissolution la traversent par osmose, tandis que le protoplasme reste dans l'intérieur de la membrane. Mais ici, le phénomène physique de l'osmose est accompagné d'une sorte de choix fait par la plante: si la substance absorbée est un aliment pour elle, elle la décompose, ce qui permet indéfiniment l'introduction de nouvelles quantités de cette substance; si, au contraire, l'osmose amène dans les tissus de la plante une matière qu'elle ne peut utiliser, cette matière s'accumule et l'absorption s'en arrête bientôt.

❀ *Deux liquides de compositions différentes, séparés par une mince membrane, se mélangent le plus souvent à travers cette membrane (osmose); les corps albuminoïdes ne sont pas osmotiques. Dans l'absorption, on remarque que l'osmose s'accompagne d'une sorte de choix fait par la plante.*

169. **Origine de l'azote du sol.** — L'azote, indispensable à la formation du protoplasme cellulaire, provient surtout du sol. Le fumier renferme de l'urée, substance azotée non assimilable par les plantes, et qui, sous l'action d'un microbe très répandu, se transforme en carbonate d'ammonium (fermentation *ammoniacale*) :

$$CO\,Az^2H^4 + 2\,H^2O = CO^3\,AzH^4{}^2$$
urée   eau   carbonate d'ammonium.

Les composés ammoniacaux du sol, qu'ils proviennent du fumier, des matières organiques en décomposition ou de l'ammoniaque atmosphérique, se transforment bientôt en azotites, puis en azotates ou nitrates (fermentation *nitrique*), utilisables par les plantes.

Fig. 259. — *Nodosités* sur les racines d'une Légumineuse.

Les racines du Trèfle, de la Luzerne et des autres Légumineuses présentent presque toujours de petites nodosités dues à l'activité de microbes qui ont la propriété de fixer directement l'azote de l'atmosphère (*fig.* 259); ces nodosités ne se forment pas si la culture a lieu dans une terre stérilisée par le chauffage. Les matières albuminoïdes des nodosités servent partiellement à nourrir la plante ; après la mort de celle-ci, elles se décomposent et subissent la fermentation nitrique. Il en résulte que la culture des Légumineuses enrichit beaucoup le sol en azote.

❀ *Les composés ammoniacaux du sol subissent la fermentation nitrique, qui les rend utilisables par la plante. Les racines des Légumineuses présentent des nodosités remplies de microbes qui fixent l'azote de l'air.*

170. **Circulation de la sève brute.** — L'ensemble des matières absorbées par les racines est la sève *brute* ou *ascendante*. Ce liquide, qui n'est pas encore propre à nourrir la plante, traverse, de cellule en cellule, toute l'écorce et parvient jusqu'aux vaisseaux du bois, qui se continuent jusqu'à l'extrémité de la tige et dans les nervures des feuilles. L'ascension de la sève brute a lieu avec force quand la température est convenable. Si, au printemps, on coupe une tige

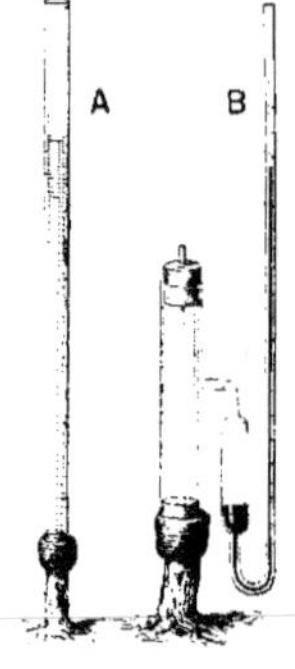

Fig. 260.

A, tige de la Vigne coupée à sa base et sur laquelle est fixé un tube qui se rempit de sève ascendante; B, appareil montrant la pression osmotique dans une Vigne coupée au-dessus de la racine.

de Vigne, on voit perler sur la section d'abondantes gouttelettes de cette sève qui proviennent uniquement des vaisseaux du bois et qu'on peut recueillir dans un tube (*fig.* 260, A). En fixant un tube courbé en S et contenant du mercure (*fig.* 260. B) sur la section inférieure d'une tige de Vigne, au printemps, la poussée de la sève équivant à 4 atmosphère. Cette poussée est due à la force osmotique, à la capillarité des vaisseaux ligneux et au tirage déterminé par la transpiration (**161**).

❀ *L'ensemble des matières absorbées par les racines est la sève brute qui monte avec force jusqu'aux feuilles par les vaisseaux du bois.*

171. Aliments puisés dans l'air; sève élaborée. — La sève brute, composée d'eau et de sels minéraux dissous, parvient jusque dans le parenchyme vert des feuilles; elle se concentre par la transpiration (*fig.* 261); la respiration y introduit de l'oxygène, et la fonction chlorophyllienne du carbone libre, substance importante entre toutes puisqu'elle constitue près de la moitié du poids de la matière sèche des plantes. Tous ces corps se combinent et il se forme de l'amidon, du sucre, des principes albuminoïdes, etc., qui, avec l'eau restée dans la feuille, constituent la sève élaborée. Cette sève se rend dans tous les tissus de la plante; une partie des matières nutritives qu'elle renferme est utilisée de suite pour la croissance et pour la formation de nouveaux organes; une autre partie est mise en réserve pour être utilisée plus tard.

La sève élaborée circule dans les tubes criblés du liber. Si, en effet, on enlève sur une branche d'arbre un anneau d'écorce jusqu'au cambium, on voit, après la cicatrisation, se former un bourrelet *au-dessus* de

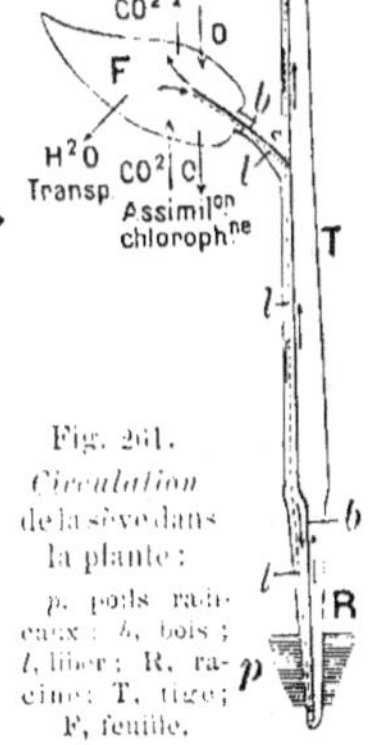

Fig. 261.
Circulation de la sève dans la plante :
p, poils radicaux : *b,* bois ;
l, liber ; R, racine ; T, tige ;
F, feuille.

l'anneau (*fig.* 262), c'est-à-dire dans la partie directement en rapport avec les feuilles, et un examen microscopique des tissus montre la présence d'amidon au-dessus de la section, et son absence au-dessous : le sectionnement des tubes criblés du liber a donc arrêté le passage de la sève élaborée.

❀ *Dans les feuilles, la sève brute se concentre, reçoit de l'oxygène et du carbone qui se combinent à ses éléments pour former des matières nutritives; elle se trouve alors transformée en sève élaborée qui circule dans les tubes criblés du liber.*

172. Plantes sans chlorophylle. — Les plantes sans chlorophylle, ne pouvant assimiler le carbone ni, par suite, élaborer leur sève, se nourrissent des matières végétales en putréfaction : fumier, feuilles mortes, bois pourrissant : tels sont beaucoup de Champignons (*fig.* 256 et 257), qui sont alors dits *saprophytes*, ou bien elles vivent aux dépens d'autres plantes : elles sont *parasites* ; c'est le cas des Champignons, comme l'*oïdium* de la Vigne, et aussi de quelques plantes à fleurs, comme la Cuscute, qui enfonce ses racines-suçoirs dans la tige des Luzernes, ou encore les Orobanches, parasites sur les racines du Thym, du Chanvre et de plusieurs autres plantes cultivées. Le Gui (*fig.* 190) est une plante verte absorbant seulement la sève brute qu'il élabore à l'aide de sa chlorophylle; il est peu nuisible : c'est un demi-parasite, un *parasite d'eau*.

❀ *Les plantes sans chlorophylle ne peuvent élaborer leur sève et sont saprophytes ou parasites. Le Gui est une plante verte, demi-parasite.*

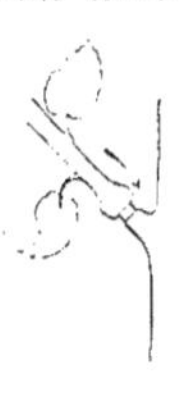

Fig. 262.
Bourrelet formé par l'arrêt de la sève élaborée.

173. Matières de réserve. — Les aliments non utilisés immédiatement par la plante se mettent en réserve dans la racine, la tige ou la feuille, comme nous l'avons vu (**171**), ou bien encore dans le fruit et la graine.

L'*amidon*, matière de réserve la plus répandue, existe en si grande abondance dans le tuberculo de la Pomme de terre (*fig.* 263), dans les graines du Blé, du Riz, du Haricot, qu'il forme une part notable du poids total de l'organe; il se présente en grains arrondis disséminés dans le protoplasme, et de grosseur et de forme variables avec chaque plante. Ses dimensions sont de $0^{mm},001$ à $0^{mm},100$; il se colore en bleu par l'iode. L'*inuline* est un amidon soluble dans l'eau, que l'on rencontre dans diverses plantes (Artichauts, tubercules du Dahlia); dans l'alcool, il est insoluble et se présente en sphéro-cristaux, c'est-à-dire en fines aiguilles groupées autour d'un centre, de manière à former une masse arrondie.

Fig. 263. — Grain d'*amidon* de la pomme de terre.

Fig. 264. — Grains d'*aleurone* dans une cellule du blé.

L'*aleurone* (*fig.* 264) est une réserve albuminoïde qui n'existe que dans les graines, se colore en jaune par l'iode, et forme, comme l'amidon, de petites granulations dans le protoplasme. Le sucre de canne ou *saccharose* abonde dans les racines de Betterave, de Carotte, dans la tige de la Canne à sucre; enfin, les *matières grasses* se présentent en fines gouttelettes dans les tissus de beaucoup de graines (noix, lin) et de fruits (olive).

Toutes ces réserves sont utilisées pendant la période où l'alimentation de la plante est insuffisante, pendant la germination, etc.: elles subissent au préalable une digestion sous l'action de diastases analogues à celles qui sont formées chez les animaux.

❈ *Les principales matières de* réserve *sont l'amidon qui se colore en bleu par l'iode, l'aleurone, les sucres et les corps gras. Une digestion des réserves précède leur utilisation.*

174. Élimination. — Les plantes, comme les animaux, peuvent se débarrasser des produits inutiles ou nuisibles; elles les éliminent en les localisant dans des cellules spéciales ou dans des canaux.

Les *cellules sécrétrices* (*fig.* 267) retirent des tissus de la plante des sels minéraux, notamment de l'oxalate de calcium en fines aiguilles, du carbonate de calcium en un dépôt mamelonné, ou *cystolithe*, rappelant une grappe de raisin; ou bien elles éliminent des substances organiques, comme la toxine des poils de l'Ortie, les essences des poils glandulaires de la Menthe (*fig.* 265).

Les *canaux laticifères* (*fig.* 266) sont des cellules ramifiées, très longues, remplies d'un liquide ou *latex*, d'apparence laiteuse, contenant en suspension des globules de carbure d'hydrogène: le caoutchouc de l'Hévéa et de plusieurs autres plantes, l'opium du Pavot, le suc blanc du Pissenlit sont des latex.

Au lieu d'être des tubes formés par une cavité cellulaire, comme les laticifères, les *canaux sécréteurs* sont des tubes formés par des méats intercellulaires (*fig.* 268); les cellules voisines y déversent des résines, comme celles du Pin, ou des produits de composition analogue, comme chez le Lierre.

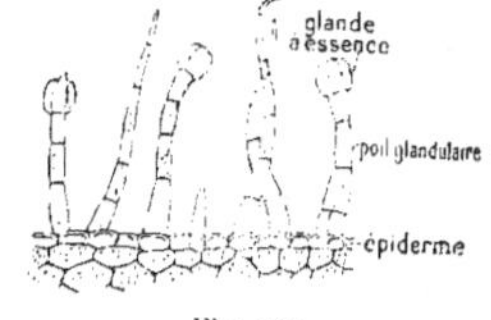

Fig. 265. — *Poils glandulaires* de la Menthe.

❈ *L'élimination des substances nuisibles se fait par les cellules sécrétrices (sels minéraux, essences), par des canaux laticifères formés d'une suite de cellules (caoutchouc) ou par des canaux sécréteurs qui sont composés d'une suite de méats intercellulaires (résines).*

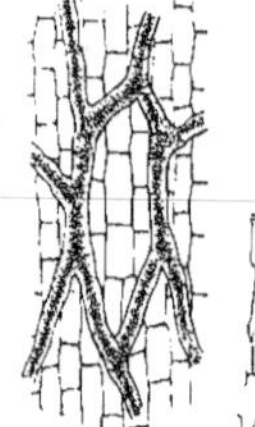

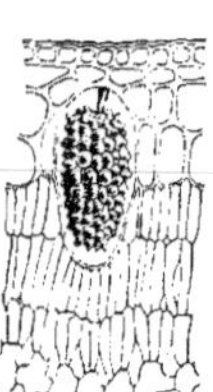

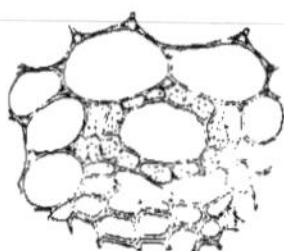

Fig. 266. — Vaisseaux *laticifères*.

Fig. 267. — Une cellule à *cystolithe*.

Fig. 268. — *Canal sécréteur* de la tige du Lierre.

Fig. 269. — Pas-d'âne
(10 à 30 cm.).

Fig. 270. — Viorne lantane
(1 à 3 m.).

Phot. de M. F. Faideau.

Fig. 271. — Narcisse des poètes
(40 à 60 cm.).

XV. LA FLEUR

CARACTÈRES EXTÉRIEURS

175. Bourgeons à fleurs. Bractées. — La fleur, organe de la reproduction, est un ensemble de feuilles modifiées provenant d'un bourgeon spécial, ou *bourgeon à fleurs*. Elle est portée au sommet d'un rameau nommé *pédoncule* ou *queue* de la fleur; celui-ci est situé à l'aisselle d'une feuille ordinairement petite, nommée *bractée* (*fig*. 272). La partie supérieure du pédoncule est généralement élargie : c'est le *réceptacle*. Les fleurs n'apparaissent qu'à une certaine époque de l'année, variable avec chaque plante.

❀ *La fleur, organe de la reproduction, provient d'un bourgeon spécial, qui est toujours placé à l'aisselle d'une petite feuille nommée* bractée.

176. Inflorescences définies. — L'inflorescence est le mode de groupement des fleurs. Elle est *solitaire* quand chaque tige ne porte qu'une fleur (*fig*. 271 et 273, A); *groupée*, dans le cas contraire, c'est-à-dire quand la tige florale se ramifie (Primevère, *fig*. 273, B). Une inflorescence est *définie* quand l'axe principal se termine par une fleur; elle est *indéfinie* dans le cas contraire.

L'inflorescence définie ou *cyme* est celle dans laquelle les pédoncules latéraux sont plus développés que l'axe principal qui cesse de croître de bonne heure, après s'être terminé par une fleur. Elle est *bipare*, comme celle de la Céraiste (*fig*. 274, A), si chaque rameau en porte deux de l'ordre supérieur; *unipare* ou *scorpioïde*,

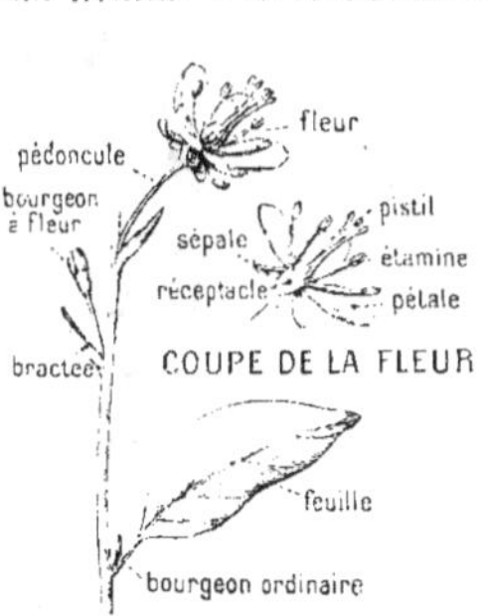

Fig. 272. — Origine de la *fleur*.

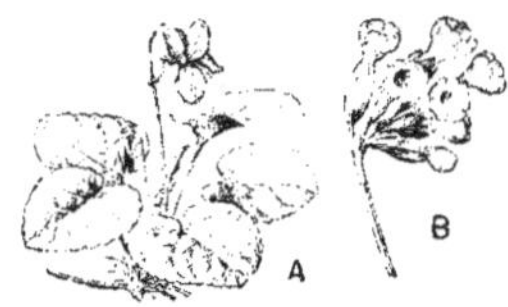

Fig. 273. — *Inflorescences* :
A, *solitaire* de Violette; B, *groupée*
de Primevère.

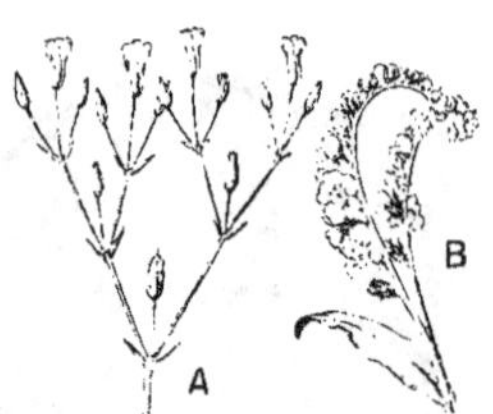

Fig. 274. — *Cymes :*
A, *bipare de Céraiste ; B, unipare de*
Myosotis.

comme celle du Myosotis
(fig. 274, B), s'il n'en porte
qu'un, toujours du même côté.

✽ *On nomme inflorescence*
le mode de groupement des fleurs. Elle est
solitaire ou groupée. Dans ce dernier cas,
elle peut être définie ou indéfinie. Dans les

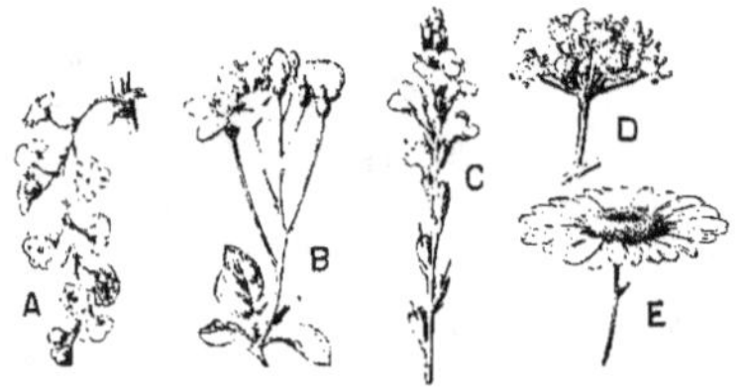

Fig. 275. — Inflorescences indéfinies :
A, *grappe de Groseillier ; B, corymbe de Cerisier Mahaleb ;*
C, *épi de Verveine ; D, ombelle de Lierre ; E, capitule de*
Marguerite.

inflorescences définies ou
cymes, l'axe principal se
termine par une fleur.

**177. Inflorescences
indéfinies.** — L'axe principal ne se termine pas
par une fleur, mais par
un bourgeon ordinaire ;
au contraire, chaque axe
secondaire porte une
fleur. On distingue cinq
sortes d'inflorescences indéfinies ou *grappiques :*

Fig. 276.
Épi composé
du Blé :
a, épi ;
b, épillet.

Phot. de M. F. Faideau.

Fig. 277. — *Grappes simples* du Cytise faux ébénier ou Acacia jaune.

1° La *grappe,* dans laquelle tous les pédoncules floraux sont égaux à la maturité
(fig. 275, A, et 277) ; 2° le *corymbe,* sorte de
grappe à pédoncules inégaux portant les fleurs
sur un même plan (Cerisier, *fig.* 275, B) ;
3° l'*épi,* grappe à pédoncules très courts
(fig. 275, C, et *fig.* 279 ; 4° l'*ombelle,* dont tous
les pédoncules égaux partent en rayonnant du
sommet de l'axe (Lierre, *fig.* 275, D). A la

Phot. de M. F. Faideau.

Fig. 278. — *Ombelle composée* de fruits d'Angélique.

base de l'ombelle les bractées forment souvent une collerette ou *involucre*; 5° le *capitule*, dans lequel les fleurs, sans pédoncule, sont piquées directement sur le réceptacle ou sommet élargi de l'axe primaire: les bractées forment un involucre (*fig.* 269 et 273, E).

Ces inflorescences sont *simples* quand les fleurs sont portées par les axes secondaires; elles sont *composées* quand les axes secondaires en portent eux-mêmes de 3e ordre, terminés chacun par une fleur (*fig.* 270). Les fleurs de la Vigne sont en grappes composées; celles du Blé, en épis composés (*fig.* 276); celles de l'Angélique, en ombelles composées (*fig.* 278), etc.

✿ *Dans les inflorescences indéfinies, l'axe principal ne se termine pas par une fleur et donne des axes latéraux. Il y en a cinq sortes: grappe, corymbe, épi, ombelle, capitule.*

Fig. 279. — Épis de fleurs mâles ou *chatons* du Noisetier

XI. — TABLEAU-RÉSUMÉ DES INFLORESCENCES.

INFLORESCENCES GROUPÉES. La tige florale ou axe principal se ramifie.

CARACTÈRES.	INFLORESCENCES SIMPLES.	INFLORESCENCES COMPOSÉES.
INFLORESCENCES SOLITAIRES. Chaque tige florale ne porte qu'une fleur.	*(Violette.)*	Les fleurs sont portées par les rameaux de *troisième ordre*.
INFLORESCENCES DÉFINIES OU CYMES. L'axe principal se termine par une fleur. Les fleurs sont portées par des rameaux de *tout ordre*.	*Cyme bipare.* Chaque rameau en donne deux de l'ordre supérieur. *(Céraiste.)*	*Grappe de cymes.* Rameaux de 2e ordre disposés en grappe; ceux du 3e ordre en cymes scorpioïdes. *(Marronnier d'Inde.)*
	Cyme unipare ou scorpioïde. Chaque rameau n'en donne qu'un, toujours du même côté. *(Myosotis.)*	*Grappe de grappes.* Rameaux de 2e ordre, en grappe; ceux du 3e ordre disposés aussi en grappe. *(Vigne.)*
	Grappe. Pédoncules égaux à la maturité et situés de part et d'autre de l'axe primaire. *(Groseiller.)*	*Grappe d'épis.* Les rameaux de 2e ordre, en grappe, sont les axes d'épis. *(Avoine.)*
INFLORESCENCES INDÉFINIES OU GRAPPIQUES. L'axe principal ne porte jamais de fleur. Les fleurs sont portées par les rameaux de *deuxième ordre*.	*Corymbe.* Pédoncules inégaux, portant les fleurs sur un même plan. *(Cerisier.)*	*Épi d'épillets.* Chacune des parties fixées sur l'axe principal est un épillet de 2 à 3 fleurs. *(Blé.)*
	Épi. Pédoncules nuls ou très courts. *(Plantain.)*	*Ombelle d'ombelles.* Rameaux de 2e ordre, en ombelle, terminés chacun par une ombelle. *(Carotte.)*
	Ombelle. Pédoncules égaux, partant en rayonnant du sommet de l'axe principal. *(Ciguë.)*	*Corymbe de capitules.* Rameaux de 2e ordre, en corymbe, terminés chacun par un capitule. *(Tanaisie.)*
	Capitule. Fleurs sans pédoncule, piquées sur un large réceptacle. *(Marguerite.)*	

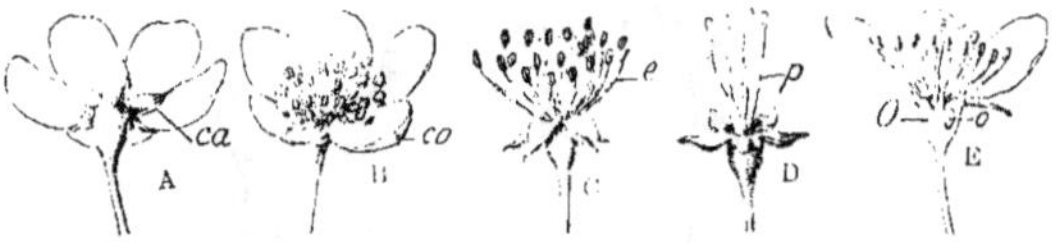

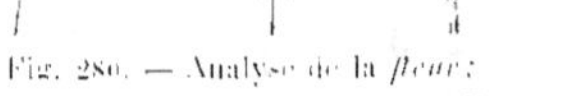
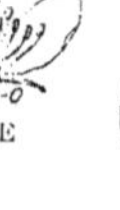
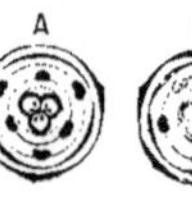

Fig. 280. — *Analyse de la fleur :*
A. calice *ca* ; B. corolle *co* ; C. étamines *e* ; D. pistil *p* ; E. coupe de la fleur
o, ovaire ; *o*, ovule .

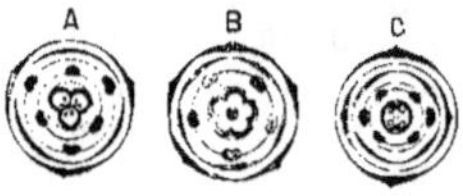

Fig. 281. — *Diagrammes :*
A. de Lis ; B. de Primevère ; C. de
Giroflée.

178. Différentes parties d'une fleur. —

Une fleur complète comprend d'ordinaire quatre cercles concentriques ou *verticilles* de pièces florales insérés sur le réceptacle (*fig.* 280 ; ce sont, de dehors en dedans : 1° le *calice*, formé de pièces généralement vertes, nommées *sépales* ; 2° la *corolle*, de pièces généralement colorées de nuances vives et nommées *pétales* ; 3° l'*androcée* ou organe mâle, formé d'*étamines*, qui sont composées d'une partie étroite, le filet, et d'une partie renflée, l'anthère ; 4° le *pistil* ou organe femelle, formé de pièces, les *carpelles*, qui, à leur base, se renflent en un ovaire ; celui-ci renferme de petits corps arrondis, les ovules. Le calice et la corolle sont de simples enveloppes florales, souvent réunies sous le nom de *périanthe* ; l'androcée et le pistil sont, au contraire, essentiels. La disposition des pièces florales se montre par une figure théorique nommée *diagramme* (*fig.* 281 .

❖ *Une fleur complète comprend quatre verticilles de pièces : le calice, formé de sépales ; la corolle, de pétales ; l'androcée ou organe mâle, d'étamines ; le pistil ou organe femelle, de carpelles. L'androcée et le pistil sont les seuls organes essentiels.*

179. Fleurs incomplètes. —

Une fleur est incomplète quand l'un des quatre verticilles manque. Si elle n'a qu'une seule enveloppe florale, elle est *apétale* (Châtaignier, *fig.* 282. A ; si elle n'en a pas, elle est *nue* (Saule, *fig.* 282. B. C .

Si la fleur n'a que des étamines sans pistil ou qu'un pistil sans étamines, elle est unisexuée : *staminée* ou mâle dans le premier cas, *pistillée* ou femelle dans le second. Si les fleurs mâles et les fleurs femelles sont portées par la même plante, celle-ci est *monoïque* (Chêne, Noisetier, *fig.* 283 ; si certains pieds ne portent que des fleurs mâles et d'autres que des fleurs femelles, la plante est *dioïque* ; c'est le cas du Saule, du Chanvre.

❖ *Une fleur incomplète est apétale, nue ou unisexuée. Une plante à fleurs unisexuées est monoïque ou dioïque.*

180. Origine foliaire de la fleur. —

La fleur provient d'un bourgeon qui donne un rameau à feuilles rapprochées. Les différentes parties de la fleur ne sont donc que des feuilles modifiées. On s'appuie surtout pour le démontrer sur les transitions insensibles

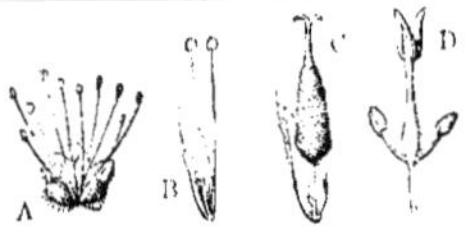

Fig. 282. — *Fleurs incomplètes :*
Fleur *apétale* : A. de Châtaignier ;
Fleurs *nues* : B. à étamines du Saule ;
C. à pistil du Saule ; D. du Frêne.

Fig. 283.
Noisetier :
a, fleurs mâles ;
b, fleurs à pistil .

Fig. 284. — Passage des *feuilles*
aux *sépales*, chez l'Ellébore.

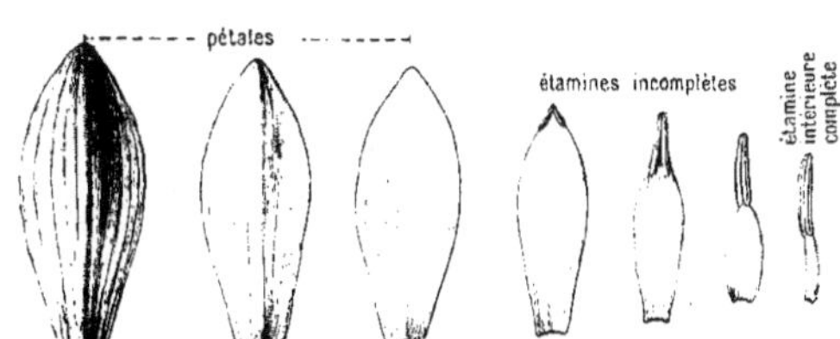

Fig. 285. — Passage du *pétale* à l'*étamine*, chez le Nénuphar blanc.

qu'on observe entre les diverses pièces florales.

Les sépales sont ordinairement verts et plats, comme les feuilles. Si l'on examine une branche fleurie d'Ellébore, on observe depuis la base jusqu'au sommet une simplification des feuilles conduisant peu à peu aux sépales (*fig.* 284).

Dans le Nénuphar blanc (*fig.* 285) on passe insensiblement du sépale vert au pétale blanc, et on trouve tous les intermédiaires entre les pétales et les étamines. Dans certaines fleurs monstrueuses d'Ellébore, les étamines perdent leurs anthères, élargissent leur filet (*fig.* 286), dont les bords se recourbent et se soudent pour former un ovaire.

Les horticulteurs obtiennent fréquemment la transformation des étamines en pétales : on dit alors qu'on fait *doubler* une fleur. L'Églantine ou rose sauvage n'a que cinq pétales et de nombreuses étamines ; au contraire, les roses cultivées ont de nombreux pétales et quelques étamines seulement.

✸ *Les pièces florales sont des feuilles modifiées. On trouve des transitions entre la feuille et le sépale chez l'Ellébore ; entre le sépale et le pétale, le pétale et l'étamine chez le Nénuphar blanc, etc. La culture donne des fleurs doubles, dans lesquelles les étamines deviennent des pétales.*

181. Calice et corolle.

Quand les sépales qui composent le calice sont tous égaux, le calice est régulier (Renoncule) ; il est *irrégu-*

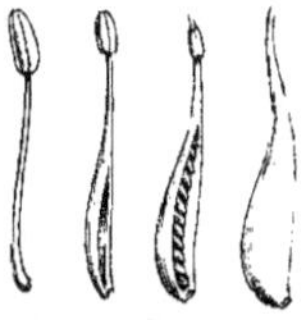

Fig. 286. — Passage de l'*étamine* au *carpelle*, dans une fleur anormale d'Ellébore.

lier dans le cas contraire (Pois, *fig.* 287, *e*). Si les sépales sont soudés entre eux, le calice est *gamosépale* (Pomme de terre) ; libres entre eux, il est *dialysépale*, comme chez la Giroflée.

De même, suivant que les pétales sont égaux ou inégaux, la corolle est *régulière* (*fig.* 287, *a*), ou *irrégulière* (Pois, *fig.* 287, *e*). S'ils sont soudés sur une partie plus ou moins grande de leur longueur, la corolle est *gamopétale* (*fig.* 287, *b* et *d*) ; s'ils sont libres entre eux, elle est *dialypétale*, comme celle du Pois. Le nombre des pétales est ordinairement le même que celui des sépales.

✸ *Le calice et la corolle sont réguliers ou irréguliers, gamosépales, gamopétales ou dialysépales, dialypétales, suivant que les pièces qui les composent sont égales ou inégales, soudées ou libres entre elles.*

182. Androcée.

L'androcée est formé d'étamines (*fig.* 288). Une étamine se compose du *filet*, surmonté d'une région renflée, l'*anthère*, comprenant deux loges dans lesquelles prend naissance une poussière jaune, le *pollen*.

L'androcée est *régulier* quand toutes les étamines sont égales, *irrégulier* dans le cas contraire, par exemple chez les Labiées où, sur 4 étamines, 2 sont longues et 2 sont courtes.

Nombre des étamines. Il est très variable (*fig.* 288, A à G) ; souvent il est le même que celui des sépales et des pétales ou un multiple : le Lis a 3 sépales, 3 pétales, 6 étamines ; le Fraisier : 5 sépales, 5 pétales, 20 étamines.

Soudure des étamines. Elles peuvent être libres entre elles (Vigne, *fig.* 288, E),

Fig. 287. — *Corolle :* a, de Renoncule ; b, de Bourrache ; c, de Vigne ; d, de Lamier ; e, de Pois.

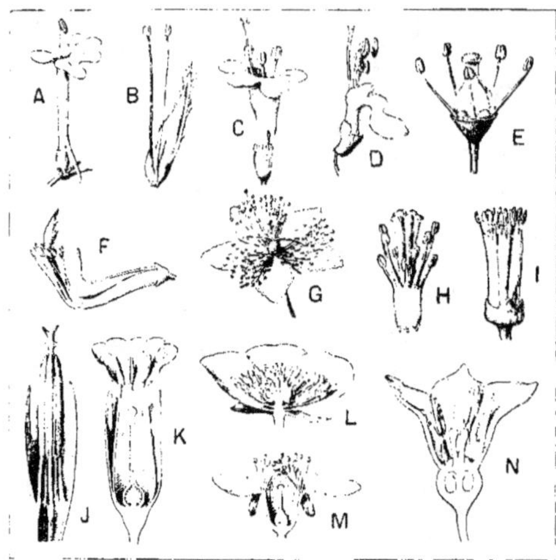

Fig. 288. — *Androcées.*

Nombre d'étamines : A, une *Centranthe rouge*; B, deux (*Saule*); C, trois (*Valériane*); D, quatre *Germandrée*; E, cinq *Vigne* ; G, nombreuses *Millepertuis*. *Soudure* : F, par leurs filets en deux groupes (*Pois*; H, en 1 *Oxalis*); en plusieurs *Oranger* ; J, par leurs anthères *Chardon*. *Insertion sur* : K, la corolle *Primevère* ; L, le réceptacle *Renoncule*; M, le calice *Abricotier* ; N, l'ovaire *Garance*.

soudées par leurs filets Pois. *fig.* 288, F, ou par leurs anthères Chardon. *fig.* 288, J.

Insertion des étamines. Elles s'attachent sur la corolle chez la plupart des Gamopétales Primevère. *fig.* 288, K). sur le réceptacle chez les Renonculacées *fig.* 288, L, enfin sur le calice chez les Rosacées *fig.* 288, M).

Déhiscence. C'est la façon dont s'ouvre l'anthère pour laisser sortir le pollen. Le plus souvent c'est par une fente longitudinale de chaque loge *fig.* 289, A, parfois par un petit orifice arrondi au sommet de l'anthère *fig.* 289, B), rarement par de petites valves (*fig.* 289, C.

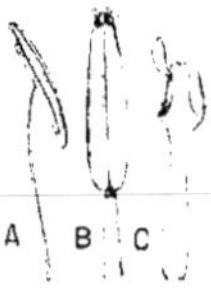

❁ *L'androcée se compose d'étamines. Chaque étamine comprend un filet et une anthère.*

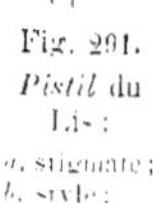

Fig. 289.

Déhiscence :
A, longitudinale du Lis; B, poricide de la Pomme de terre; C, valvulaire de l'Épine-vinette.

183. Pistil.

— Le pistil est formé de feuilles ordinairement repliées, soudées par leurs bords et nommées *carpelles*. Dans un carpelle, on distingue trois parties : 1° l'*ovaire* (*fig.* 291), région renflée de la base, formant une cavité close, et renfermant les *ovules*; 2° le *style*, partie allongée qui surmonte l'ovaire; 3° le *stigmate*, partie terminale renflée ou ramifiée. Il est dit *sessile* quand le style manque (*fig.* 290).

L'ovaire est *libre* ou *supère* (Abricotier, *fig.* 288, M), quand il est isolé au milieu de la fleur et qu'en écartant la corolle on l'aperçoit en entier. Il est *adhérent* ou *infère* quand, au contraire, il est soudé plus ou moins à la base des autres pièces florales (Garance, *fig.* 288, N) et situé en apparence au-dessous de la fleur.

❁ *Le pistil se compose de feuilles repliées nommées* carpelles. *Chaque carpelle comprend trois parties : l'ovaire, le style et le stigmate. L'ovaire est libre ou adhérent.*

184. Nombre et disposition des carpelles.

— Plusieurs cas se présentent : 1° le pistil est formé d'un seul carpelle comme chez le Pois (*fig.* 292, A) ; 2° de plusieurs carpelles libres entre eux, c'est-à-dire *dialycarpellaire*, chacun ayant son ovaire distinct, son style et son stigmate. Il peut y en avoir 3 (Pivoine), 5 (Ancolie, *fig.* 292, B), parfois un grand nombre, comme chez le Fraisier; 3° le pistil est formé de plusieurs carpelles soudés entre eux; il est *gamocarpellaire*. On observe alors deux dispositions :

Chaque carpelle reste *ouvert* et se

Fig. 290.

Stigmate sessile du Pavot.

Fig. 291.

Pistil du Lis :
a, stigmate; b, style; c, ovaire.

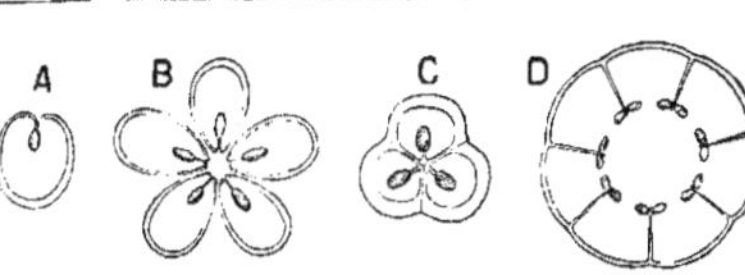

Fig. 292. — Sections transversales de *pistils* : A, du Pois, à un seul carpelle ; B, de l'Ancolie, à 5 carpelles séparés ; C, du Lis, à 3 carpelles soudés en un ovaire à 3 loges ; D, du Pavot, à plusieurs carpelles soudés en un ovaire à une loge.

soudé bord à bord aux carpelles voisins, de manière à former un ovaire à une seule loge (Pavot, *fig.* 292, D) ; ou chaque carpelle est *fermé* et ses deux bords se soudent, de manière à former l'une des loges de l'ovaire. La soudure peut être restreinte à la base des carpelles ou s'étendre sur toute leur longueur (Lis, *fig.* 292).

On nomme *placenta* (*fig.* 297) la région du carpelle qui porte et nourrit les ovules : c'est l'endroit où se soudent les deux bords d'un même carpelle ou les bords adjacents de deux carpelles voisins. La *placentation* est la disposition des placentas. Elle est *pariétale* quand les placentas et, par suite, les ovules, sont disposés le long des parois de l'ovaire (Pois, Pavot, *fig.* 292, A et D) ; *axile*, quand ils sont tous tournés vers l'axe de la fleur (Lis, *fig.* 292, C).

※ *Le pistil peut être formé : 1° d'un seul carpelle ; 2° de plusieurs, libres entre eux ; 3° de plusieurs, soudés en un ovaire à une seule loge, ou en un ovaire à plusieurs loges.*

STRUCTURE INTERNE

185. Périanthe ; nectaires ; étamines. — Les sépales et les pétales ont la même structure que les feuilles dressées, à parenchyme homogène (**156**). A la base des pièces florales on trouve souvent des groupes de stomates spéciaux ou *nectaires*, laissant exsuder un liquide sucré, nommé *nectar*.

Le filet des étamines comprend un faisceau libéro-ligneux, entouré d'un parenchyme sans chlorophylle et d'un épiderme à stomates. L'anthère jeune a la même structure, mais bientôt s'y différencient quatre régions, les *sacs polliniques* (*fig.* 293) : ils renferment les cellules mères du pollen et sont entourés de trois assises de cellules : les deux plus internes ou *assises nourricières* (*fig.* 294) disparaissent, après avoir servi à la nutrition des cellules mères, dont chacune, en se divisant, forme quatre grains de pollen ; l'assise la plus externe ou *assise mécanique* assure, à la maturité, la déhiscence de l'anthère. Les cellules de cette assise ont leur mem-

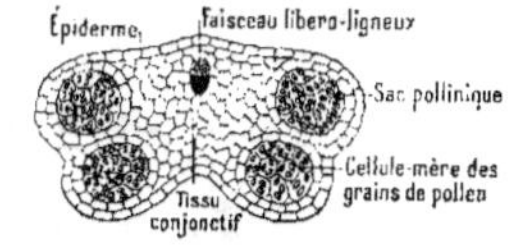

Fig. 293. — Coupe d'une *anthère* mûre.

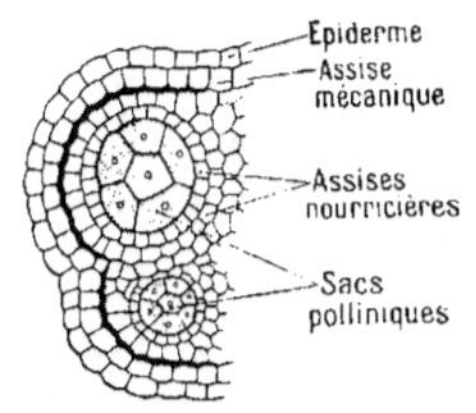

Fig. 294. — Détail d'un des *sacs polliniques* de l'anthère.

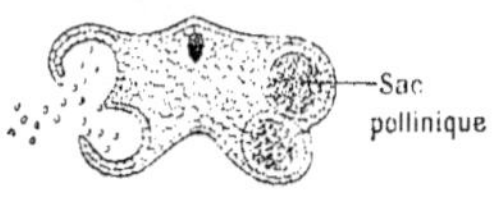

Fig. 295. — *Déhiscence* de l'anthère.

brane mince vers l'extérieur, épaissie en fer à cheval sur les côtés et intérieurement ; sous l'action de la sécheresse, la partie mince se contracte plus que les autres, d'où un tiraillement qui amène la formation de deux fentes par lesquelles sort le pollen (*fig.* 295) ; une même fente sert pour deux sacs voisins.

※ *L'anthère comprend un épiderme, un parenchyme incolore, avec 4 sacs polliniques, renfermant les cellules mères du pollen.*

186. Pollen. — Les grains de pollen (*fig.* 296) sont arrondis et de couleur jaunâtre. Chaque grain est une cellule dont la membrane offre deux régions distinctes : l'une externe, ou *exine*, cutinisée et présentant des pores et de petites saillies ou papilles ; l'autre interne, ou *intine*, cellulosique. Le protoplasme renferme deux noyaux : le noyau *végétatif* et le noyau *générateur* ; ce dernier est plus petit.

※ *La membrane du grain de pollen comprend deux régions, l'exine et l'intine ; le protoplasme renferme deux noyaux.*

187. Carpelle ; ovules. — Un carpelle (*fig.* 297) a la même structure qu'une feuille à parenchyme homogène. Le style est tantôt creusé d'un canal, tantôt plein, avec un parenchyme dans lequel on remarque une région formée de cellules à parois peu résistantes : c'est le *tissu conducteur* (*fig.* 300), qui se continue dans le stigmate : ce dernier présente des papilles et sécrète un liquide visqueux, propre à retenir le pollen.

Les *ovules* (*fig.* 298) sont de petits corps arrondis que rattache au placenta un cordon ou *funicule*. L'ovule possède deux enveloppes : la *primine* et la *secondine* ; elles sont percées, au sommet, d'un petit orifice ou *micropyle*, et elles enveloppent la *nucelle*, masse de cellules remplies d'aliments.

Quand l'ovule est mûr, la nucelle renferme, sous le micropyle, le *sac embryonnaire* (*fig.* 299, A) ; il présente l'*oosphère*, entourée de deux autres cellules nues, c'est-à-dire sans membrane, et auxquelles correspondent à l'autre bout du sac trois cellules *antipodes*. Le *hile* est le point d'attache de l'ovule sur le funicule ; la *chalaze* est le point où les faisceaux libéro-ligneux venant du placenta s'étalent et passent dans la primine.

✿ *L'ovule comprend deux enveloppes, entourant la* nucelle, *dans laquelle est le* sac embryonnaire *avec* l'oosphère.

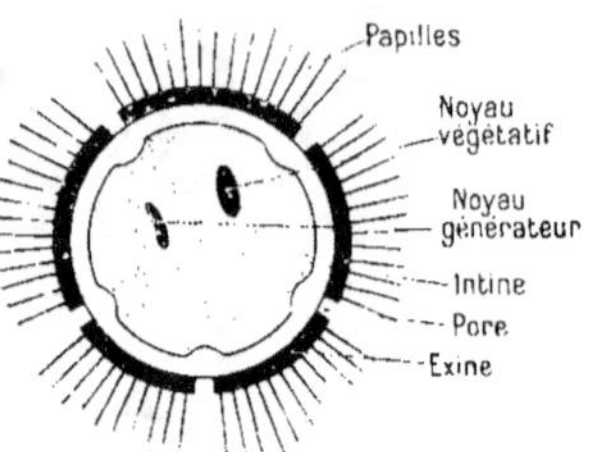

Fig. 296. — Grain de *pollen* vu au microscope.

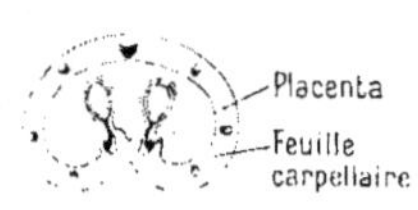

Fig. 297. — Coupe transversale d'un *ovaire*.

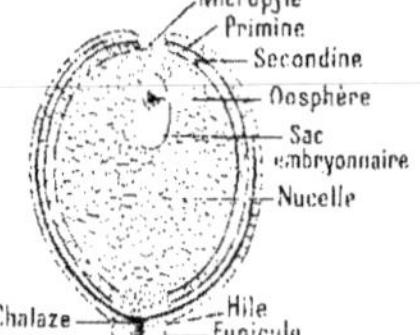

Fig. 298.
Coupe d'un *ovule*.

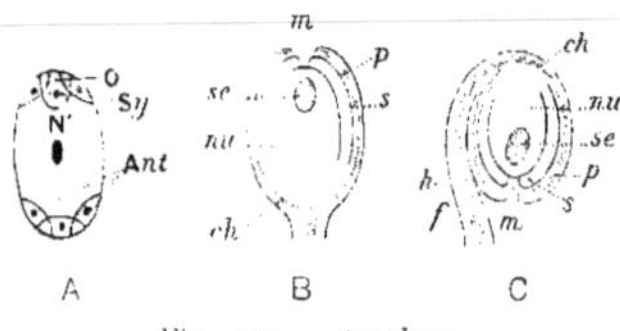

Fig. 299. — *Ovules* :
A, détail du sac embryonnaire ; B, ovule droit ; C, ovule inverse.

188. Fonction de la fleur ; pollinisation. — Le calice et la corolle ont pour rôle de protéger, dans la fleur encore en bouton, les étamines et le pistil en voie de développement. Ces deux derniers verticilles sont chargés de la *fécondation*. On nomme ainsi l'ensemble des phénomènes par lesquels l'ovaire se transforme en fruit et les ovules en graines. La fécondation comprend trois phases : la pollinisation, la germination du pollen, enfin la formation de l'œuf.

La *pollinisation* est le transport du pollen, de l'anthère qui vient de s'ouvrir, au stigmate (*fig.* 300). Dans certaines fleurs complètes, le pollen et les ovules sont mûrs en même temps : les anthères touchent, pour ainsi dire, au stigmate ; dans ce cas, la pollinisation est dite *directe*.

Il ne saurait en être de même chez les fleurs complètes, où la maturité des ovules précède ou suit celle du pollen ; chez les plantes monoïques et, à plus forte raison, chez les plantes dioïques, où les pieds portant des fleurs à étamines sont parfois à une grande distance de ceux qui sont porteurs de fleurs pistillées. Dans tous ces cas, la pollinisation est dite *indirecte* ou *croisée* ; elle a lieu soit par le vent, soit par les insectes et même, pour quelques plantes cultivées, comme le Dattier, le Vanillier, par l'homme.

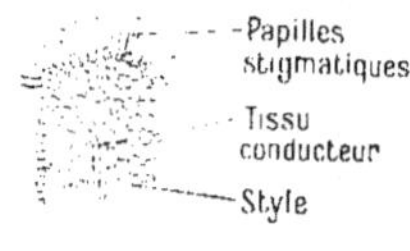

Fig. 300.
Coupe d'un *stigmate* grossie.

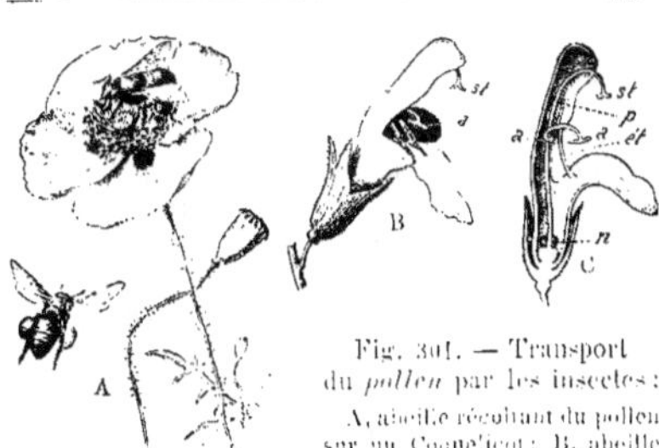

Fig. 301. — Transport
du *pollen* par les insectes :

A, abeille récoltant du pollen
sur un Coquelicot; B, abeille
récoltant le miel dans une fleur
de Sauge; C, coupe de la fleur de Sauge *n*, nectaire;
p, pétale; *a*, anthère; *et*, filet; *st*, stigmate.

Les plantes pollinisées par le vent, telles
que le Sapin, produisent une grande quantité de pollen, car il y en a
beaucoup de perdu; l'abondance en est si grande au
printemps, en certains pays,
que l'air en est obscurci et
qu'on a cru à des pluies de
soufre. Le transport par les
insectes est plus sûr. Les
insectes attirés par le nectar
des fleurs y plongent leur
trompe *fig.* 301, B et C.
Cet organe, la tête, le dos,
parfois les ailes, se couvrent
de pollen dont, forcément,
quelques grains seront déposés sur le stigmate d'une
autre fleur de même espèce.

❀ *Les étamines et le pistil
assurent la fécondation, qui
amène la transformation de
l'ovaire en fruit et des ovules
en graines. La pollinisation,
premier acte de la fécondation, est directe ou croisée.*

189. Germination du pol-
len; formation de l'œuf. —

Le stigmate, par son suc
visqueux et ses papilles, retient le grain de pollen, qui
se gonfle en absorbant la
matière sucrée du stigmate

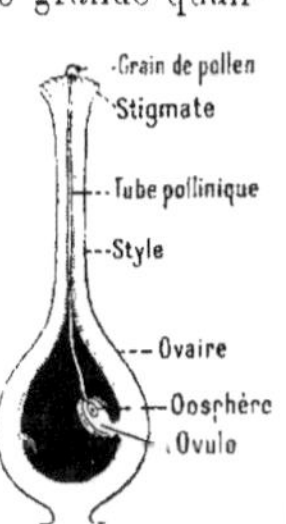

Fig. 302. — Péné-
tration du *tube
pollinique* dans
l'ovule.

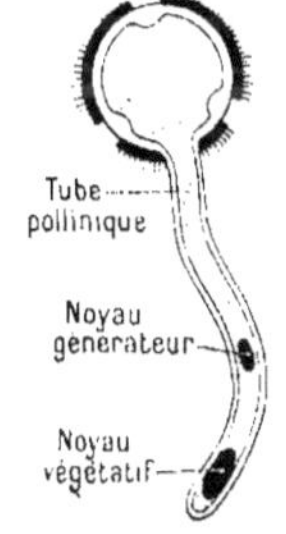

Fig. 303. — Grain
de *pollen* avec
son long tube
pollinique.

et donne, en face d'un pore, un prolongement ou *tube pollinique fig.* 302. Ce tube
traverse le stigmate, le style, en suivant le
tissu conducteur, aux dépens duquel il se
nourrit, longe un placenta et arrive au micropyle d'un ovule. Le tube pollinique renferme les deux noyaux du grain de pollen : le
noyau végétatif, placé en avant *fig.* 303, disparaît, tandis que le noyau générateur se divise
en deux noyaux spiralés. Le tube pollinique
pénètre dans la nucelle, dont il digère les
cellules, et parvient au sac embryonnaire
fig. 299 : alors l'un de ses noyaux se fusionne avec celui de l'oosphère ; il en résulte
une cellule, l'œuf, qui s'entoure d'une membrane de cellulose : elle deviendra l'embryon.

Après la fécondation, toutes les parties de la
fleur devenues inutiles se fanent et disparaissent d'ordinaire; seul, l'ovaire grossit, se
transforme, devient le fruit, tandis que les
ovules deviennent les graines.

❀ *Le grain de pollen germe sur le stigmate
et émet un tube pollinique qui parvient jusqu'à un ovule; l'un des noyaux issus de la
division du noyau générateur se fusionne
avec celui de l'oosphère et forme l'œuf.*

190. Mouvements de la fleur. —

Beaucoup
de fleurs, le Salsifis, le Coquelicot, etc., et surtout l'Héliotrope, suivent plus ou moins exactement le mouvement apparent du soleil. Chez
d'autres fleurs, les pétales se rapprochent et
la corolle se ferme à une certaine heure pour
ne s'ouvrir qu'à telle autre, ou bien chez les
Composées ce sont les fleurs formant le
capitule qui s'étalent ou se rapprochent suivant l'heure de la journée ou l'état de l'atmosphère. Ce sont des mouvements de veille et de
sommeil, analogues à ceux des feuilles 165.

❀ *Les fleurs, comme les feuilles, sont
douées de mouvement. Les unes suivent le
mouvement apparent du soleil ; d'autres
ouvrent ou ferment leur corolle.*

191. Utilisation des fleurs. —

On utilise
comme condiments les clous de girofle, les
câpres, qui sont des bourgeons floraux, les
stigmates du Safran *fig.* 305; Dans l'arti-

Fig. 304. | Fig. 305. | Fig. 306.
Carthame. | Safran. | Camomille.

chant on mange le réceptacle et la base des bractées; dans le chou-fleur, les inflorescences.

L'*industrie* emploie la fleur du Carthame (*fig.* 304) comme matière colorante. Beaucoup de fleurs renferment des essences employées en parfumerie; la rose, la violette, le jasmin, sont cultivés en grand dans le département des Alpes-Maritimes pour cet usage.

La *médecine* utilise les fleurs de camomille (*fig.* 306), d'arnica, de bourrache, de mauve, de tilleul, de coquelicot, etc.

✿ *Quelques fleurs sont alimentaires ou médicinales. Leurs applications les plus importantes sont en* horticulture *et en* parfumerie.

XII. — TABLEAU-RÉSUMÉ DE LA FLEUR

VERTICILLES.	1. CALICE.	2. COROLLE.	3. ANDROCÉE.	4. PISTIL.
Nom des pièces composantes.	Sépales.	Pétales.	Étamines { anthère, filet.	Carpelles { stigmate, style, ovaire.
Un ou plusieurs verticilles manquen'.	Une seule enveloppe florale (*fleur apétale*). — Pas d'enveloppe florale (*fleur nue*).		Un seul verticille essentiel : fleur *unisexuée*. Fl. à pistil et fl. à étamines sur : le même pied : plante *monoïque*, à 2 pieds différ. : plante *dioïque*. Fleur sans verticilles essentiels : fleur *stérile*.	
Nombre habituel des pièces.	Monocotylédones : 3. Dicotylédones : 4 à 5.		3 ou un multiple. 4 à 5 ou un multiple.	
Toutes les pièces d'un même verticille égales.	Régulier. Primevère.	Régulière. Giroflée.	Régulier. Campanule.	Régulier. Primevère.
Une des pièces, au moins, est inégale.	Irrégulier. Lamier.	Irrégulière. Pois.	Irrégulier. Giroflée.	Irrégulier. Pensée.
Pièces d'un même verticille libres entre elles.	Dialysépale. Giroflée.	Dialypétale. Renoncule.	Dialystémone. Vigne.	Dialycarpellaire. Ancolie.
Soudées entre elles.	Gamosépale. Consoude.	Gamopétale. Pomme de terre.	Gamostémone. Oranger.	Gamocarpellaire. Lis.
Soudure des verticilles.				Ovaire *libre*. Ovaire *adhérent*.
Fonctions.	Protection des étamines et du pistil.		Fécondation.	

Fig. 307. — Cueillette des *ananas* aux Antilles.

XVI. LE FRUIT ET LA GRAINE

LE FRUIT

192. Conformation des fruits. Fruits charnus. — Le fruit est l'ovaire transformé après la fécondation. Il comprend : 1° le *péricarpe*, ou paroi du fruit, qui est l'ancienne feuille carpellaire ; 2° les *graines*, qui proviennent des ovules. Si le péricarpe est épais et mou, le fruit est *charnu* ; si, au contraire, il est mince et membraneux, le fruit est *sec*.

On distingue deux sortes de fruits charnus : la *baie* et la *drupe*. La *baie* est un fruit complètement charnu (groseille, *fig.* 308). L'orange (*fig.* 309) est une baie dont chaque *quartier* est un carpelle. La *drupe* a le péricarpe lignifié intérieurement en un *noyau* (pêche, *fig.* 310). La poire (*fig.* 311) est une sorte de drupe, à noyau mince, cloisonné en cinq loges, à 2 graines ou *pépins*.

La pulpe des fruits charnus est d'abord riche en amidon et en acides ; la maturation y fait apparaître des substances sucrées.

❋ *Le fruit comprend un péricarpe et des graines. Les fruits charnus sont baie et drupe.*

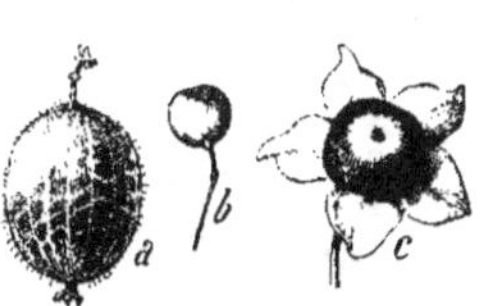

Fig. 308. — *Baies :*
a, de Groseillier à maquereau ; *b*, d'Asperge ; *c*, de Belladone.

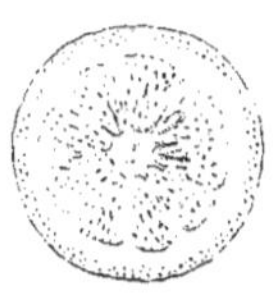

Fig. 309. — Coupe transversale d'une orange.

Fig. 310. — *Drupe* ou fruit à noyau (Pêche).

193. Fruits secs. — On en distingue deux groupes : ceux qui ne s'ouvrent pas et ne renferment qu'une seule graine, ou *fruits indéhiscents*, et ceux dont le péricarpe se fend pour laisser sortir les graines, ou *fruits déhiscents* (*fig.* 313). La déhiscence est due à deux couches de fibres à directions croisées, situées dans la partie profonde du péricarpe ; elles se contractent inégalement sous l'action de la sécheresse et tendent alors à redresser le carpelle, qui se fend.

Les *fruits secs indéhiscents*, nommés *akènes*, sont très répandus : tels sont la châtaigne (*fig.* 312, A), le fruit du Blé. Une *samare* est un akène dont le péricarpe se prolonge en une mince membrane (Orme, *fig.* 312, B).

Les *fruits secs déhiscents* sont nommés *capsules* (*fig.* 314). Celles-ci s'ouvrent par des trous percés au sommet du fruit, sous le stigmate (Pavot) ; par des *fentes longitudinales* (Jacinthe), ou par une *fente transversale* détachant une sorte de couvercle (Mouron rouge) ; les capsules s'ouvrant ainsi sont des *pyxides*.

Quelques capsules ont reçu des noms particuliers ; tels sont : 1° le *follicule*, formé d'un seul carpelle s'ouvrant en long par une seule fente (Aconit, *fig.* 313, B) ; 2° la *gousse* ou *légume*, formée d'un seul carpelle s'ouvrant par 2 fentes (Pois, *fig.* 313, A) ; 3° la *silique*, formée de 2 carpelles s'ou-

Fig. 311.
Coupe
longitudinale
d'une *poire*.

Fig. 312. — Akènes :
A, de Châtaignier ; B, d'Orme.

vrant par 4 fentes et détachant 2 valves ; les graines restent fixées sur une fausse cloison médiane (Chou, *fig.* 313, C).

❀ *Les fruits secs indéhiscents ou akènes ne renferment qu'une graine. Les fruits secs déhiscents en ont plusieurs et s'ouvrent pour les laisser sortir ; ce sont : follicule, gousse, silique et capsule.*

194. Fruits multiples, fruits composés. — Nous venons de parler des fruits *simples*, c'est-à-dire provenant d'un seul ovaire ; un fruit est *multiple* quand il se compose de plusieurs fruits distincts, provenant des ovaires distincts d'une même fleur. Ces fruits sont secs (fraise) ou charnus (framboise, *fig.* 315). Chacune des petites masses arrondies qui composent une framboise a la structure d'une cerise : c'est une *drupe multiple*.

Un fruit est *composé* quand il est formé des fruits provenant des fleurs d'une même inflorescence et soudés en une masse unique qui comprend parfois fruits, bractées, pédoncules ; tels sont l'ananas (*fig.* 316) et la mûre, fruit du Mûrier (V. Pl. hors texte).

❀ *Un fruit simple est un fruit unique provenant d'une seule fleur ; un fruit multiple est un groupe de fruits provenant d'une fleur à ovaires distincts ; le fruit composé résulte d'une inflorescence.*

Fig. 313. — Fruits *secs déhiscents* :
A, gousse de Pois ; B, follicule de l'Aconit ; C, silique du Chou.

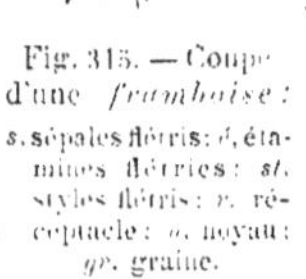

Fig. 314. — *Capsules* :
A, Iris ; B, Œillet ; C, Pavot ; D, Violette ; E, Lychnis ; F, Mûrier.

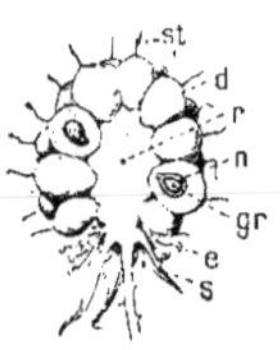

Fig. 315. — Coupe d'une *framboise* :
s, sépales flétris ; d, étamines flétries ; st, styles flétris ; r, réceptacle ; n, noyau ; gr, graine.

Fig. 316.
Ananas.

FRUITS DE FRANCE.

Fruits de dessert : 1. Cerise anglaise ; 2. Prune Reine-Claude ; 3. Pêche Grosse-mignonne ; 4. Abricot ; 5. Poire Beurré-Clairgeau ; 6. Coing ; 7. Pomme Calville blanche ; 8. Pomme Reinette-du-Canada ; 9. Nèfle ; 10. Grenade ; 11. Figue violette ; 12. Fraise des Quatre-saisons ; 14. Orange ; 15. Groseille à grappes ; 16. Cassis ; 17. Groseille à maquereau ; 18. Chasselas doré ; — **Fruits légumiers :** 13. Citron ; 19. Melon Cantaloup ; 20. Pastèque ou Melon d'eau ; 21. Tomate ordinaire ; 22. Piment long ; 23. Aubergine ordinaire ; 24. Concombre.

XIII. — TABLEAU-RÉSUMÉ DE LA CLASSIFICATION DES FRUITS.

CARACTÈRES SUR LESQUELS S'APPUIE LA CLASSIFICATION.	FORMES PRINCIPALES ET EXEMPLES.
FRUITS CHARNUS. Le péricarpe est épais, plus ou moins *mou*. — Le péricarpe est entièrement mou	*Baie* . . . Raisin, Datte, Tomate.
Le péricarpe est mou, sauf dans sa partie interne qui forme un *noyau*	*Drupe* . . Olive, Cerise, Pêche.
FRUITS SECS. Le péricarpe est *mince, membraneux*. — *Fruits indéhiscents.* Ils renferment une graine : ils ne s'ouvrent pas	*Akène* . . Noisette, Pissenlit, Blé.
Fruits déhiscents. Ils renferment plusieurs graines : ils s'ouvrent. — Fruit à *un* carpelle : s'ouvre par **1** fente	*Follicule.* Pivoine, Ellébore.
Fruit à *un* carpelle : s'ouvre par **2** fentes	*Gousse* . . Pois et toutes les Légumineuses.
Fruit à *deux* carpelles : s'ouvre par **4** fentes	*Silique* . . Giroflée et toutes les Crucifères.
Tous les autres fruits secs déhiscents	*Capsule* . La capsule s'ouvre par : des trous / des fentes en long. / 1 fente en travers. — Pavot. Jacinthe. Mouron.

195. Annexes du fruit. Faux fruit. — L'ovaire seul peut donner le fruit, mais parfois d'autres parties de la fleur persistent et s'accroissent en même temps que l'ovaire, formant au fruit des annexes.

Les styles des Géraniums s'allongent et ressemblent à un bec d'échassier ; ceux des Clématites (*fig.* 317) sont couverts de poils ténus. Le calice persiste souvent et entoure le fruit (Belladone, *fig.* 308, c) ; chez beaucoup de Composées il forme les aigrettes qui surmontent l'akène (*fig.* 318, A à C).

Quand les parties accessoires du fruit revêtent des couleurs vives, une chair comestible, elles sont prises pour le fruit lui-même. La partie comestible de la fraise ne provient pas d'un ovaire : c'est un *faux fruit*, formé par le réceptacle de la fleur qui est devenu rouge

Fig. 317. — Fruit de *Clématite*.

et charnu. Les fruits véritables sont les petits akènes blanchâtres portés par le réceptacle (*fig.* 319). La figue est un faux fruit dont la masse pulpeuse est l'ancien réceptacle du capitule ; les fruits sont les petits corps blanchâtres qu'elle renferme.

❀ *Le fruit s'accompagne parfois d'annexes volumineuses dues au développement du style ou du calice. Quand ces parties accessoires sont comestibles, on a un faux fruit.*

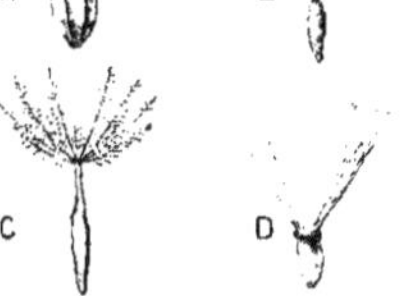
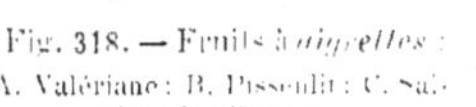

Fig. 318. — Fruits à *aigrettes* : A. Valériane ; B. Pissenlit ; C. Salsifis ; D. Chardon.

Fig. 319. — Fraise ou *faux fruit* du Fraisier.

196. Différentes parties d'une graine. — Après la fécondation, l'ovule se transforme et devient la graine. L'œuf se divise rapidement et donne l'embryon ou *plantule* ; des cellules se forment aux dépens des divers éléments du sac embryonnaire et même de la nucelle ; elles se remplissent de matières de réserve et constituent l'*albumen*, qui nourrira l'embryon pendant la germination ; enfin la secondine disparaît, tandis que la primine se développe, s'épaissit, et forme le *tégument* de la graine. Les graines du Ricin, du Blé, etc., conservent jusqu'à leur maturité cette structure : ce sont des graines *à albumen* (*fig.* 320, A). Au contraire, les graines du Pois, du Chêne ne possèdent un albumen que pendant peu de temps : les cotylédons ou premières feuilles de l'embryon se développent à ses dépens et l'absorbent complètement. Ce sont des graines *sans albumen* (*fig.* 320, B) : leurs cotylédons sont alors volumineux.

La graine provient des transformations de l'ovule fécondé. Elle renferme toujours un embryon ou plantule, protégé par un tégument. Des réserves sont contenues dans l'albumen ou dans les cotylédons.

197. Tégument, embryon, réserves. — Le tégument est ordinairement coloré et résistant : il peut se prolonger en une membrane ailée (Pin, Bouleau) ou être recouvert de fins filaments (Cotonnier, Saule).

L'embryon comprend : 1° la radicule ; 2° la tigelle, surmontée d'un bourgeon, la gemmule, et portant sous ce bourgeon 1, 2 ou plusieurs feuilles, les cotylédons, qui sont plus développées que les feuilles de la gemmule.

La nourriture mise en réserve se compose de matières diverses, mais l'une prédomine ; ce qui permet de distinguer : 1° les graines à réserve *amylacée* ou *farineuse*, contenue dans l'albumen (blé) ou les cotylédons (haricot) ; 2° les graines à réserve *oléagineuse*, contenant de l'huile dans l'albumen (ricin), ou les cotylédons (noix). Certaines graines, comme le Dattier, ont un albumen *corné*, c'est-à-dire dont les cellules ont des parois cellulosiques épaisses.

Le tégument de la graine est résistant. L'embryon comprend radicule, tigelle et cotylédons. Les réserves sont amylacées, oléagineuses ou cellulosiques.

198. Structure de quelques graines. — 1° Une graine de *Pois* (*fig.* 175) nous montre sous son tégument la masse de la graine ou *amande* ; elle offre une fente circulaire qu'on écarte : les deux parties hémisphériques ainsi obtenues sont les cotylédons gorgés d'amidon ; on distingue aisément les autres parties de l'embryon : radicule, tigelle et gemmule. Le pois est donc une graine dicotylédonée, sans albumen : un haricot, un gland, une graine de Cerisier, ont une structure analogue ;

2° Une graine de *Ricin* renferme, sous le tégument, une masse huileuse, l'albumen, contenant dans son intérieur un embryon à deux cotylédons minces ;

3° Un grain de *Blé* (*fig.* 321) offre un albumen farineux, abondant, à la base duquel est l'embryon. La tigelle ne porte qu'un cotylédon qui se reploie pour entourer le reste de l'embryon ; la gemmule est très développée ;

4° Les graines des *Conifères* ont un tégument épais et dur ; l'embryon, entouré de réserves, porte ordinairement 2 cotylédons, mais souvent 3 ou 4, ou plus (Pin).

L'embryon comprend tantôt un seul cotylédon (Monocotylédones), tantôt deux (Dicotylédones), ou plusieurs (Conifères). Ils sont minces dans les graines à albumen, gonflés par les réserves chez les graines sans albumen.

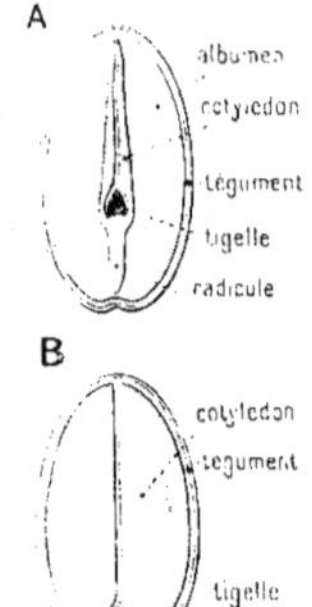

Fig. 320.
Coupes schématiques
de *graines* :
A, à albumen ;
B, sans albumen.

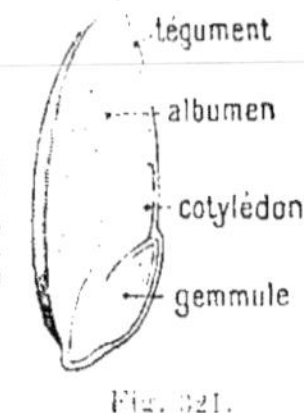

Fig. 321.
Coupe d'un *grain*
de *blé*.

FONCTIONS ET UTILISATION

199. Dissémination des fruits et des graines. — Quand tous les fruits tombent au pied de la plante qui les produit, les graines, en germant, s'étouffent ; peu arrivent à se développer. Beaucoup de fruits sont disséminés par différents agents : les *oiseaux* mangent la pulpe des fruits charnus et rejettent intactes leurs dures semences. Les fruits munis de crochets, comme la Bardane, la Carotte sauvage, s'accrochent à la toison des *mammifères*. Le vent emporte les fruits ailés (Orme, Érable, *fig*. 322), ceux à aigrettes (*fig*. 318), ou les graines elles-mêmes (Saule).

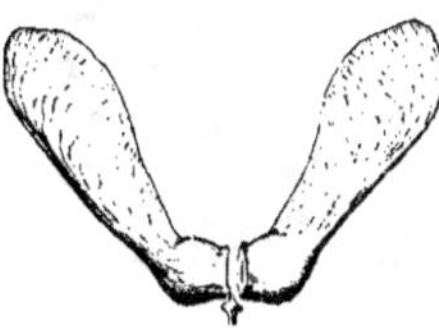

Fig. 322. — *Samare* double d'Érable.

L'*eau* dissémine des fruits à coque dure : glands, noix de coco. Un *mécanisme* particulier du fruit peut lancer au loin les graines à la maturité ; le fruit de la Balsamine se partage brusquement en cinq valves qui se tordent sur elles-mêmes et projettent leurs graines.

✿ *Les fruits charnus sont disséminés par les oiseaux ; les fruits à crochets, par la toison des mammifères ; les fruits ailés ou à aigrettes, par le vent ; ceux à coque dure, par l'eau. Certains fruits projettent leurs graines.*

200. Utilisation des fruits. — Les fruits jouent un rôle *alimentaire* important, malgré leur peu de valeur nutritive. On distingue les *fruits légumiers* : melon, potiron, tomate, haricot vert, et les *fruits de dessert* : cerise, prune, pêche, abricot, pomme, poire, coing, framboise, raisin, groseille, orange. On peut y joindre la fraise et la figue, et les fruits exotiques : datte, banane, ananas, etc. La vanille sert à parfumer certains desserts. Le poivre est la baie desséchée du Poivrier.

Les fruits donnent lieu à d'importantes industries : fruits confits, confitures, fruits séchés (pruneaux ; liqueurs (cassis, etc.).

Par fermentation, beaucoup donnent les boissons usuelles : vin, cidre, poiré, et, par distillation, des eaux-de-vie. Les cônes du Houblon servent à aromatiser la bière ; la pulpe de l'olive fournit une huile comestible.

De la capsule du Pavot on obtient un latex, l'opium, d'où l'on retire la *morphine*.

✿ *Les fruits sont l'objet d'un grand commerce pour l'alimentation. Par la fermentation des jus sucrés de certains d'entre eux, on obtient le vin, le cidre, le poiré qui, distillés, fournissent des eaux-de-vie.*

201. Utilisation des graines. — Les graines renfermant en proportion convenable des réserves farineuses (amidon) et albuminoïdes (gluten) sont très nourrissantes ; telles sont les graines des céréales : blé, orge, seigle, avoine, maïs (*fig*. 323), riz, et celles des Légumineuses : haricot, pois, fève, lentille. On mange aussi le sarrasin ou blé noir, la châtaigne et, comme dessert, la noix, la noisette, l'amande.

La moutarde fournit un condiment très employé. On utilise aussi les graines du Caféier et du Cacaoyer (*fig*. 324).

L'*industrie* tire des graines des céréales l'amidon, avec lequel on fabrique le glucose qui, par fermentation, donne des alcools d'industrie. L'orge sert à préparer la bière. Beaucoup de graines fournissent des huiles comestibles (noix, amande, pavot noir) ou industrielles (lin, colza). Les filaments ou *coton* qui entourent la graine du Cotonnier sont textiles.

La *médecine* utilise la graine de moutarde en sinapismes, la graine de lin en cataplasmes ; celle du ricin donne une huile purgative.

✿ *Les graines des Céréales et des Légumineuses sont importantes pour l'alimentation. Des graines de céréales, on retire amidon, glucose et alcool.*

Fig. 323. Épi de Maïs.

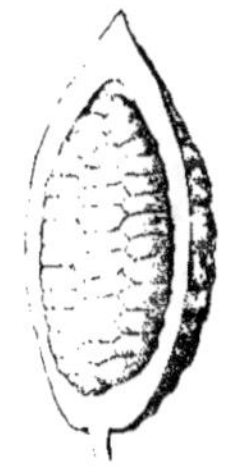

Fig. 324. Fruit du Cacaoyer.

Phot. de M. F. Faideau.

Fig. 325. — Phases successives de la *germination* d'une *graine* d'Érable.

XVII. MULTIPLICATION

202. Reproduction et multiplication végétative. — Les plantes peuvent se multiplier à l'aide de deux procédés : par *reproduction*, c'est-à-dire par leurs graines, ou par *multiplication végétative*, c'est-à-dire à l'aide de fragments détachés d'elles-mêmes ; ainsi les tubercules de la Pomme de terre, séparés de la plante mère, redonnent d'eux-mêmes de nouvelles plantes semblables ; le Fraisier se multiplie à l'aide de ses tiges rampantes, qui forment autour de lui de nouveaux pieds. Dans la culture des plantes, l'homme imite ces deux procédés naturels, et, suivant les cas, il emploie les semis ou la multiplication végétative.

Les plantes se multiplient par graines (reproduction) ou par des fragments détachés d'elles-mêmes (multiplication végétative).

GERMINATION DE LA GRAINE

203. Conditions de la germination. — Pendant sa maturation sur la plante mère, la graine diminue de poids par perte d'eau ; ses réserves se condensent à l'état solide ; elle se détache ordinairement du funicule et divers agents la disséminent **199**. Elle est alors à l'état de *vie ralentie* ; elle respire, mais ses échanges gazeux sont très faibles. Elle peut rester très longtemps en cet état, si on la conserve à l'abri de l'humidité. Pour qu'elle passe à l'état de *vie active*, c'est-à-dire qu'elle *germe* et donne une nouvelle plante semblable à celle qui l'a formée, il faut certaines conditions dont les unes tiennent à la graine même, les autres au milieu.

La graine doit être *mûre* et *intacte*, c'est-à-dire que son embryon doit être encore vivant et ses réserves en bon état. Les graines à réserves farineuses (Blé, Haricot) peuvent rester plusieurs siècles à l'état de vie ralentie sans perdre le pouvoir de germer ; au contraire, les graines à réserves oléagineuses (Lin, Ricin) le perdent rapidement.

A la graine en bon état il faut fournir de plus un *milieu* convenable à la vie active, c'est-à-dire de *l'humidité*, de *l'air* et une *température* suffisante qui varie pour chaque espèce. Le trèfle germe à toutes les températures comprises entre 5° et 29°, le blé entre 5° et 42°, etc. Avant de semer les graines, on laboure le sol pour que l'air et l'humidité lui parviennent et que les racines s'y enfoncent aisément.

❀ *Une graine détachée de la plante mère est à l'état de* vie ralentie; *la* germination *est le passage à l'état de* vie active. *Une graine, pour germer, doit être mûre, en bon état; il lui faut, de plus, de l'humidité, de l'air et une température convenable.*

204. Germination de l'Érable. — Nous suivrons les phénomènes de la germination sur une graine d'Érable. Le fruit de cet arbre est composé de deux samares accolées (*fig.* 322). Dans la partie renflée de chaque samare est la graine sans albumen. Si on l'ouvre, on voit ses deux cotylédons, longs rubans plissés, enroulés pour occuper moins de place.

Dès le début de février, la graine germe, absorbe l'humidité du sol et se gonfle; les matières de réserve des cotylédons passent dans la radicule, qui s'allonge, perce le tégument, s'enfonce en terre, émet des poils absorbants et des radicelles; la tigelle se développe et soulève la samare, dont elle se trouve coiffée (*fig.* 325). Bientôt la plantule apparaît sous forme d'une tigelle rouge, surmontée d'une lentille brune qui est le tégument, sous lequel sont encore repliés les cotylédons. Le tégument se fend, les cotylédons apparaissent au jour et se déplissent peu à peu.

Au début d'avril, la gemmule se développe et donne les deux premières feuilles opposées; puis bientôt la deuxième paire de feuilles apparaît. A ce moment, les cotylédons jaunissent et tombent. Désormais la jeune plante pourra vivre par elle-même, puiser sa nourriture dans le sol par ses racines et dans l'air par ses feuilles.

❀ *Pour germer, la graine d'Érable* absorbe *l'humidité du sol et se gonfle; sa radicule s'enfonce dans la terre, sa tigelle s'allonge et porte 2 cotylédons étroits; puis la* gemmule *donne les deux premières feuilles.*

205. Différents types de germination. — Le Haricot (*fig.* 326), le Ricin (*fig.* 328) et la plupart des Dicotylédones germent comme l'Érable, c'est-à-dire que la tigelle s'allonge suffisamment pour porter les cotylédons hors du sol; ils sont *épigés*. Les cotylédons renflés des graines sans albumen ayant ce type de germination s'aplatissent par disparition de leurs réserves et verdissent.

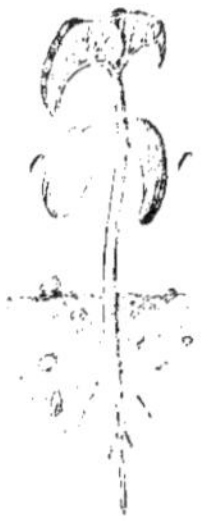

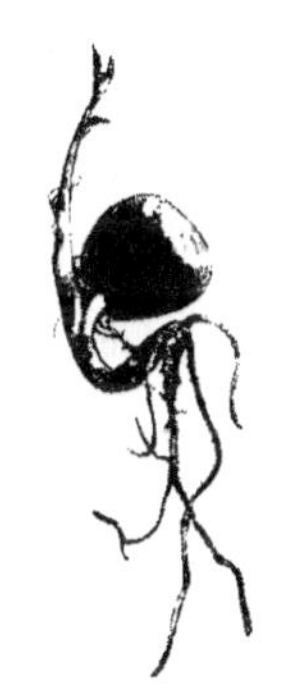

Fig. 326. Cotylédons *épigés c, c* du Haricot.

Chez quelques Dicotylédones comme le Pois, le Chêne, le Châtaignier (*fig.* 327) et chez la plupart des Monocotylédones, la tigelle ne s'allonge pas; les cotylédons restent dans le sol; ils sont *hypogés;* la tige n'est formée que par le développement de la gemmule.

Chez les graines à albumen, les cotylédons fonctionnent comme des sortes de suçoirs aspirant les matières nutritives de l'albumen. Pendant la germination, la respiration devient très active; un thermomètre plongé dans un vase contenant un lot de graines en germination indique une élévation de température de plusieurs degrés. En même temps il y a digestion des réserves par les diastases sécrétées dans les cellules de l'albumen ou des cotylédons.

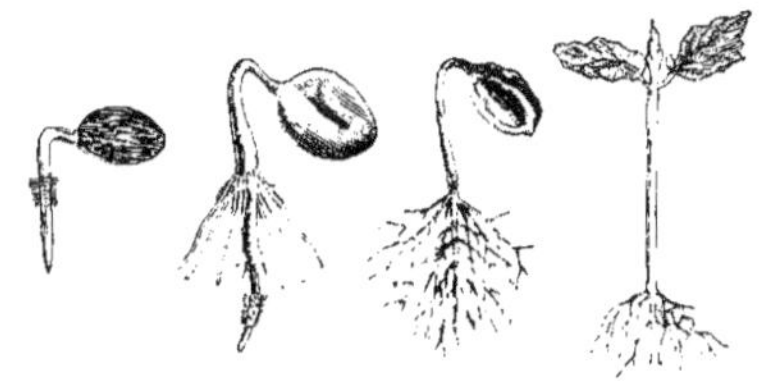

Fig. 327. — Châtaigne en *germination.*

❀ *La graine qui germe* respire *activement; ses réserves sont* digérées. *La tigelle s'allonge et élève hors du sol les cotylédons qui sont dits* épigés *(haricot), ou elle demeure courte et les cotylédons sont* hypogés *(pois).*

Fig. 328. — *Germination* d'une graine de Ricin.

XIV. — TABLEAU-RÉSUMÉ DE LA GRAINE ET DE LA GERMINATION.

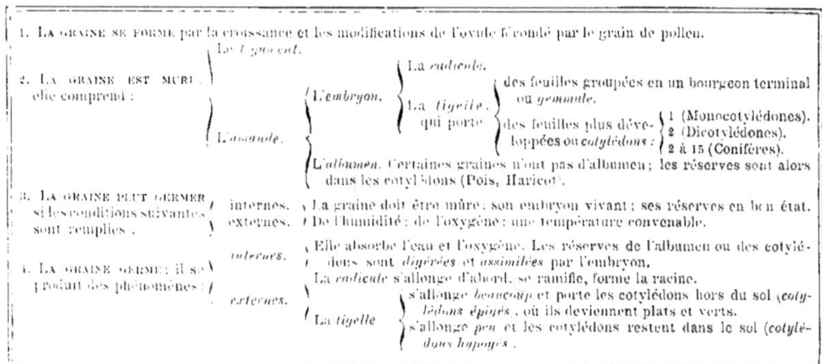

1. LA GRAINE SE FORME par la croissance et les modifications de l'ovule fécondé par le grain de pollen.

2. LA GRAINE EST MÛRE, elle comprend : — Le tégument. — L'amande :
   - L'embryon :
     - La radicule.
     - La tigelle qui porte : des feuilles groupées en un bourgeon terminal ou *gemmule*. — des feuilles plus développées ou *cotylédons* : 1 (Monocotylédones). 2 (Dicotylédones). 2 à 15 (Conifères).
   - L'albumen. Certaines graines n'ont pas d'albumen ; les réserves sont alors dans les cotylédons (Pois, Haricot).

3. LA GRAINE PEUT GERMER si les conditions suivantes sont remplies :
   - internes. La graine doit être mûre ; son embryon vivant ; ses réserves en bon état.
   - externes. De l'humidité ; de l'oxygène ; une température convenable.

4. LA GRAINE GERME : il se produit des phénomènes :
   - internes. Elle absorbe l'eau et l'oxygène. Les réserves de l'albumen ou des cotylédons sont *digérées* et *assimilées* par l'embryon. La *radicule* s'allonge d'abord, se ramifie, forme la racine.
   - externes. La tigelle : s'allonge *beaucoup* et porte les cotylédons hors du sol (*cotylédons épigés*), où ils deviennent plats et verts. — s'allonge *peu* et les cotylédons restent dans le sol (*cotylédons hypogés*).

206. Durée de la vie des plantes. — Au point de vue de la durée de leur existence, on divise les plantes en trois groupes : 1° les *plantes annuelles* : Blé, Coquelicot, qui fleurissent l'année même de leur germination, portent des graines et meurent ensuite ; 2° les *plantes bisannuelles* : Carotte, Betterave, qui ne fleurissent pas la première année, mais accumulent dans leurs racines des réserves qu'elles utilisent la deuxième année pour fleurir et fructifier, puis elles meurent ; 3° les *plantes vivaces*, qui vivent plusieurs années : elles fleurissent ordinairement chaque année à partir d'un certain âge. On distingue les plantes vivaces ligneuses, arbres et les plantes vivaces herbacées ; Pomme de terre, Lis, dont les parties aériennes meurent chaque année, tandis que les parties souterraines passent l'hiver en terre.

On divise les plantes, d'après leur durée, en annuelles, bisannuelles et vivaces.

MULTIPLICATION VÉGÉTATIVE

207. Bouturage, marcottage. — La multiplication végétative est la production de nouvelles plantes au moyen des organes végétatifs ; elle comprend trois procédés : le bouturage, le marcottage et le greffage.

Le *bouturage* est très employé ; on bouture les Lilas, les Saules, etc. Pour cela, on coupe un rameau ou *bouture* ; on plonge dans la terre la partie coupée ; un bourrelet de liège cicatrise la plaie et, au-dessus, se forment des racines adventives ; la bouture se développe et porte bientôt des feuilles nouvelles. Il faut, pour qu'elle réussisse, que la terre soit humide, mais sans excès, avec une chaleur suffisante. Une pomme de terre est une bouture naturelle.

Le *marcottage* est aussi l'imitation d'un procédé naturel **137** ; il est analogue au bouturage, mais on fait former les racines adventives *avant* de séparer le rameau de la plante mère. On le réussit plus sûrement que le bouturage, mais en un temps donné on obtient moins de nouveaux exemplaires d'une même plante. Si les rameaux sont flexibles, on en prend un, on *marcotte*, qu'on recourbe et qu'on enterre en son milieu (*fig.* 329). On arrose et, au bout de plusieurs semaines, il se forme des racines adventives sur la portion de la tige enterrée. Quand elles sont assez grandes pour nourrir la branche, on détache celle-ci de la branche mère. Si la branche est trop haute ou rigide, on marcotte *en l'air* *fig.* 330 dans un pot fendu sur le côté.

Le bouturage et le marcottage sont fondés sur la formation des racines adventives, après la séparation de la plante mère (bouturage), ou avant (marcottage).

208. Greffage. — Le greffage repose sur la soudure, par leurs zones génératrices, d'une branche ou d'un bourgeon avec la tige d'une autre plante; il ne peut réussir entre plantes trop différentes, parce que les sèves n'ont plus la même composition. On greffe, par exemple, Pêcher sur Amandier, Poirier franc sur Poirier sauvage ou encore sur Cognassier.

Fig. 329. — *Marcotte simple.*

Deux procédés principaux peuvent être employés pour greffer :

1° La *greffe en fente.* Supposons qu'il s'agisse de greffer un Rosier sur un Églantier. On fait une entaille verticale jusqu'à la couche génératrice, sur une branche de l'Églantier (*sujet*), et on introduit dans cette fente l'extrémité, taillée en coin, du rameau de Rosier (*greffon, fig. 331*), de façon que sa zone génératrice corresponde à peu près à celle du sujet. On ligature et on recouvre d'un mastic à base de poix pour préserver de la pluie et de l'air. Si l'opération a été bien faite, la soudure se produit; les bourgeons du Rosier greffé reçoivent la sève brute de l'Églantier, la modifient et donnent des roses.

2° La *greffe en écusson.* On fait une incision en T dans l'écorce du sujet, et on y introduit un lambeau d'écorce taillé en forme d'écusson et portant un bourgeon *fig. 332*).

✖ *Le greffage consiste à fixer, sur la tige d'une plante nommée sujet, un rameau ou un bourgeon, le greffon, détaché d'une plante voisine.*

209. Avantages de la multiplication végétative. — L'œuf d'une plante, et par suite l'embryon, partie essentielle de la graine, résulte de la fusion de deux éléments appartenant souvent à des végétaux différents; la plante provenant

Fig. 330. — *Marcotte* en l'air.

du semis pourra donc présenter des caractères différents de ceux qu'offraient les deux plantes qui ont contribué à la formation de la graine; le semis permettra donc d'obtenir de nouvelles *variétés.* La multiplication végétative donne au contraire des plantes absolument *semblables* à celles dont les fragments ont été détachés; elle offre donc le moyen de conserver des variétés à fruits succulents ou à fleurs superbes, c'est-à-dire possédant des qualités que les graines ne transmettraient pas toujours. De plus, les végétaux obtenus par multiplication végétative portent plus tôt des fleurs et des fruits.

✖ *Le semis fournit des plantes ne reproduisant pas toujours les caractères de la plante mère; il donne de nouvelles variétés; la multiplication végétative les conserve.*

210. Modifications des plantes par la culture. — La culture modifie profondément les organes des plantes; elle les accroît, transforme leur structure interne et leurs propriétés. C'est ainsi que la racine de Betterave devient volumineuse, grâce à l'apparition successive de plusieurs assises génératrices donnant des cercles concentriques de faisceaux et à un abondant dépôt de réserves de sucre dans le parenchyme conjonctif. Les fruits acquièrent une taille considérable, une saveur sucrée et agréable; les fleurs doublent (180 par la transformation des étamines en pétales et même à la fois des étamines et des carpelles Merisier double).

✖ *La culture modifie les organes des plantes; elle les accroît, transforme leur structure et leurs propriétés.*

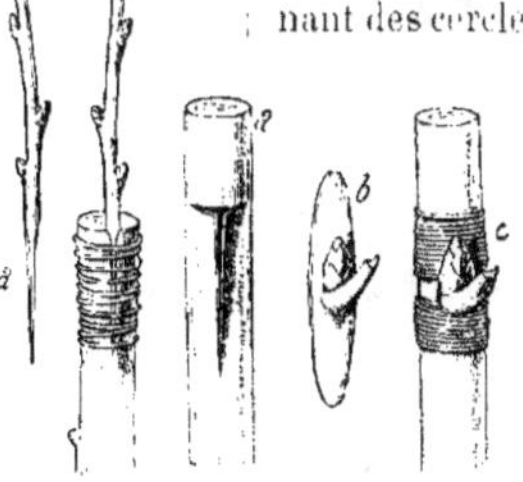

Fig. 331.
Greffe en
fente :
a, greffon
préparé.

Fig. 332. — Greffe
en écusson :
a, sujet préparé;
b, écusson;
c, greffe terminée.

211. Confection d'un herbier. — Tous les organes d'une plante étant utiles pour sa détermination, il faut la cueillir entière, en y comprenant ses parties souterraines, exception faite évidemment pour les arbres, dont on cueillera de petites branches fleuries ou chargées de fruits. Pendant l'herborisation, les plantes sont mises dans une boîte spéciale. On détermine, de suite, les échantillons recueillis, à l'aide d'ouvrages nommés *Flores* ou *Herbiers*. On enlève la terre des racines; on étend la plante sur une grande feuille de papier non collée, en lui donnant son aspect naturel; on étale les feuilles et on les maintient à l'aide de rondelles métalliques; on retourne quelques feuilles pour montrer leur face inférieure. Une autre feuille de papier non collée est ensuite posée sur la plante; on enlève les rondelles et on place la plante dans un matelas formé par cinq ou six feuilles doubles du même papier. Ce paquet est recouvert d'une planche chargée de livres, et laissé sous presse une nuit. Le lendemain, on arrange une dernière fois et on remet sous presse dans de nouveau papier, et ainsi de suite pendant quatre ou cinq jours.

On fixe alors chaque plante dans une feuille de papier double assez fort, à l'aide de bandes de papier gommé. Une étiquette indique le nom de l'espèce, la date, le lieu et les circonstances intéressantes de sa découverte. A mesure, on range ces feuilles mobiles dans l'ordre indiqué par la classification.

Il faut conserver l'herbier dans le tiroir d'un meuble placé dans une pièce non humide et y mettre de la naphtaline en poudre qu'on renouvelle de temps à autre; sans cette précaution, les insectes attaquent rapidement les plantes.

212. Expériences diverses. — Faire dissoudre de la cellulose, du coton, par exemple, dans le réactif de Schweitzer (**117**). — Bleuissement de la cellulose et jaunissement de la subérine par le chlorure de zinc iodé (**117**). — Développement des racines adventives à la base d'un bulbe de plante à fleur (*fig.* 209) ou d'un oignon de cuisine reposant sur le goulot d'une bouteille maintenue pleine d'eau (**138**). — Développement simultané d'un bulbe et d'un tubercule (*fig.* 333 : dans une pomme de terre placée à douce température, on creuse un trou qu'on maintient plein d'eau; on y place un oignon de cuisine; on assiste au double développement (**138**. — Si la pomme de terre n'est éclairée que d'un côté, ses tiges se dirigent vers la lumière; en retournant le tubercule tous les huit jours, il finit par porter de longues tiges sinueuses, montrant les directions successives dues au phototropisme (**134**). — Montrer la transpiration des plantes (**160**), la fonction chlorophyllienne (**163**), la respiration (**164**). — Bleuissement de l'amidon par une solution iodée (**173**). — Semer dans de la mousse humide ou dans du sable des graines de Haricot, de Fève, d'Érable, etc., et suivre les phases de la germination (**204**).

Phot. de M. F. Faideau.

Fig. 333.

Oignon se développant dans une pomme de terre.

Fig. 334. — Structure *stratifiée* des calcaires du Causse de Camprieu (Gard).

LES TERRAINS

XVIII. LA TERRE

ORIGINE ET STRUCTURE

213. Rapprochement du présent et du passé. — C'est en abordant les phénomènes anciens que nous allons apprécier l'utilité d'avoir précédemment étudié les phénomènes actuels : c'est la connaissance de ces derniers qui nous permettra de comprendre le passé. De tout temps, en effet, les cours d'eau ont entraîné des alluvions, les glaciers ont accumulé les débris des montagnes, les mers ont déposé des sédiments, les organismes ont édifié des terres nouvelles, les volcans ont rejeté des laves et les dislocations du sol ont bouleversé l'ordre des diverses formations; et, grâce à ce que nous savons du présent,

nous pourrons reconnaître dans l'épaisseur de l'écorce terrestre l'origine de chaque dépôt, de chaque roche, quelles que soient les perturbations de toutes sortes qui se sont produites à travers les âges.

L'étude des phénomènes actuels permet de préciser l'origine des formations anciennes et la nature des phénomènes qui les ont produites ou bouleversées.

214. Système solaire. — Mais il nous faut prendre l'histoire du passé fort loin, et nous arrêter quelques instants à l'origine même de la Terre. Pour cela, il nous faut dire quelques mots d'astronomie.

La Terre appartient à une famille d'astres que l'on appelle le *Système solaire*, parce que le Soleil en occupe le centre *fig. 335*. C'est autour de cet astre incandescent que se meuvent en orbites concentriques les astres obscurs ou planètes qui sont : Mercure,

Vénus, Terre, Mars, Jupiter, Saturne, Uranus et Neptune. La plupart de ces planètes constituent à leur tour un petit système analogue, car la Terre a un satellite qui est la Lune, Mars en a deux, Jupiter cinq, Saturne sept, Uranus quatre et Neptune un. Tous ces corps tournent autour du Soleil avec une parfaite régularité ; mais ceci est *l'état présent*. Or, les connaissances que nous possédons maintenant permettent d'indiquer les différentes phases par lesquelles a passé le Système solaire, car elles sont venues confirmer la belle théorie établie par le grand savant français Laplace.

La Terre appartient au Système solaire et, comme les autres planètes, tourne autour du Soleil. Des planètes plus petites, dites satellites, tournent autour de la plupart des grandes planètes : la Lune tourne autour de la Terre.

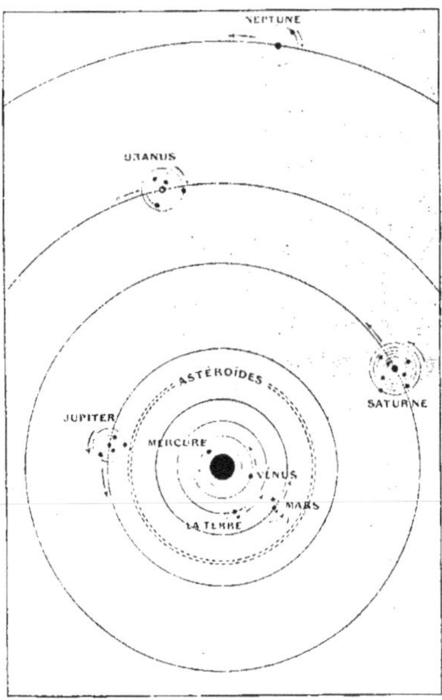

Fig. 335. — Le *Système solaire*.

215. États stellaire et planétaire.

Le point de départ d'un système planétaire est la *nébuleuse* (*fig.* 336), formée de matière cosmique primitivement gazeuse, obscure et très dispersée, mais douée d'un mouvement de rotation et qui, se condensant progressivement, s'échauffe et devient peu à peu lumineuse, jusqu'à un maximum de température, d'éclat et d'activité qui est l'état d'étoile ou *état stellaire*. La durée de cet état varie avec le volume de l'astre. C'est ainsi que l'existence stellaire du Soleil est beaucoup plus longue que ne l'a été celle de la Terre, et que celle de la Lune fut infiniment plus courte encore. Les plus belles étoiles du ciel sont Sirius et Véga dont l'éclat est incomparable. Le Soleil est une étoile dont l'âge est avancé : le phénomène des taches en est un signe.

L'extinction et le refroidissement progressif des étoiles les conduisent à l'état de planète ou *état planétaire*, caractérisé par une croûte sombre enveloppant le centre toujours lumineux, et entourée par les matières les moins denses qui constituent l'atmosphère. Jupiter paraît représenter le début de l'état planétaire. Vénus, moins âgée que la Terre, offre des océans proportionnellement plus vastes ; Mars, dont l'évolution est beaucoup plus avancée que celle de notre globe, présente des mers beaucoup plus réduites.

L'absorption des eaux et aussi de l'atmosphère amène l'*état lunaire*, c'est-à-dire l'état

Fig. 336. — Aspect d'une *Nébuleuse*.

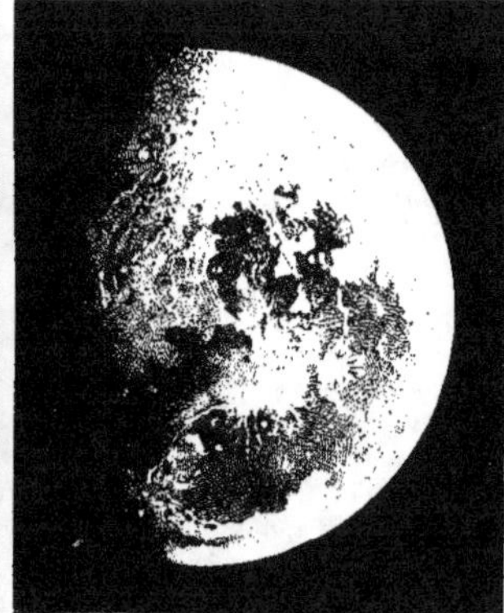

Fig. 337. — Parties visibles de la *Lune* en ses différentes phases.

actuel de la Lune *fig. 337*, qui est une planète morte. Sa surface est hachée d'immenses cassures qui paraissent la fendre de part en part et préparer la dispersion de sa substance, car la *rupture spontanée* des planètes mortes caractérise vraisemblablement la dernière phase de leur évolution : ce serait l'origine des météorites ou pierres tombées du ciel.

Un système planétaire résulte d'abord de la condensation, de la rotation et de l'échauffement d'une nébuleuse : *le maximum de température et d'éclat caractérise l'état d'étoile. L'extinction de l'étoile par la formation d'une croûte sombre la transforme en planète, dont le refroidissement et la dessiccation progressifs amènent l'état* lunaire.

216. Température du sol. — Maintenant que nous connaissons l'origine du feu d'après la théorie de Laplace, il s'agit de retrouver la preuve de son existence dans l'écorce terrestre. En effet, les éruptions volcaniques, la nature de leurs déjections, indiquent bien qu'il existe toujours dans les profondeurs du sol un point où les matières minérales sont restées à l'état de fusion depuis le début de l'état planétaire : c'est ce que l'on appelle le *feu central.*

On en trouve encore une preuve dans la température du sol : c'est ainsi qu'à Paris, et à 10 mètres de profondeur, la température du sol est constamment à $+ 10°.8$, en hiver comme en été : elle y est complètement insensible aux écarts thermométriques de l'air extérieur. Au-dessous de ce niveau constant, la chaleur augmente à mesure que l'on pénètre plus avant dans le sol : plus une mine est profonde, plus la température y est élevée. Les géologues ont longtemps cherché à établir le *degré géothermique* ou profondeur verticale qu'il est nécessaire de franchir pour voir augmenter de 1 degré la température du sol : mais il s'agit là d'un résultat difficile à atteindre, car l'augmentation de la chaleur ne répond pas à une profondeur égale en tous pays : elle varie selon les terrains, notamment. On a cependant fixé provisoirement le *degré géothermique moyen* à 31 mètres. Ce chiffre permet d'attribuer à l'écorce terrestre une épaisseur moyenne d'une soixantaine de kilomètres. A cette profondeur toutes les roches connues sont à l'état de fusion : mais tout porte à croire que cette épaisseur est encore exagérée et que l'état liquide des matières minérales se produit à une profondeur moins considérable.

※ *L'existence du feu central est indiquée par les éruptions volcaniques et par l'augmentation de la température du sol avec la profondeur. Cette température augmente de 1 degré en moyenne par 31 mètres de profondeur verticale. D'après ce chiffre, toutes les roches connues seraient en fusion à 60 kilomètres de la surface du globe.*

217. Sédimentation. — Dès que la croûte terrestre fut formée et que la vapeur d'eau atmosphérique se fut condensée pour donner naissance aux eaux superficielles, aux océans, la sédimentation commença. L'agitation des flots produisit immédiatement l'érosion et le déplacement des matériaux démolis. Les sédiments furent d'abord exclusivement minéraux, les éléments d'origine organique n'y collaborèrent que beaucoup plus tard.

Pour bien comprendre la sédimentation qui se produit au fond des mers, nous ne saurions mieux faire que de comparer avec ce que la nature a fait en plus petit. Dans les *flaques d'eau* de pluie qui ont pu résister quelques semaines, on remarque une mince couche de boue qui, desséchée, s'écaillera au soleil, car elle est argileuse ; cette pellicule est un dépôt géologique, un dépôt *sédimentaire*. Si l'on examine le fond d'une *mare* persistante, l'argile y sera plus épaisse, plus impure et renfermera certainement des débris organiques : végétaux aquatiques, restes d'animaux inférieurs, coquilles vides de petits mollusques, ossements de batraciens ; il s'agit alors d'un sédiment renfermant des *fossiles*, ce qui permettra aux géologues de l'avenir de le classer très exactement dans la série des terrains.

Les vases d'un *étang* ou d'un *lac* représentent des dépôts encore plus importants, et c'est ainsi que nous arrivons à ceux des mers et des océans dont nous nous expliquerons mieux l'effrayante épaisseur.

※ *La sédimentation commença dès que les océans furent formés. La boue des flaques d'eau temporaires, la vase des mares et des étangs, les dépôts des lacs sont comparables aux sédiments si épais du fond des mers.*

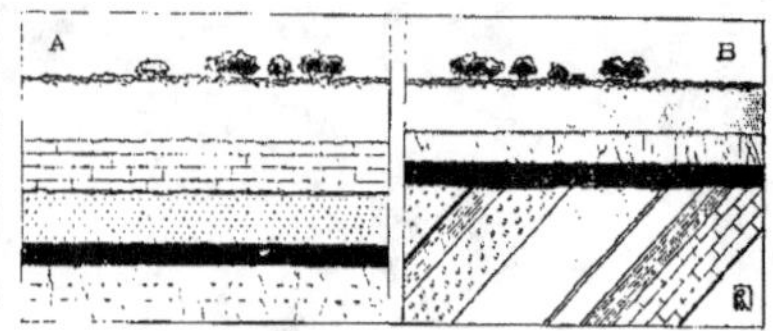

Fig. 338. — Disposition des roches *stratifiées* :
A, stratification concordante ; B, stratification discordante.

218. Stratification, âge relatif. — Les dépôts marins et lacustres progressent généralement avec une parfaite horizontalité. Cette horizontalité est facile à constater dans les carrières ou sur le front des escarpements (*fig.* 334 et 422), sauf dans les terrains qui ont été bouleversés par les dislocations de l'écorce terrestre. Les différentes couches du sous-sol se montrent souvent avec une grande netteté, parce que le régime des dépôts est variable : chaque modification de régime donne lieu à la précipitation de matériaux un peu différents, reconnaissables dans la roche à la grosseur du grain, à sa dureté et à sa compacité. C'est ainsi que les grandes *assises* de roches se divisent en *couches* et les couches en *lits* ; il en résulte une série de *strates* qui constituent la *stratification*. Les terrains *stratifiés* sont donc composés de différentes roches sédimentaires, étagées en stratification généralement *concordante* (*fig.* 338, A). Parfois, des couches inclinées sont recouvertes de couches horizontales, c'est un cas de stratification *discordante* (*fig.* 338, B).

On reconnaît l'*âge relatif* des terrains par leur ordre de superposition, la couche supérieure étant plus récente que celles qu'elle recouvre. Mais, en face des terrains bouleversés par les contractions de l'écorce terrestre, cette méthode rencontre bien des difficultés : aussi le renseignement le plus sûr est-il fourni par la nature des fossiles (**224**).

※ *Les dépôts sédimentaires se superposent en couches, ou strates : ils sont stratifiés et se différencient par leur structure et leur dureté. L'âge relatif des terrains est souvent indiqué par l'ordre de superposition.*

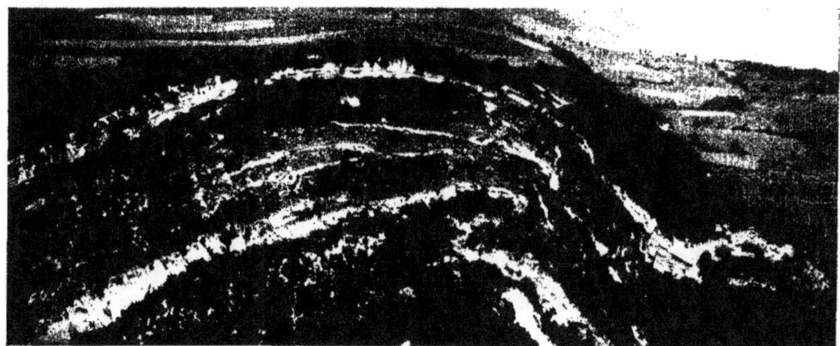

Fig. 339. — Grand pli *anticlinal*, dans la *Cluse* de Valorbes (Jura suisse).

219. Plis, Cassures. — Le *feu central* remplit un rôle géologique considérable par son refroidissement et la *diminution* progressive de son *volume*. Pour rester en contact avec cette masse en fusion, l'écorce terrestre est obligée de se contracter : comme le vêtement d'un homme qui maigrit, elle fait des plis : mais comme elle est moins souple qu'un vêtement, il arrive aussi qu'elle se brise. Certaines régions sont extraordinairement plissées ; c'est notamment le cas des Ardennes et du Jura (*fig.* 339), où les plis sont souvent très visibles sur les pentes des vallées et les parois des gorges. Le maximum de plissement est représenté par les chaînes de montagnes : les Alpes, les Pyrénées, etc., sont des *rides* gigantesques, dues aux efforts de contraction de l'écorce terrestre. Des efforts moindres donnent lieu à des *soulèvements* ou à des *affais-*

sements plus limités, faciles à constater sur certains rivages de la mer.

Il y a plusieurs sortes de plis (*fig.* 340) : ceux qui se présentent en bosse sont des plis *anticlinaux* (*fig.* 339) ; ceux qui se présentent en creux, en cuvettes, sont des plis *synclinaux*.

Les *cassures* ou *fractures* fendent le sous-sol jusqu'à des profondeurs considérables. Très souvent ces cassures sont accompagnées de *rejet*, c'est-à-dire d'une dénivellation notable des couches fendues ; il s'agit alors d'une *faille*.

❃ En se refroidissant, le feu central diminue de volume. Pour rester en contact avec cette masse minérale en fusion, l'écorce terrestre se plisse comme un vêtement trop large et se brise ; les plus grands plis sont représentés par les chaînes de montagnes.

220. Fossiles, Fossilisation. — Lorsqu'on pénètre dans une carrière qui s'ouvre en terrain sédimentaire, il n'est pas rare de trouver des coquillages, souvent brisés, parfois intacts : on désigne sous le nom de *fossiles* ces débris animaux et végétaux que contiennent les roches sédimentaires (*fig.* 341). Ces débris se sont déposés dans les vases des fonds sous-marins ou sous-lacustres et appartenaient aux êtres qui vivaient dans ces eaux. On a ainsi recueilli les restes d'innombrables fossiles marins et d'eau douce ; on a également trouvé

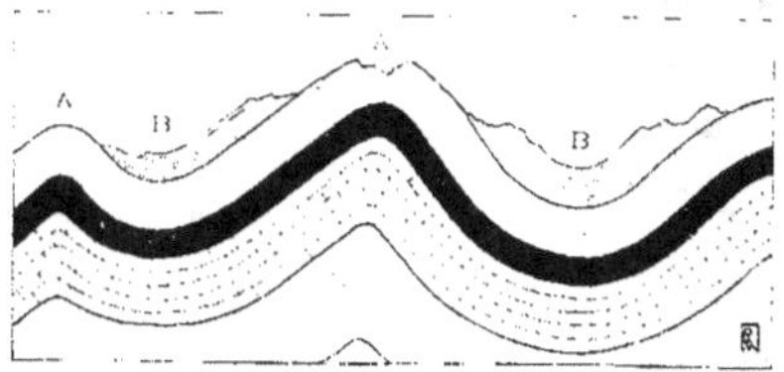

Fig. 340. — Coupe transversale de plis *anticlinaux* A, A et *synclinaux* (B, B).

des animaux terrestres dans ces terrains, mais il faut croire qu'ils s'étaient noyés, car, dès qu'un organisme meurt à la surface du sol, il devient le siège d'une décomposition chimique et d'autres organismes s'empressent de le dévorer : puis l'humidité de l'air, l'action dissolvante des eaux de pluie et les gelées ont rapidement raison de ses os. De sorte qu'un corps, quelles que soient les dimensions de son squelette, est appelé à disparaître en peu de temps, s'il est exposé à l'air. Les organismes mourant au fond des eaux ont au contraire beaucoup plus de chance de conservation, surtout s'ils se sont rapidement enfouis dans la vase, c'est-à-dire dans un milieu échappant en partie aux influences destructives.

❀ On retrouve dans les roches sédimentaires les débris des êtres qui vivaient au temps de leur dépôt ; ce sont les fossiles, qui ont échappé à la destruction par leur enfouissement dans la vase, c'est-à-dire à l'abri de l'air.

221. Importance des fossiles.

— Nous savons que certains terrains sont d'origine marine et que d'autres sont d'eau douce ; cela se reconnaît aux espèces fossiles qu'ils contiennent. Mais ce qu'il faut surtout reconnaître dans l'écorce terrestre, c'est l'*âge* des terrains, l'*ordre* dans lequel ils se sont succédé, et grouper les dépôts qui, sur toute la surface du globe, se sont formés en même temps. Comme nous l'avons dit plus haut, l'ordre est généralement indiqué par la superposition, les terrains les plus récents recouvrant les plus anciens ; mais cela n'est pas rigoureusement exact, et nous savons maintenant que le renseignement le plus certain est fourni par les espèces fossiles, lesquelles n'ont pas cessé de se transformer, d'*évoluer*, depuis l'apparition du premier organisme. A travers l'immensité des temps géologiques, les animaux et les végétaux se sont modifiés peu à peu : les genres et les familles apparaissaient, se développaient, puis s'éteignaient, absolument comme l'individu naît, vit et meurt. D'autres formes leur succédaient qui évoluaient à leur tour. Il en résulte que d'un sédiment à l'autre la série des fossiles est plus ou moins différente, qu'elle n'est jamais semblable. On nomme *fossiles caractéristiques* d'un terrain ceux qui lui appartiennent exclusivement et n'existent pas dans les autres.

Nous allons passer rapidement en revue les formes principales de l'ère Primaire, de l'ère Secondaire, de l'ère Tertiaire et de l'ère Quaternaire.

❀ L'âge des terrains est principalement indiqué par la nature des fossiles, chaque couche contenant une série d'espèces partiellement différente des autres séries ; cela est dû à l'évolution des organismes.

222. Invertébrés Primaires.

— La vie est apparue au fond des mers primaires sous forme d'êtres microscopiques et unicellulaires. On retrouve dans les terrains de cet âge les traces de Protozoaires petites carapaces de Foraminifères, puis des Polypes. Les plus anciens sont les *Grapto-lites (fig.* 342) qui formaient des colonies flottantes. Les molluscoïdes Brachiopodes, qui ressemblent extérieurement à des mollusques bivalves, sont caractérisés par un pied charnu qui sort d'un orifice de la valve inférieure et leur permet de se fixer au rocher ; ils sont en outre munis de deux bras enroulés en spirale

Fig. 341. — Débris *fossiles* dans une roche sédimentaire.

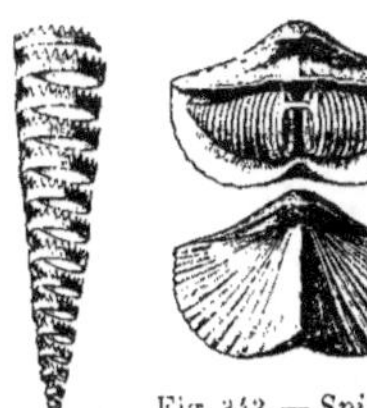

Fig. 342.
Graptolite.

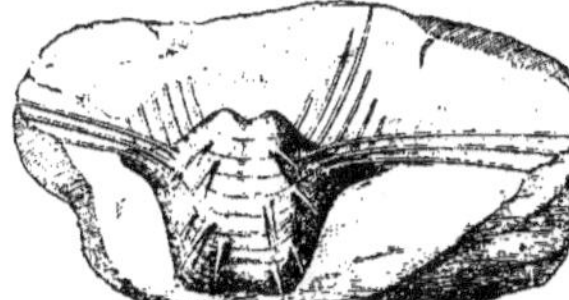

Fig. 343. — *Spirifère.*
En haut :
coquille ouverte.

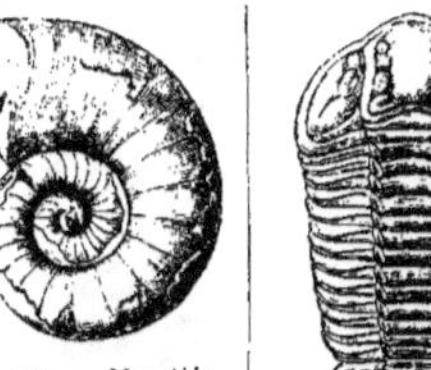

Fig. 344. — *Productus.*

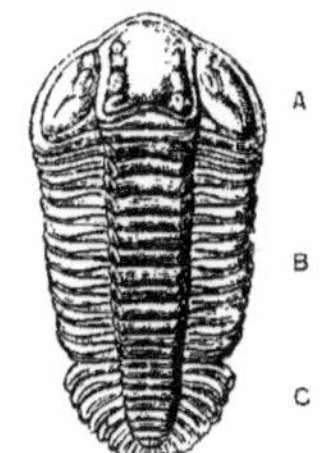

Fig. 345. — *Nautile.*

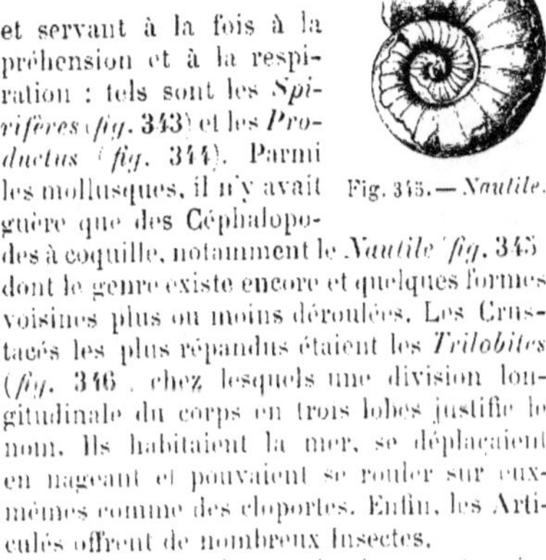

Fig. 346. — *Trilobite.*
A, tête;
B, thorax; C, pygidium.

Fig. 347.
Ptérichthys.

Fig. 348. — *Branchiosaure.*

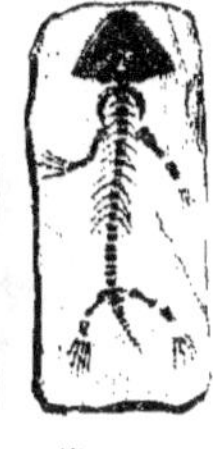

Fig. 349.
Protriton.

et servant à la fois à la préhension et à la respiration : tels sont les *Spirifères* (fig. 343) et les *Productus* (fig. 344). Parmi les mollusques, il n'y avait guère que des Céphalopodes à coquille, notamment le *Nautile* (fig. 345) dont le genre existe encore et quelques formes voisines plus ou moins déroulées. Les Crustacés les plus répandus étaient les *Trilobites* (fig. 346), chez lesquels une division longitudinale du corps en trois lobes justifie le nom. Ils habitaient la mer, se déplaçaient en nageant et pouvaient se rouler sur eux-mêmes comme des cloportes. Enfin, les Articulés offrent de nombreux Insectes.

❀ *Les Invertébrés primaires sont principalement des Polypes, notamment des Graptolites, des Brachiopodes dont la valve inférieure laisse passer un pied charnu (Spirifère Productus), des mollusques Céphalopodes à coquille (Nautile), des Crustacés (Trilobites) et de nombreux Insectes.*

223. Vertébrés Primaires. — Ces animaux étaient principalement des Poissons et des Batraciens. Les premiers comprenaient des Placodermes et des Ganoïdes. Chez les Placodermes, ou poissons cuirassés, le corps est recouvert de plaques osseuses, la colonne vertébrale n'est pas complètement ossifiée et la queue est hétérocerque, c'est-à-dire à lobes inégaux : c'est le cas du *Ptérichthys* (fig. 347). Les Ganoïdes marquent un progrès sur les premiers; citons le *Paléoniscus*, assez commun dans les schistes. Les Batraciens sont représentés par leurs squelettes et aussi par les traces de leurs pas sur l'argile : tels sont le *Branchiosaure* (fig. 348) et l'*Actinodon*. On trouve dans certains schistes d'innombrables petits squelettes qui représenteraient les larves ou *têtards* de ces batraciens : on leur a donné le nom de *Protriton* (fig. 349).

❀ *Les Vertébrés Primaires sont des poissons cuirassés (Ptérichthys) et des poissons Ganoïdes Paléoniscus, tous à queue hétérocerque; puis les Batraciens, comme le Branchiosaure et l'Actinodon, dont les Protritons paraissent être les larves.*

224. Végétaux Primaires. — La végétation primaire est presque entièrement composée de Cryptogames, car les débris de Phanérogammes Conifères. Cycadées sont assez rares.

Les Lycopodiacées, réduites aujourd'hui à des petites plantes herbacées et rampantes, étaient représentées à cette époque par des espèces arborescentes de 20 à 30 mètres ; on trouve encore leurs tiges couvertes de cicatrices régulièrement disposées et correspondant chacune à la chute d'une feuille. Chez les *Lépidodendrons* (fig. 351), les cicatrices sont en losange ; chez les *Sigillaires* (fig. 350), elles sont ovales. Les Prêles atteignaient une hauteur presque égale à celle des Lycopodiacées ; c'étaient les *Calamites* (fig. 352), dont la tige était finement cannelée. Enfin, de grandes *Fougères* collaboraient par le nombre de leurs espèces à la beauté des forêts. Toutes ces plantes ont contribué à la formation de la houille. Signalons encore une profusion de *bactéries*.

✺ *Les végétaux primaires sont presque tous des Cryptogames : les Lépidodendrons et les Sigillaires étaient des Lycopodes géants ; les Calamites étaient des Prêles de grande taille ; les Fougères étaient abondantes.*

225. Invertébrés Secondaires. — L'ère Secondaire offre aux paléontologistes une multiplication prodigieuse des formes animales. Les Protozoaires, les Spongiaires et les Polypiers sont nombreux. Les Échinodermes présentent des *Oursins* (fig. 353) et de curieuses *Encrines* (fig. 354) portées sur de longues tiges articulées. Les Brachiopodes diminuent, sauf deux genres très répandus : *Rhynchonelle* (fig. 355) et *Térébratule* (fig. 356). Parmi les mollusques lamellibranches, on compte une foule

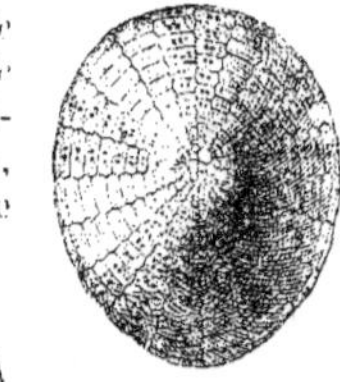

Fig. 353. — *Oursin.*

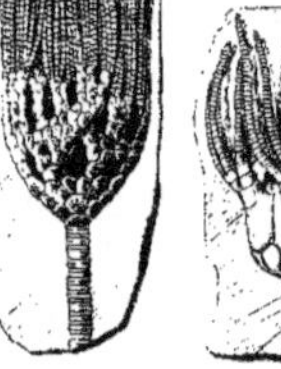

Fig. 354. — *Encrines.*

Fig. 355.
Rhynchonelle.

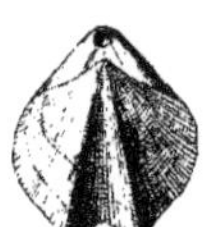

Fig. 356.
Térébratules.

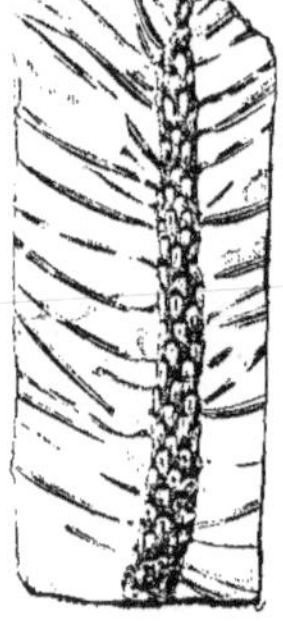

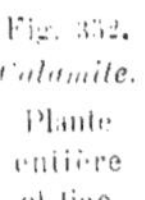

Fig. 352.
Calamite.
Plante entière
et tige.

Fig. 357.
Hippurite.
a. valve
supérieure.

Fig. 350. — *Sigillaire.*
(Reconstitution de la plante.)

Fig. 351.
Lépidodendron.

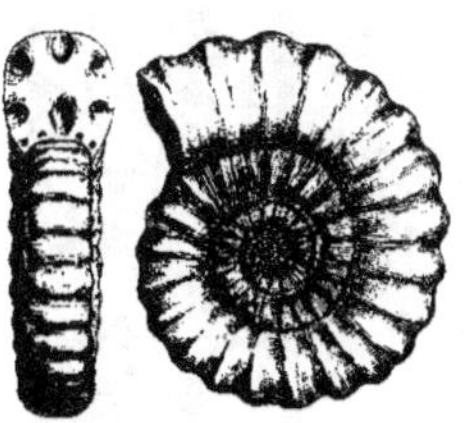 

Fig. 358. — *Ammonite.*   Fig. 359.
                          Bélemnite.

Fig. 360. — *Ichthyosaure* (long., 10 m.).

d'*Huîtres*, puis un groupe des plus curieux, celui des Rudistes; chez ces derniers, la valve inférieure est un véritable cornet que ferme la valve supérieure; telles sont les *Hippurites* (*fig.* 357). Les Céphalopodes les plus intéressants sont les *Ammonites* (*fig.* 358). L'animal habitait une coquille cloisonnée et divisée en plusieurs chambres qu'il avait successivement habitées; à mesure qu'il grossissait, il sécrétait une nouvelle chambre et abandonnait la précédente, restant en relation avec toutes les autres par un siphon réunissant les compartiments. Le dessin des cloisons est souvent visible à la surface de la coquille et simule des feuillages extrêmement compliqués. D'autres Céphalopodes sont les *Bélemnites* (*fig.* 359), mais ceux-ci, comme les calmars et seiches actuels, n'ont pas de coquille externe: aussi ne retrouve-t-on que la partie dure interne, ou rostre, qui terminait leur corps. Les Crustacés se sont multipliés. Enfin, les Insectes butineurs de fleurs sont apparus.

⁂ Les invertébrés Secondaires sont des Spongiaires et des Polypiers très abondants; des Échinodermes (Oursins, Encrines); des Mollusques qui se multiplient, notamment des Rudistes (Hippurites); les innombrables Ammonites, les Bélemnites dont on retrouve le rostre, puis des Crustacés et des Insectes butineurs de fleurs.

226. Vertébrés Secondaires. — On doit signaler ici l'extraordinaire développement des Reptiles à l'apparition des Oiseaux et des Mammifères. Les Poissons osseux et homo-cerques, ou munis de queue à lobes égaux, succèdent aux poissons cuirassés. Les Reptiles apparus à la fin des temps primaires paraissent descendre des Batraciens. Ceux qui se manifestent maintenant sont plus perfectionnés: les uns sont nageurs et marins, les autres sont terrestres, d'autres enfin sont organisés pour voler comme des oiseaux. L'*Ichthyosaure* (*fig.* 360) et le *Plésiosaure* (*fig.* 361) sont classiques. L'Ichthyosaure, qui dans sa forme générale ressemblait à un poisson, portait de fortes dents et des membres de cétacés. Le Plésiosaure avait une tête beaucoup plus petite et un cou très long. Les Dinosauriens étaient terrestres; c'est dans leurs rangs que l'on trouve les géants les plus déconcertants. Le *Brontosaure* (*fig.* 362) atteignait 23 mètres de longueur; le *Diplodocus* mesurait 25 mètres; l'*Iguanodon*, 10 mètres.

Le *Ptérodactyle* (*fig.* 363) pouvait s'élever dans les airs, grâce à des ailes membraneuses. Les premiers Oiseaux sont représentés par l'*Archéopteryx*, qui descend visiblement des reptiles. Quant aux Mammifères, ils sont représentés par quelques débris de Marsupiaux.

Fig. 361. — *Plésiosaure* reconstitué (long., 10 m.).

Fig. 362. — *Brontosaure*, reptile Dinosaurien du Wyoming (États-Unis). Longueur, 23 mètres.

❀ *Les Vertèbres Secondaires sont des Poissons à queue homocerque, puis des Reptiles de grande taille : l'Ichthyosaure et le Plésiosaure étaient nageurs; les Dinosauriens étaient marcheurs et géants (Brontosaure; Diplodocus, Iguanodon); le Ptérodactyle est un reptile volant, et l'Archéoptéryx un Oiseau descendant des reptiles.*

227. Végétaux Secondaires.

— Les Cryptogames sont bien réduits, et ce sont les Phanérogames qui dominent, grâce au développement des Gymnospermes. Les végétaux fossiles recueillis révèlent de grandes forêts de Cycadées et de Conifères. Vers la seconde moitié de l'ère, apparaissent les Angiospermes qui, vers la fin, sont déjà très développés et très répandus. Ce sont d'abord des *Palmiers*, qui se manifestaient de plus en plus nombreux; ensuite les Dicotylédones se sont multipliées peu à peu avec des genres qui vivent encore : *Hêtre, Chêne, Platane, Peuplier, Magnolia, Laurier, Figuier, Lierre*, etc.

❀ *Les végétaux secondaires sont principalement des Phanérogames. Ce sont d'abord des forêts de Gymnospermes (Cycadées et Conifères); ensuite des Angiospermes (Palmiers), notamment des Dicotylédones (Hêtre, Chêne, Platane, Peuplier, Laurier, Figuier, Lierre).*

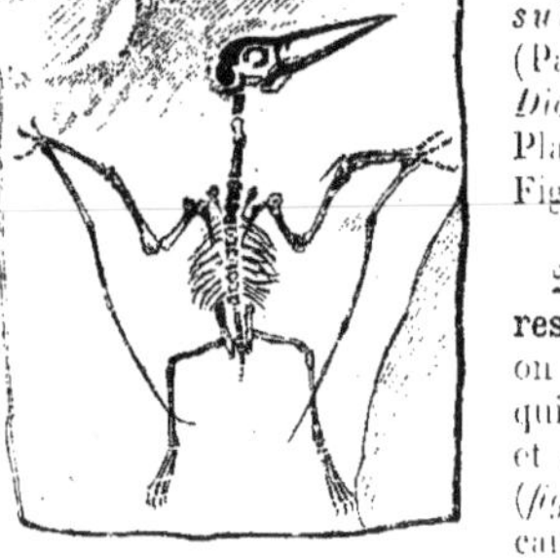

Fig. 363. — *Ptérodactyle.*

228. Invertébrés Tertiaires.

— Dès le début de l'ère on trouve des Foraminifères qui ressemblent à des lentilles et qu'on appelle *Nummulites* (*fig.* 364). Fendue à l'aide d'un canif, la Nummulite montre de nombreuses petites loges

Fig. 364. — *Nummulites.*

Fig. 365.
Buccin.

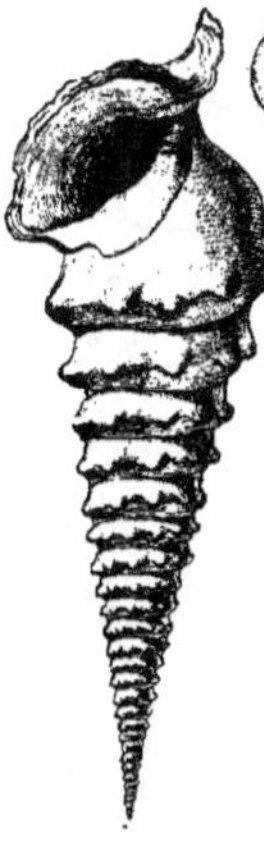

Fig. 366.
Cérithe géant.

Fig. 368. — *Limnée* actuelle.

disposées en spirale et communiquant entre elles; la substance vivante les occupait toutes. Parmi les Polypes, on remarque le recul des Coraux vers les mers tropicales. Les mollusques accusent une diminution considérable des Céphalopodes, et l'extension des Lamellibranches et surtout des Gastéropodes. Les plus répandus sont les *Cérithes,* parmi lesquels brille le *Cérithe géant* (*fig.* 366), dont la longueur atteint $0^m,50$; puis les *Turritelles,* les *Fuseaux,* les *Natices,* les *Buccins* (*fig.* 365), qui habitaient les mers; les *Planorbes* (*fig.* 367) et les *Limnées* (*fig.* 368) appartenaient aux eaux douces; les *Helix* ou Escargots étaient terrestres, tous ces genres vivent encore. Les Échinodermes, les Crustacés et les Insectes se rapprochent beaucoup de ceux de la faune actuelle.

✳ *Les Invertébrés Tertiaires sont tout d'abord des Foraminifères appelés* Nummulites. *Les Polypiers gagnent les mers tropicales; les mollusques Céphalopodes diminuent; les Lamellibranches et surtout les Gastéropodes se multiplient; Échinodermes et Crustacés se rapprochent des genres actuels.*

229. Vertébrés Tertiaires. — Le fait qui domine l'évolution animale à cette époque, c'est le grand développement des Mammifères, qui sont arrivés à l'apogée de leur règne. Les Proboscidiens, dont on n'a pas encore retrouvé les ancêtres, comptaient de curieuses formes disparues : *Mastodonte* (*fig.* 370), *Dinothérium* (*fig.* 369). Le premier portait quatre défenses : deux à chaque mâchoire. Le second ne les portait qu'à la mâchoire inférieure; mais, au lieu de se diriger en avant comme chez l'Éléphant et le Mastodonte, elles se dirigeaient vers le sol. L'*Éléphant méridional* de Durfort (Gard) est apparu vers la fin de l'ère tertiaire. L'*Hipparion* (*fig.* 372) était un paridigité très voisin du cheval; le *Paléothérium* de Vitry (*fig.* 371) ressemblait au tapir; l'*Anoplothérium* (*fig.* 373), marquait le passage des Porcins aux Ruminants; le *Xiphodon* (*fig.* 374) était probablement un vrai Ruminant; ces trois animaux furent reconstitués par Cuvier. Les *Rhinocéros* étaient représentés par plusieurs espèces.

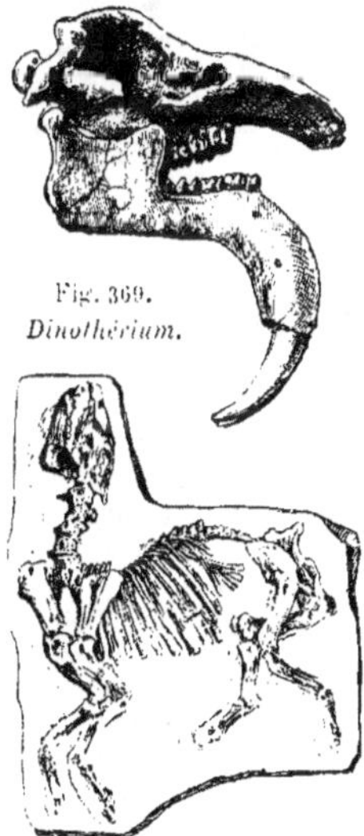

Fig. 369.
Dinothérium.

Fig. 371. — *Paléothérium.*

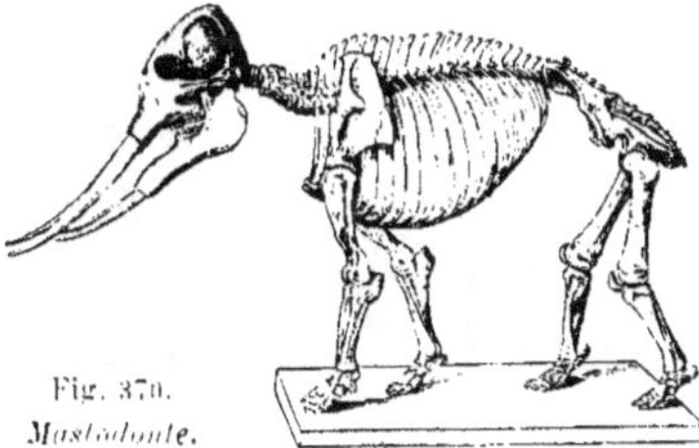

Fig. 370.
Mastodonte.

Fig. 372. — *Hipparion.*

Fig. 373. — *Anoplothérium.*

Le *Dinocéras* (*fig.* 375) était un Pachyderme dont la tête était armée de six cornes: ses canines supérieures avaient la forme de grandes lames tranchantes.

✱ *Les Vertébrés Tertiaires marquent le grand développement et l'apogée des* Mammifères : *Mastodonte, Dinothérium, Éléphant, Hipparion, Paléothérium, Anoplothérium, Xiphodon, Rhinocéros, Dinocéras.*

230. Végétaux Tertiaires.

— L'abaissement de la température en France est indiqué par le déplacement des flores : les Palmiers diminuent considérablement durant la seconde moitié de l'ère; ils sont peu à peu remplacés par des arbres à feuilles caduques, notamment par les *Chênes* et les *Érables.* La *Vigne vinifère* fait son apparition. Il existe en France quelques gisements de végétaux fossiles d'une extrême richesse : le calcaire d'eau douce de Sézanne (Marne) a fourni des empreintes d'une telle perfection que l'on a pu obtenir avec beaucoup de soin le moulage de fleurs complètes: les feuilles de toutes les essences de cette époque y sont accumulées avec tous les détails de leurs nervures. Dans le département du Cantal, on trouve dans l'épaisseur de certains dépôts de cendres volcaniques, nommés *Cinérites,* des lits entièrement formés de feuilles disposées les unes sur les autres, tel que cela se produit au fond des eaux (*fig.* 376).

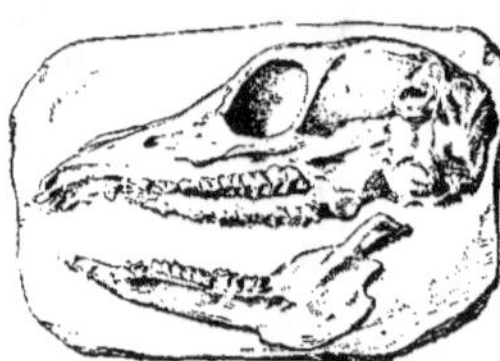

Fig. 374. — *Xiphodon.*

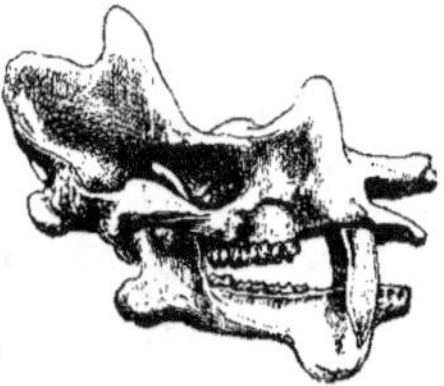

Fig. 375. – *Dinocéras.*

✱ *Les végétaux Tertiaires accusent un déplacement de flores dû à l'abaissement de la température.* Chênes et Érables *remplacent les* Palmiers ; *la* Vigne *apparaît.*

231. Fossiles Quaternaires.

— Parmi les formes disparues, il faut citer le *Mammouth* ou *Éléphant primitif* (*fig.* 378) qui était velu; ses défenses, longues et épaisses, se recourbaient élégamment ; on a retrouvé en Sibérie plusieurs cadavres conservés dans les glaces avec leur chair. Il en est de même du *Rhinocéros à narines cloisonnées,* dont la taille dépassait celle des espèces actuelles. L'*Ours des cavernes* (*fig.* 379) était également plus gros que nos Ursidés; son crâne était énorme et bombé. Un Ruminant de grande taille était le *Cerf mégacéros* ou *Cerf des tourbières* (*fig.* 380) ; ses bois étaient largement palmés. En Amérique existaient des Édentés fort curieux : *Mégathérium* de Cuvier (*fig.* 381) et *Glyptodonte* (*fig.* 382) qui ressemblait à un énorme tatou.

Fig. 376. – *Cinérite à végétaux.*

Fig. 377. — *Homme* fossile des grottes dites de Menton (Muséum National d'Histoire Naturelle).

Des oiseaux géants qu'il est utile de signaler sont le *Dinornis* de la Nouvelle-Zélande et l'*Epyornis* de Madagascar.

Parmi les animaux qui existaient en France et qui émigrèrent, il faut citer le Renne, l'Élan, le Glouton, qui gagnèrent les régions du Nord; l'Aurochs, retiré en Europe Orientale: l'Ours, le Chamois, la Marmotte, qui se réfugièrent dans les montagnes; l'Éléphant, le Rhinocéros, l'Hippopotame, localisés maintenant dans les régions tropicales. Le Renne est actuellement élevé et domestiqué par les Lapons.

Fig. 378. — *Mammouth* (long., 5 m.).

Fig. 379. — *Ours des cavernes* (long., 2 m. 50).

Fig. 380. *Cerf des tourbières* (haut., 2 m. 70).

Fig. 381. *Mégathérium* (haut., 3 m. 60).

Fig. 382. — *Glyptodonte* (long., 2 m. 90).

❀ *Les animaux Quaternaires disparus sont l'énorme* Mammouth, *le* Rhinocéros *à narines cloisonnées, l'*Ours *des cavernes, le grand* Cerf mégacéros; *les animaux émigrés sont le* Renne, l'Élan, le Glouton, *etc.*

232. L'homme fossile. — L'Ère Quaternaire a été divisée en deux parties correspondant à deux phases de l'existence de l'homme (*fig.* 377). La première est l'époque *Pléistocène* ou *Paléolithique* durant laquelle l'homme taillait la pierre dans le but d'obtenir des outils ou des armes: c'est l'âge de la *pierre taillée* (*fig.* 384 A. B, C). La seconde est l'époque *Néolithique*, pendant laquelle l'homme n'avait pas cessé de tailler la pierre, mais y ajoutait le luxe de la polir: c'est l'âge de la *Pierre polie* (*fig.* 384 D). C'est ensuite que débutent les temps historiques et que se succèdent les âges du bronze et du fer. Les époques Paléolithique et

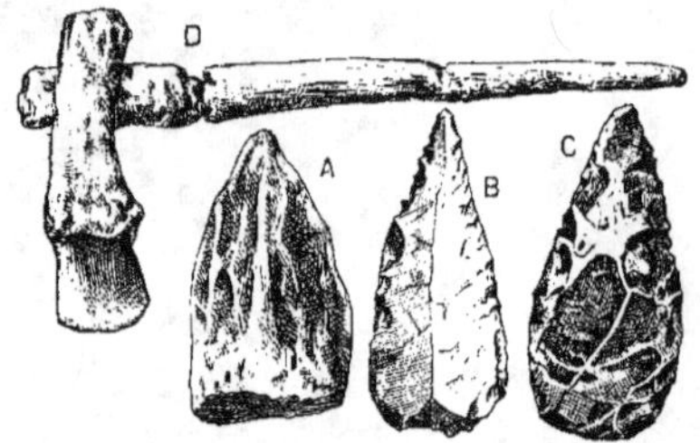

Fig. 384. — *Objets de l'âge de pierre* :
A. B, C, silex *taillés*; D. hache en pierre *polie* emmanchée.

Néolithique réunies constituent la *Préhistoire*.

L'existence de l'homme dès le commencement de l'ère quaternaire est révélée par des silex taillés extrêmement nombreux: les tailles sont autant d'éclats qui ont été enlevés très adroitement et ont donné à ces silex une forme utilisable. L'homme de la pierre taillée chassait, pêchait et décorait les parois des grottes qu'il habitait. L'homme de la pierre polie établissait des villages sur pilotis, ou *cités lacustres*, dans les lacs peu profonds: il a laissé des monuments : menhirs (*fig.* 383) et dolmens (*fig.* 385), probablement funéraires ou commémoratifs.

❀ *L'ère Quaternaire comprend deux divisions : l'époque* Paléolithique *ou de la pierre taillée, et l'époque* Néolithique *ou de la pierre polie. Ces deux divisions représentent la* Préhistoire *de l'homme: c'est ensuite que commencent les temps historiques.*

Fig. 383. — *Menhir de Gloinel* (Côtes-du-Nord).

Fig. 385. — *Dolmen dit « Table des Marchands »*, à Locmariaker (Morbihan).

INDEX ALPHABÉTIQUE ET ÉTYMOLOGIQUE

DES TERMES SCIENTIFIQUES ET NOMS CITÉS DANS LE VOLUME

Tous les chiffres renvoient aux *paragraphes*: les chiffres en caractères gras (25) indiquent les paragraphes où les termes sont *définis*.